● 工学のための数学 ●
EKM-3

工学のための
データサイエンス入門

フリーな統計環境Rを用いたデータ解析

間瀬　茂・神保雅一・鎌倉稔成・金藤浩司　共著

数理工学社

編者のことば

　科学技術が進歩するに従って，各分野で用いられる数学は多岐にわたり，全体像をつかむことが難しくなってきている．また，数学そのものを学ぶ際には，それが実社会でどのように使われているかを知る機会が少なく，なかなか学習意欲を最後まで持続させることが困難である．このような状況を克服するために企画されたのが本ライブラリである．

　全体は3部構成になっている．第1部は，線形代数・微分積分・データサイエンスという，あらゆる数学の基礎になっている書目群であり，第2部は，フーリエ解析・グラフ理論・最適化理論のような，少し上級に属する書目群である．そして第3部が，本ライブラリの最大の特色である工学の各分野ごとに必要となる数学をまとめたものである．第1部，第2部がいわゆる従来の縦割りの分類であるのに対して，第3部は，数学の世界を応用分野別に横割りにしたものになっている．

　初学者の方々は，まずこの第3部をみていただき，自分の属している分野でどのような数学が，どのように使われているかを知っていただきたい．しかし，「知ること」と「使えること」の間には大きな差がある．ある分野を知ることだけでなく，その分野で自ら仕事をしようとすれば，道具として使えるところまでもっていかなければいけない．そのためには，第3部を念頭に置きながら，第1部と第2部をきちんと読むことが必要となる．

　ある工学の分野を切り開いて行こうとするとき，まず問題を数学的に定式化することから始める．そこでは，問題を，どのような数学を用いて，どのように数学的に表現するかということが重要になってくる．問題の表面的な様相に惑わされることなく，その問題の本質だけを取り出して議論できる道具を見つけることが大切である．そのようなことができるためには，様々な数学を真に自分のものにし，単に計算の道具としてだけでなく，思考の道具として使いこなせるようになっていなければいけない．そうすることにより，ある数学が何故，

工学のある分野で有効に働いているのかという理由がわかるだけでなく，一見別の分野であると思われていた問題が，数学的には全く同じ問題であることがわかり，それぞれの分野が大きく発展していくのである．本ライブラリが，このような目的のために少しでも役立てば，編者として望外の幸せである．

2004 年 2 月

編者　小川英光
藤田隆夫

「工学のための数学」書目一覧			
第 1 部			第 3 部
1	工学のための 線形代数	A–1	電気・電子工学のための数学
2	工学のための 微分積分	A–2	情報工学のための数学
3	工学のための データサイエンス入門	A–3	機械工学のための数学
4	工学のための 関数論	A–4	化学工学のための数学
5	工学のための 微分方程式	A–5	建築計画・都市計画の数学
6	工学のための 関数解析	A–6	経営工学のための数学
第 2 部			
7	工学のための ベクトル解析		
8	工学のための フーリエ解析		
9	工学のための ラプラス変換・z 変換		
10	工学のための 代数系と符号理論		
11	工学のための グラフ理論		
12	工学のための 離散数学		
13	工学のための 最適化手法入門		
14	工学のための 数値計算		

(A: Advanced)

まえがき

　この本は，学部の専門基礎科目用のテキストを念頭に書かれている．特に，回帰分析を中心とする実践的な統計手法を，大学，そして将来社会で用いる手助けとなることを目指している．従来学部レベルの統計学の講義は，先生・先輩から「勉強しておかないと後で困るよ」と忠告されるものの，実際は「わからない，つまらない」との評価を受けがちであった．これには，学生の勉強不足や，教官の技量のせいとは言い切れない，次のような理由があった：

(1) 統計学は数学ではないが，その理論は広範囲な数学的議論の上に組み立てられている．実際に役に立つ手法は，これまでに学んだ程度の数学では説明が困難なことも多い．結果として，伝統的な統計学の講義は，比較的簡単に説明できる程度の手法の説明に終始しがちであった．

(2) 統計手法の実際の適用には，高度の数値的解析が不可欠である．また，現実的なデータはしばしば大量になる．従来の統計学のテキストは，手計算もしくは電卓の使用を前提にしており，簡単なデータしか扱えなかった．そのため，各種数表を参考にするか，あえて性能が悪い簡易的手法を使わざるを得なかった．

　現在，統計的手法を取り巻く環境は革命的に変化している．パソコンの使用は日常茶飯事になり，インターネットの普及は様々な情報やデータへ，家庭にいながらにしてアクセスすることを可能にしている．また，高度な測定技術の発展は，解析が追い付かない大量のデータの垂れ流しという現象を生み出している．一方で，統計ソフトの進化は，これまでなら一部の特権的研究者にしか利用できなかった高度な統計処理技術を自由に使うことを可能にしている．とはいえ，商用統計ソフトは個人の手の届くところではなく，その使い勝手も伝統のあるソフトほど悪いことが多い．

まえがき

　このテキストは，統計ソフトを使った講義のためのテキストではない．しかしながら，統計学の本来の意味を理解してもらうには，現実的なデータを実際に信頼できる統計解析ソフトで解析する過程を見ることが必須である．そのため，その気になればRと呼ばれるフリーの統計ソフト(231ページ参照)を使い，自分で実習・応用できるように工夫した．Rは，全世界の統計利用者に高い評価を受けているSという，高機能で使いやすい統計ソフトの完全フリー版で，その機能はいまやSに比べても遜色ない．具体的には，このテキストは回帰分析を主とする様々な統計的手法を，Rで解析する手順に沿って解説し，解析結果の具体的意味が容易にわかるように工夫した．Rによる解析結果の出力内容こそが，現代統計学の一つの到達点を具体化しているからである．

　理論と数値解析の詳細をRにまかせることにより，この本では，従来この種のテキストでは不可能であった現代的な統計手法の紹介も，重要である限りためらうことなく紹介する方針を取る．ただし，何をしているのか理解しないままに統計的手法を使うことほど有害なことはない．したがって，最低限の説明は，証明は与えないものの逐一解説するが，必ずしも読者がそれを理解することを求めているわけではない．

　このテキストをRの解説書として使うことは十分可能であると思われるが，決してマニュアルではない．したがって，ソフトのインストール法や，使い方の基本を解説することはしなかった．必要に応じて，参考文献[1]にあげたRの多数のフリーのマニュアル(日本語訳[2]がある)や，インターネットから得られる多くの情報を参考にしてほしい．そのわずかな努力は，必ずや報われることを保証する．統計処理を抜きにしても，Rはデータ処理，数値解析，シミュレーション，その結果のまとめを，効率的かつ高い信頼度で実行するのにも最適である．

　それではRでHappy data analysisを！

2004年3月

著者

目　　次

第1章
データとその記述　　1
1.1　データの種類 ………………………………… 2
1.2　データの記述 ………………………………… 4
1.3　その他のグラフ ……………………………… 18
1.4　コ ラ ム ……………………………………… 21
1章の問題 ………………………………………… 25

第2章
確率分布と母集団特性量　　27
2.1　確率変数と実現値 …………………………… 28
2.2　確 率 分 布 …………………………………… 30
2.3　代表的な確率分布 …………………………… 37
2.4　データとその母集団分布 …………………… 43
2.5　コ ラ ム ……………………………………… 62
2章の問題 ………………………………………… 69

第3章
推定と検定　　71
3.1　推　　　定 …………………………………… 72
3.2　最尤推定量 …………………………………… 74
3.3　信 頼 区 間 …………………………………… 77
3.4　検　　　定 …………………………………… 78
3.5　コ ラ ム ……………………………………… 96

目　次　vii

　　　3章の問題 ………………………………………………………… 102

第4章
単回帰モデル   103

　4.1　回帰分析の基礎 ……………………………………………… 104
　4.2　線形単回帰 …………………………………………………… 106
　4.3　当てはめの良さの判断 ……………………………………… 108
　4.4　独立正規誤差の仮定 ………………………………………… 110
　4.5　予　　測 ……………………………………………………… 113
　4.6　例：光学的定量データの解析 ……………………………… 115
　4.7　コ ラ ム ……………………………………………………… 121
　　　4章の問題 ………………………………………………………… 123

第5章
重回帰分析   125

　5.1　線形重回帰モデル …………………………………………… 126
　5.2　正規線形重回帰モデル ……………………………………… 128
　5.3　AICによるモデル・変数選択 ……………………………… 129
　5.4　回 帰 診 断 …………………………………………………… 137
　5.5　コ ラ ム ……………………………………………………… 144
　　　5章の問題 ………………………………………………………… 146

第6章
分 散 分 析   147

　6.1　コンクリートの水分含有量の1元配置 …………………… 148
　6.2　子供の靴の磨耗度：2元配置データの解析 ……………… 155
　6.3　交互作用のある5元配置モデルの解析 …………………… 161
　6.4　コ ラ ム ……………………………………………………… 171
　　　6章の問題 ………………………………………………………… 173

第7章
非線形回帰   175

　7.1　非線形回帰の基礎 …………………………………………… 176

7.2 非線形回帰分析の実例 ･････････････････････････ 179
7.3 コラム ･･･････････････････････････････････････ 189
7章の問題 ･･ 193

第8章
シミュレーション　　　　　　　　　　　　　　195

8.1 シミュレーションとは ･･･････････････････････ 196
8.2 誕生日のパラドックス ･･･････････････････････ 199
8.3 フィーリングカップル ･･･････････････････････ 201
8.4 Rに用意されている乱数 ･････････････････････ 204
8.5 ビュフォンの針問題 ･････････････････････････ 206
8.6 中心極限定理 ･･･････････････････････････････ 209
8.7 ポアソン分布と事故の問題 ･･･････････････････ 212
8.8 ソーティングと計算の複雑性 ･････････････････ 215
8.9 コラム ･････････････････････････････････････ 219
8章の問題 ･･ 225

第9章
補　　遺　　　　　　　　　　　　　　　　　　　227

9.1 統計学の歴史 ･･･････････････････････････････ 228
9.2 Rの簡単な紹介 ･････････････････････････････ 231
9.3 この本で取り上げられなかった話題 ･･･････････ 234
9.4 データフレームについて ･････････････････････ 237

問 題 略 答　　　　　　　　　　　　　　　　　　240

参 考 文 献　　　　　　　　　　　　　　　　　　247

索　　引　　　　　　　　　　　　　　　　　　　250

第1章

データとその記述

統計学とは**ランダムデータ** (random data) の科学である．データを整理・解析・解釈し，それを再び現実世界にフィードバックする各ステップを支援する．「理論」は「現実」による検証を経て，はじめて「仮説・憶測」の域を脱する．一方，現実は常にデータという形でとらえられる．統計学は，**データの科学** (Data Science) として，理論と現実との橋渡しをする．データは一つひとつ個性を持つ．この章では，データの様々な種類と，データ解析の第一歩である「データをじっくり眺める」ための**記述統計** (descriptive statistics) の様々な手法を紹介する．一部は小学校以来おなじみのものであるが，誤解・誤用も多い．便利でありながら，一般社会では未だになじみのないものも多い．

1.1	データの種類
1.2	データの記述
1.3	その他のグラフ
1.4	コ ラ ム

1.1 データの種類

データは**サンプル・標本・試料** (sample) とも呼ばれる．文字通りには，数値 (実数，整数) もしくは記号の集まりである．データは普通，調査・観測と実験により収集される．データの処理にあたり，その性格からいくつかに分類することが役立つ．

1.1.1 データの尺度水準
データは普通 4 種類の**尺度水準** (scale) に分類できる．
(1) **類別尺度データ**：定性的なデータを，いくつかのカテゴリに分類する．花の色を「赤，白，黄色」と分類すれば，類別尺度データとなる．カテゴリ「1, 2」を「0, 1」，「A, B」と書こうと，勝手である．
(2) **順序尺度データ**：定性的なデータで，カテゴリ間に大小，強弱関係がある．「優，良，可，不可」の成績，ツベルクリン反応の判定結果「＋＋＋, ＋＋, ＋, −」がこれにあたる．記号自身も大小・強弱関係を明示するものが望ましい．主観的評価「好き，どちらでもない，嫌い」は順序尺度になる．
(3) **間隔尺度データ**：定量的データであるが，比を取ることに意味がなく，差のみが意味を持つデータ．例えば摂氏温度で計ったデータ．40℃は決して 20℃の倍ではない．華氏で比を取れば全く異なる数値を得る．一方，40℃と 20℃の差は，30℃と 10℃の差に等しく，同じ熱量を意味する．
(4) **比率尺度データ**：定量的データであり，差だけでなく比も意味を持つデータ．言い換えれば「真のゼロを持つ単位」で計ったデータ．長さ・重さが例となる．2m は 1m のまさしく 2 倍である．長さのゼロは真のゼロであるが，摂氏温度のゼロは単に規約による．一方，絶対温度は真のゼロを持つ．

データの尺度水準により，用いるべき要約方法・統計手法が異なってくる．一般に高水準のデータはより情報に富み，低水準のデータに容易に変換することができる．身長 (比率尺度) を「低，中，高」と分類しなおせば，順序尺度のデータを得る．データとしていかなる尺度を用いるべきかは，目的と可能な測定法により決まる．

1.1.2 連続値・離散値データ

データの今一つの重要な分類が，**連続値データ** (continuous data) と**離散値データ** (discrete data) の区別である．例えば世帯の家族数を考えると，データ値は 1, 2, 3, ⋯ を取る．このように値がある離散的な値しか取れないとき，離散値データと呼ぶ．離散値は必ずしも整数である必要はなく，また有限の範囲に収まるとは限らない．類別尺度データの全てと，順序尺度データのほとんど全ては，離散値データとなる．一方，原理的にある範囲内の全ての実数値を取り得るようなデータを，連続値データと呼ぶ．身長が例である．ただし，実際の測定では，cm 単位で丸められるから，離散値データに見える．

1.2 データの記述

この節では様々なデータの記述法を紹介する．データの特徴を数値で表現する**数値要約**と，図表で表現する**図表要約**がある．データの尺度により定義できない，もしくは無意味なものがある．以下では，1組のデータを $x = \{x_1, x_2, \cdots, x_n\}$, $y = \{y_1, y_2, \cdots, y_n\}$ などで表す．

1.2.1 データの代表値

データの「代表値」の数値要約としては，次のようなものが使われる：

(1) **標本平均** (sample mean)：データの算術平均

$$\bar{x} = \frac{1}{n}\sum_{i=1}^{n} x_i \quad (\text{標本平均})$$

バー記号で表す習慣がある．$\bar{x}$ は「エックスバー」と呼ぶ．

(2) **最頻値** (sample mode)：類別・順序尺度データで，度数が最多のカテゴリ値．

(3) **中央値** (sample median)：大小順でデータの真ん中の値．データを大小順に並べ換えた**順序統計量** (order statistics) を $x_{(1)} \leq x_{(2)} \leq \cdots \leq x_{(n)}$ とする．もし同じ値（タイ）のデータがあれば，それらの順序は任意とする．n が奇数 $2k+1$ ならば，中央値は $x_{(k+1)}$, 偶数 $2k$ ならば，便宜的に $(x_{(k)} + x_{(k+1)})/2$ と定義する．それ以下と，それ以上が半々になる値である．中央値に関連した数値要約として，次の数値要約が使われる：

(i) **最大値** (maximum)：大小順で最大のデータ値．

(ii) **最小値** (minimum)：大小順で最小のデータ値．

(iii) **ヒンジ** (hinge)：データを小さい順に並べたとき，中央値以下のデータの中央値を**下側ヒンジ** (lower hinge), 中央値以上のデータの中央値を**上側ヒンジ** (upper hinge) と呼ぶ．

(iv) **クォンタイル** (quantile)：データを小さい順に並べたとき，累積確率で下から確率 p の位置にあるデータ値を p クォンタイルと呼ぶ．ちょうどその位置にデータ値がなければ，その前後のデータ値の平均で代用する．確率 0.25, 0.75 に対応するクォンタイルをそれぞれ**第 1 四分位数** (first quartile), **第 3**

1.2 データの記述

四分位数 (third quartile) と呼ぶ．これらは，それぞれほぼ下・上ヒンジに等しいが，微妙に異なる．クォンタイルの確率の指定をパーセントで行うとき，**パーセント点** (percentile) と呼ぶ．

(ⅴ) **5 数要約** (five number summary)：最小値，下側ヒンジ，中央値，上側ヒンジ，最大値，の五つの数からなる組．

注意 以下このテキストでは，解説と平行し R による操作を紹介する．是非手近のパソコンに R をインストールし，実際に試してみてほしい．なお R システムに関する入門としてはフリーの公式マニュアルである「An Introduction to R (日本語訳「R 入門」)」が最適である．入手については文献[1] を参照してほしい． □

●━━ **R なら (1)：代表値の数値要約** ━━●

R では一組のデータはベクトルで表すことが普通である (なお，これ以降この本の全ての R のコードの解説中の # 記号以下は説明のための注釈である．実際 R では # 記号以下行末までは注釈として無視される)．

```
> dx <- runif(200)      # 200 個の一様乱数を発生し，変数 dx に代入
> mean(dx)              # dx の標本平均値
[1] 0.5484259
> median(dx)            # 中央値
[1] 0.5755371
> max(dx)               # 最大値
[1] 0.9918572
> min(dx)               # 最小値
[1] 0.01107485
> f <- fivenum(dx)      # dx の 5 数要約を計算し変数 f に代入
> f                     # f の 5 個の要素を表示
[1] 0.01107485 0.31511041 0.57553713 0.80693732 0.99185717
> f[2]                  # f の 2 番目の要素．下側ヒンジ
[1] 0.3151104
> f[4]                  # f の 4 番目の要素．上側ヒンジ
[1] 0.8069373
> quantile(dx, prob=0.7, names=F) # 確率 0.7 に対するクォンタイル
[1] 0.7671265
```

1.2.2 データのバラツキ

データの「バラツキ」の数値要約としては,次のようなものがある:

(1) **標本範囲** (sample range):最大値から最小値を引いた値.
(2) **標本分散** (sample variance):

$$S_x^2 = \frac{1}{n}\sum_{i=1}^{n}(x_i - \bar{x})^2 \quad (標本分散)$$

S_x^2 はデータの,その代表値 $\bar{x}$ からの偏差の自乗 $(x_i - \bar{x})^2$ の平均値であり,データの全体としてのバラツキをとらえる量である.関係 $S_x^2 = \frac{1}{n}\sum_{i=1}^{n}x_i^2 - (\bar{x})^2$ が成り立つ.

(3) **標本標準偏差** (sample standard deviation):標本分散の平方根.

$$S_x = \sqrt{S_x^2} \quad (標本標準偏差)$$

長さのデータでは S_x^2 は面積の次元を持つが,S_x は再び長さの次元を持つ.データを全て a 倍すれば標本標準偏差も a 倍される.

(4) **四分位偏差** (interquartile range, IQR):第 3 四分位数から第 1 四分位数を引いた値.大小順で,データの真ん中 (ほぼ) 半分が収まる長さ.
(5) **ヒンジ散布度** (hinge spread):上下ヒンジ間の距離.ほぼ四分位偏差に等しいが,微妙に異なる.

―●R なら (2):標本分散,標本標準偏差●―

```
> x <- rnorm(100)     # 標準正規分布に従う 100 個の乱数を発生
> var(x)              # 不偏標本分散 V_x^2 (p55, p56 参照)
[1] 1.206425
> sd(x)               # 標本標準偏差 (不偏標本分散のルート)
[1] 1.098374
> sqrt(var(x))        # 標本標準偏差を定義から計算
[1] 1.098374          # sd(x) と一致!
> median(x)
[1] -0.002568093
> fn <- fivenum(x)    # 5 数要約 (発生乱数ごとに異なるので注意)
> fn
```

```
[1] -3.23417682  -0.64375269  -0.01741693   0.59772899   2.70724096
> fn[4] - fn[2]        # 上下ヒンジからヒンジ散布度を計算
[1] 1.732077
> IQR(x)               # 四分位偏差
[1] 1.701093
```

1.2.3 データ間の関連

対データ[1] x, y の関連をとらえる数値要約には次のものがある：

(1) **標本共分散** (sample covariance)：

$$S_{xy} = \frac{1}{n}\sum_{i=1}^{n}(x_i - \bar{x})(y_i - \bar{y}) \quad (標本共分散)$$

(2) **標本相関係数** (sample correlation coefficient)：

$$C_{xy} = \frac{S_{xy}}{S_x S_y} \quad (標本相関係数)$$

C_{xy} は無次元量 (データの測定単位によらず一定) であり，常に $|C_{xy}| \leq 1$．標本相関係数は，データ x, y の「直線性」をとらえる尺度として，よく使われる．特に $C_{xy} = 1$ ならば (x_i, y_i) は全てある直線 $y = ax + b$ 上にある．$C_{xy} = +1$ ならば $a > 0$，$C_{xy} = -1$ ならば $a < 0$ である．$|C_{xy}|$ が 1 に近いほど直線性が強いとされるが，1 にそれほど近くない場合はあまり意味はない．

●── **R なら (3)：標本共分散，相関係数** ──●

```
> dx <- c(1.1, 2.0, 3.2, 4.1, 5.0, 6.1)          # dx を定義
> dy <- c(1.30, 1.95, 3.19, 3.83, 5.11, 5.70)   # dy を定義
> cov(dx,dy)                    # dx,dy の標本共分散を計算
[1] 3.204867
> cor(dx,dy)                    # dx,dy の標本相関係数を計算
[1] 0.995112
> cov(dx,dy)/sd(dx)/sd(dy)      # 標本共分散を定義に従い計算
[1] 0.995112                    # cor(dx,dy) と一致！
```

---

[1] 「対になった」とは，各 x_i には同じ添字の y_i が対応していることを意味する．例えば x_i, y_i が i 番目の個人のそれぞれ身長，体重値を表す場合など．

対データ x, y の間の関係を見るグラフとしては，**散布図** (scatter plot) が基本である．(x_i, y_i) を座標に持つ点を描く．3組以上の対応のある[2)]データの間の関係を一度に見るには，データ対ごとの散布図を行列状に並べた**散布図行列**が便利である．

● R なら (4)：散布図と散布図行列 ●

R の基本パッケージ中の車の速度と停止時間データ cars の散布図 (図 1.1) と，ニューヨーク州の大気観測データ airquality の散布図行列 (図 1.3) を描く：

```
> data(cars)                          # データを読み込み
> cars
   speed dist
1      4    2
2      4   10
............                          # 途中省略
50    25   85
> plot(cars)                          # 散布図を描く
> data(airquality)                    # データを読み込み
> airquality
    Ozone Solar.R Wind Temp Month Day
1      41     190  7.4   67     5   1  # 6組の対応データ
2      36     118  8.0   72     5   2
..................................    # 途中省略
153    20     223 11.5   68     9  30
> pairs(airquality, panel = panel.smooth,   # 散布図行列を描く
    main = "airquality data")
```

2組の，必ずしもデータ数が同じではないデータ x, y の分布が，同一とみなせるかどうかを判断するグラフが **Q-Q プロット** (Q-Q plot) である．各確率 p に対する x, y の p クォンタイル p_x, p_y を座標とする点からなるグラフである．実際はクォンタイル値が変化するような p に対してだけ点を描く．もし，二つのデータの母集団分布関数 F, G が位置とスケールを除いて一致すれば，ある定数 $a > 0, b$ があり，常に $F(t) = G(at+b)$ となる．したがって，確率 p に

[2)] 例えば，3組のデータ $x = \{x_i\}, y = \{y_i\}, z = \{z_i\}$ が対応しているとは，$(x_1, y_1, z_1),$ $(x_2, y_2, z_2), \cdots$ がそれぞれ同一対象 (例えば，一人の人間の年齢，身長，体重) に対して得られたことを意味する．順序を無視して比較してはいけない．

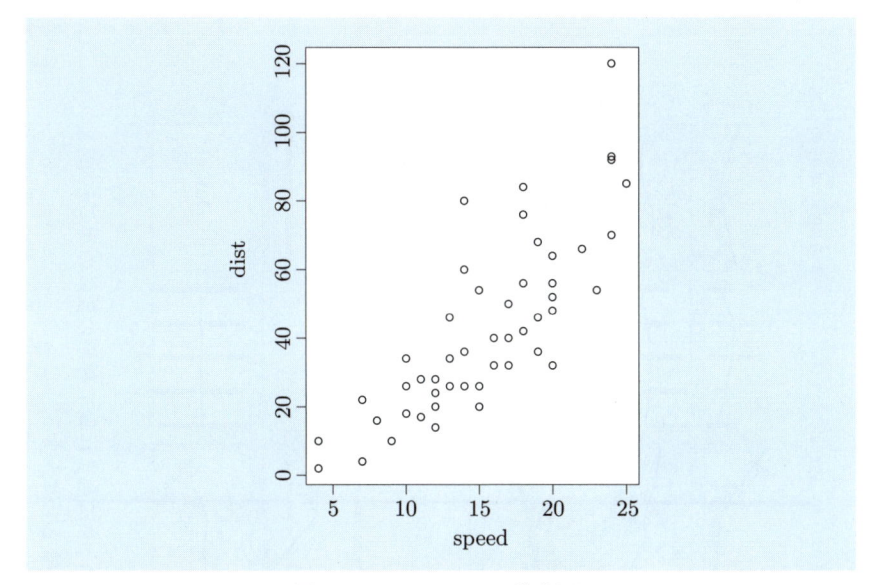

図 1.1 cars データの散布図.

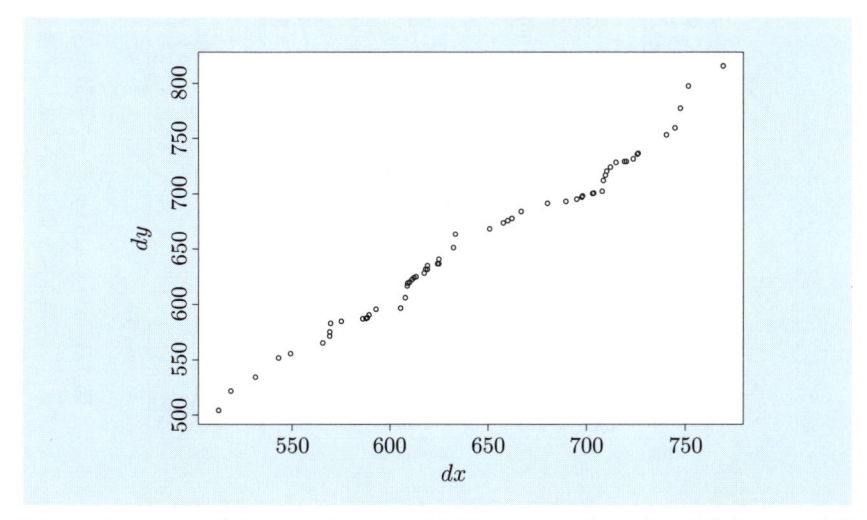

図 1.2 セラミック強度データ (94 ページ参照) の Q-Q プロット. 実験室 1,2 の実験結果の比較. 特に分布が異なる様子は見られない.

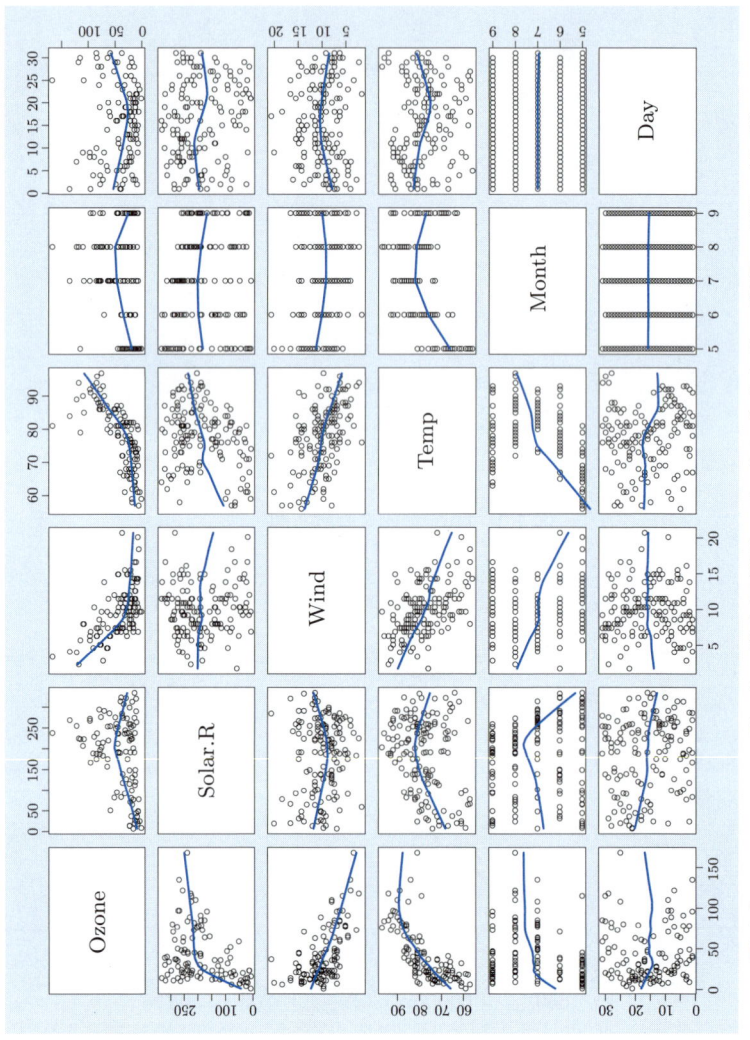

図 1.3 airquality データの散布図行列.データに含まれる 7 種類の変数の対ごとに散布図を描く.さらに,平滑化した曲線を上書きする.

対し，$F(q_x) = p$, $G(q_y) = p$ となる値 (母集団 p クォンタイル) q_x, q_y の間には直線関係 $q_y = aq_x + b$ が成り立つ．p_x, p_y は，データ数がある程度大きければ，それぞれの母集団値 q_x, q_y に近いことが期待され，$p_y \simeq ap_x + b$ が成り立つ．したがって，x, y の Q-Q プロットが直線状になれば，母集団分布がスケール a と位置 b を除いて，本質的に同一であると判断できる．ただし，グラフから直線性を判断するのはしばしば困難であり，むしろ同一でないことの判断に有用なことが多い．

1.2.3.1　チャーノフの顔グラフ

グラフの第一の長所は，数値・記号の列という，人間には把握が困難なデータを，図形という把握しやすい[3]対象を使って直観的に把握できるようにすることである．人間が，最も細かな差異まで瞬時に判別できる図形が「人間の顔」である．実際，我々は何百人の顔でも造作なく区別できる．統計学者チャーノフは，人間の模式化した顔に，多数の数値を埋め込めば，それらの差異を顔付きの違いとして容易に判別できると考えた．**顔グラフ** (face graph) は究極の統計グラフとして，一時期人気があったが，現在ではそれほどでもない．理由はおそらく，手軽に描けないこと，結局は漫画であり不まじめと取られかねないからであろう．R の公式パッケージには顔グラフを描く関数はない．ここでは，群馬大学の青木繁伸氏[4]作の R 用の関数とサンプルデータを用いた例を紹介する．

1.2.4　データの分布

データの**標本分布** (sample distribution) の全体像をつかむ，伝統的な記述方法として度数分布表がある．生データの集計の第一歩でもある．必要なら適当にクラス分けし，各クラスに入るデータの度数を表形式にまとめる．生データよりはわかりやすいが，分布を一目で把握するには，グラフに勝るものはない．データの標本分布は，その隠された母集団分布を突き止める手段である．

---

[3] データの記述で用いられるグラフには，様々なものがあるが，無条件にわかった気にさせるという点で危険なことも多い．統計で人をだます一番簡単な方法が，見る人が勝手に誤解するようなグラフを使うことである．

[4] 青木繁伸氏のウェッブページ[3] からは R や統計学に関する様々な情報が得られる．

図 1.4 チャーノフの顔グラフの例．一組のデータの内容を，顔の 18 種類の構成要素に割り当てて表示する．9 組のデータ間の差異を，顔付きの違いとして，増幅してとらえることができる．

1.2.4.1 ヒストグラムと密度関数

度数分布表をグラフ化したものが**ヒストグラム**である．各クラスの度数 (もしくはその比率) を棒 (連続値) または線 (離散値) のグラフで表す．**核関数による推定密度関数**はヒストグラムを適当に平滑化したもので，母集団密度関数を推定したものと考えられる．

―――――――― ● **R なら (5)：ヒストグラムと推定密度関数** ● ――――――――

間欠泉の噴出継続時間 (分単位) データ faithful のヒストグラムと推定密度関数を重ね描きする (図 1.5) (図 1.5 と同じ図を得るためには density(x) を，density(x, bw="SJ") とする必要があります)．

```
> data(faithful)              # faithful データを読み込み
> x <- faithful$eruptions     # データの一部を取り出す
> par(usr=c(1,6,0,0.6))       # 重ね描きのため作図座標を固定
> hist(x, freq=F, xlim=c(1,6),  # 相対頻度でヒストグラムを描く
    ylim=c(0,0.6), xlab="", ylab="", main="")
> par(new=TRUE)               # 重ね描き指定
> plot(density(x), xlim=c(1,6), ylim=c(0,0.6),
    xlab="", ylab="", main="")  # 推定密度関数を重ね描き
```

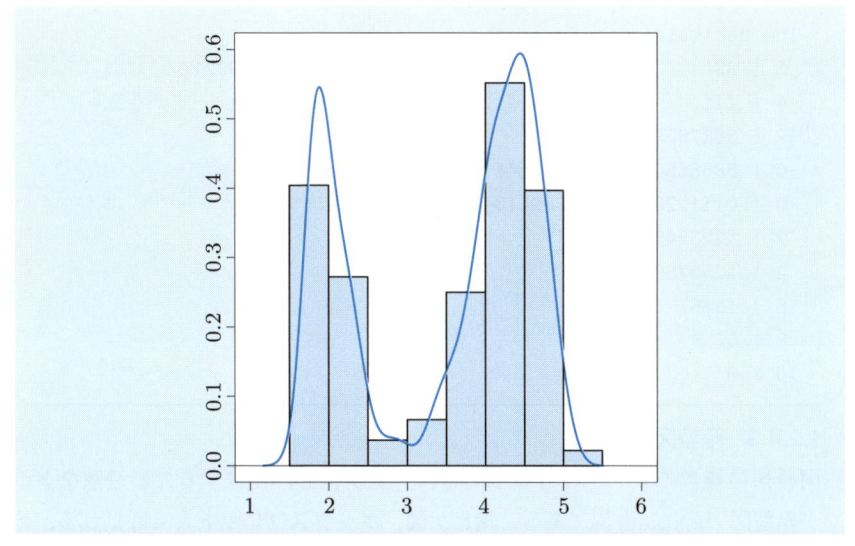

図 1.5 ヒストグラムと対応する推定密度関数.

1.2.4.2 幹葉表示

データの記述の伝統的な方法である度数分布表・ヒストグラムは，二つの難点を持つ．個々のデータはあるクラスに属することしかわからなくなり，生データに比べ情報が減る．また表とグラフを別個に作成する必要がある．**幹葉表示** (stem and leaf plot) は，集計とグラフ化を同時に行い，かつグループ化することによる情報の劣化をある程度防ぐ魅力的な記述法である．幹葉表示[5]は，分割クラスを表す幹 (stem) と，そのクラスに属する各データに対応する葉 (leaf) からなる．一つの葉を表す数字は，データの幹より下位の桁数の情報を保持する．データの桁数が少ない場合には，幹葉表示は生データを劣化なしに含む．

●**R なら (6)：幹葉表示**●

正規分布 $N(0, 3^2)$ に従う 100 個の乱数の幹葉表示.

```
> dx <- 3*rnorm(100)      # 100 個の乱数を発生，変数 dx に代入
> dx[dx < -4]             # -4 未満のデータを表示
[1] -4.127949 -4.111838 -6.300482 -6.199912 -5.175239
> stem(dx)                # dx の幹葉表示を既定値で描く
```

---

[5] 駅ホームの時刻表は，「時」を幹，「分」を葉とする幹葉表示とも考えられる．

```
The decimal point is at the |
 -6 | 32           # 葉 3,2 はデータ -6.300482,-6.199912 に対応
 -4 | 211          # 区間 (-6,-4] 中に 3 個のデータがある
 -2 | 888776551099433211
 -0 | 88666544321100765541
  0 | 011122344567788991113446699   # 横にすればヒストグラム！
  2 | 122334556734677
  4 | 1355789245
  6 | 15667
  8 | 5
 10 | 8
```

1.2.4.3 箱型図

同種類の複数のデータの分布を同時にグラフ化し，比較するのに最適なグラフが**箱型図** (boxplot) [6]である．**箱ヒゲ図**，**ボックスプロット**とも呼ばれる．箱型図は，順序に基づく要約値を用いたグラフである．また，データ本体と大きくかけ離れた異常な値を重視する．箱型図は次のように描く：

(1) まず上側ヒンジ (U) と下側ヒンジ (L) の位置に箱を描く．この箱の中にデータの真ん中ほぼ 50% が収まることになる．

(2) 中央値 m の位置に箱の中仕切りを描く．中仕切りは箱の中のデータをほぼ 25% ずつに分ける，

(3) ヒンジ散布度 $h = U - L$ はデータの真ん中ほぼ 50% が収まる範囲である．区間 $(U, U + 1.5h]$ 中に含まれるデータの最大値 u を**上隣接値**と呼ぶ．U から上隣接値まで線 (**ヒゲ**と称する) を引く．ヒゲの先端にはしばしば短い棒を描く．このヒゲは「大きめであるが，大きすぎることはない」データの範囲を表す (普通，全体のほぼ 25% が含まれる)．

(4) 区間 $(U + 1.5h, U + 3h]$ 中に含まれるデータがあれば**上外側値**と呼ばれ，その位置に適当なマーク (○☆等) を描く．外側値はデータ本体に比べ「大きすぎる値」を表す (普通少ししかない)．

(5) 区間 $(U + 3h, \infty)$ 中に含まれるデータがあれば**上局外値**と呼ばれ，その

---

[6] 幹葉表示，箱型図をはじめとする新傾向の統計グラフについては渡部他[23]，柴田[8] が詳しい．

位置に適当なマーク (●★など) を描く．局外値はデータ本体に比べ「異様に大きな値」を表す (普通ほとんどない)．
(6) 外側値，局外値は特別な注意に値するデータであり，それがどのデータであるか容易にわかるように，その位置に傍注をするとよい．
(7) 上の (4),(5),(6) と同様な作業を下側区間

$$[L-1.5h, L), \quad [L-3h, L-1.5h), \quad (-\infty, L-3h)$$

について行い，**下隣接値** l と対応するヒゲ，**下外側値**，**下局外値**，およびマーク・傍注を描き込む．

●──── **R なら (7)：平行箱型図** ────●

同じ種類のデータの箱型図を，共通の尺度で並べて描いた**平行箱型図**は，特に同種データの分布の比較に最適である．図 1.6 は，各 100 個からなる標準正規分布に従う乱数 6 組の，平行箱型図による比較である．

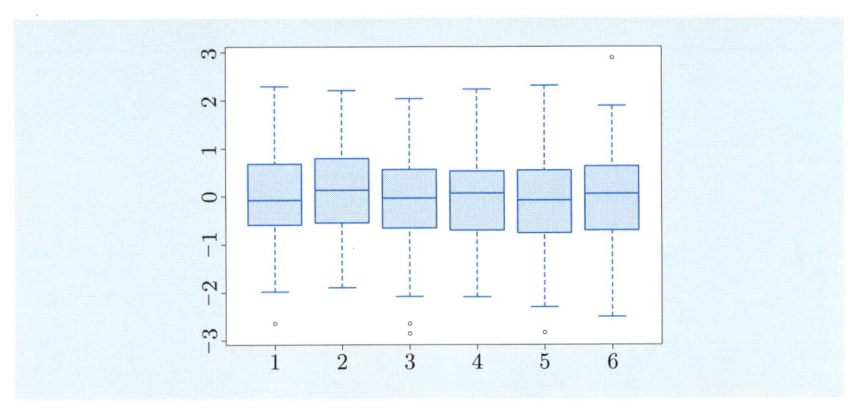

```
> boxplot(rnorm(100),rnorm(100),rnorm(100),rnorm(100),
         rnorm(100),rnorm(100))
```

図 1.6 6 組の正規乱数データの平行箱型図．

1.2.4.4 経験分布関数

経験分布関数 (empirical (cumulative) distribution function) はデータの記述に用いられることは少なく，むしろ**ノンパラメトリック検定**などの理論で重要な役割を果たす．Q-Q プロットの原理は経験分布関数にある．データ x の経験分布関数 $F_x(t)$ は次のように定義される関数である：

$$F_x(t) = \begin{cases} 0 & (t < x_{(1)}) \\ k/n & (x_{(k)} < t \leq x_{(k+1)}) \\ 1 & (x_{(n)} < t) \end{cases} \quad (\text{経験分布関数})$$

F_x は単調非減少の階段状関数で，常に $0 \leq F_x(t) \leq 1$，各データ値 $t = x_i$ で $1/n$ だけ増加する．同一値のデータが複数あれば，その分余計に増加する．データが増えるに従い，経験分布関数は，データの母集団分布関数 $F(t)$ に各 t で収束する (**Glivenko-Cantelli の定理**).

● R なら (8)：経験分布関数 ●

経験分布関数を計算する関数 ecdf は R の基本配布物中の追加ライブラリ stepfun 中にある．まずこのライブラリを読み込む必要がある．最後に図 1.7 を描く．

```
> library(stepfun)        # ライブラリ stepfun 読み込み
> dx <- rnorm(50)          # 50 個の標準正規乱数を発生
> ec <- ecdf(dx)           # その経験分布関数を計算，変数 ec に保管
> plot(ec, verticals= TRUE, do.p = FALSE) # グラフを描く
```

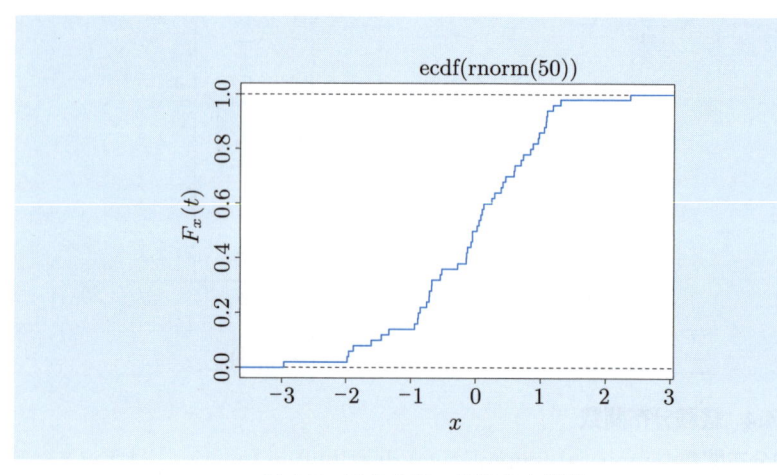

図 1.7 正規乱数の経験分布関数．

1.2.4.5 正規 Q-Q プロット

統計学では，データが正規分布に従うという仮定がしばしばおかれ，手法そのものが，この仮定のもとではじめて意味を持つことが多い．したがって，データがはたして正規分布に従っているかを常にチェックするのが好ましい．**正規Q-Q プロット**は，データが正規分布に従うかどうかを，グラフを用いて診断するのによく用いられる．これは，標準正規分布に従う無限に多く (つまり標本量が母集団量に一致) の y データと x の Q-Q プロットと考えられる．データが正規分布に従い，データ数が十分多ければ，プロットは直線状になることが期待される．ただし，小データ数では，たとえ仮定が正しくても直線状になるとは限らない．またプロットの両端は，少数のデータでは不規則にばらつきやすい．一方，データが多いときには，プロットの中心部分は，正規性の仮定が正しくなくても，直線状になることがしばしばある．直線性の判断には，正規性の仮定のもとで Q-Q プロットが近くなるはずの直線を重ねて描くと，わかりやすい．

――● **R なら (9)：正規 Q-Q プロット** ●――

セラミック強度データ (94 ページ参照) の正規プロット．全データを用いた比較．

```
> qqnorm(ceramic$Y)      # 正規 Q-Q プロットを描く
> qqline(ceramic$Y)      # 予想直線を重ね描き
```

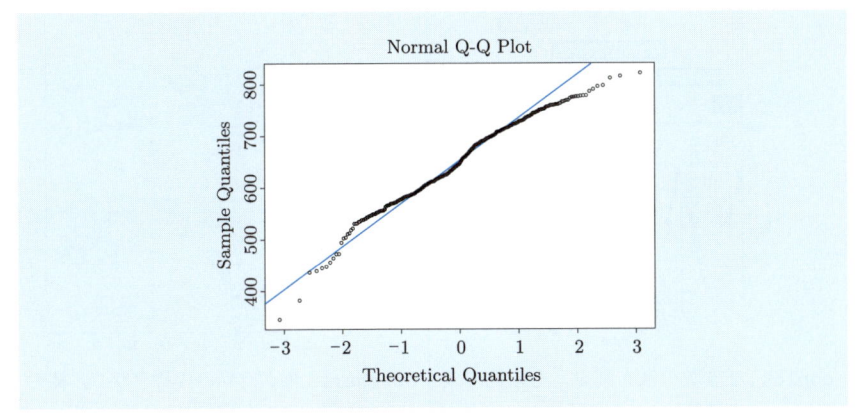

図 1.8 セラミック強度データの正規 Q-Q プロット．明らかに正規分布に従うとはみなせない．プロットの両端で対照直線からの系統的なずれが見て取れる．

1.3 その他のグラフ

Rにはその他にも，データの特徴をとらえるための，多彩なグラフ用関数が用意されている．なじみのあるものもあるが，知られていないものも多い．こう

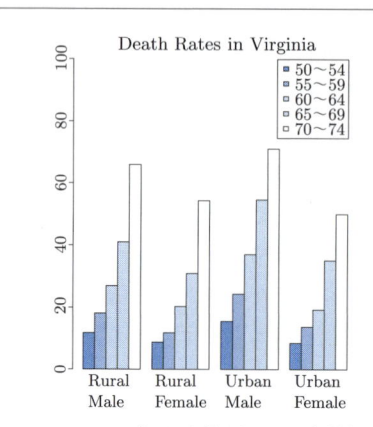

barplot：いわゆる棒グラフ．類別・順序尺度データ用の伝統的グラフ．帯グラフも描ける

contour：曲面データの等高線

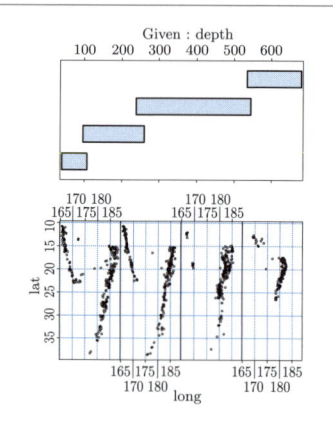

coplot：2変数の散布図を，その他の変数値に基づくグループごとに描く．多次元散布図の2次元断面図に相当

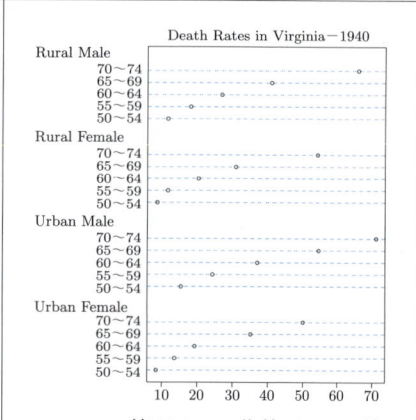

dotchart：棒グラフの代替グラフ．棒の代わりに点で示す．複数のデータを同時に吟味するのに便利

1.3 その他のグラフ

した新傾向のグラフは，第三者にすぐに意味がわからないため使いにくいという欠点があるが，データ解析の途中で使えば有用なものが少なくない．

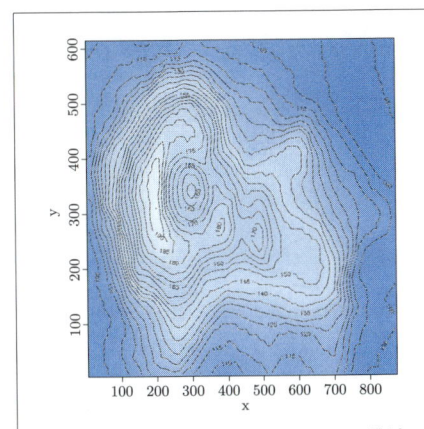

`image`：行列データを画像として，濃淡・色調の差で表示．この例では `contour` 関数で等高線を重ね描き

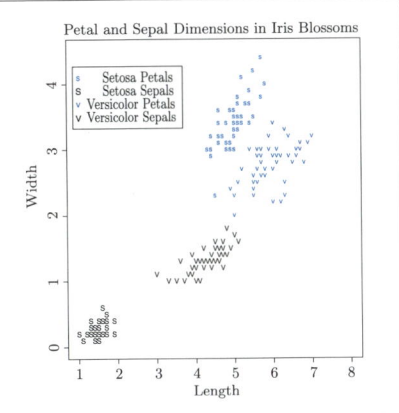

`matplot`：二つの行列の対応する列の散布図を一度に描く．列ごとに異なる記号で図示

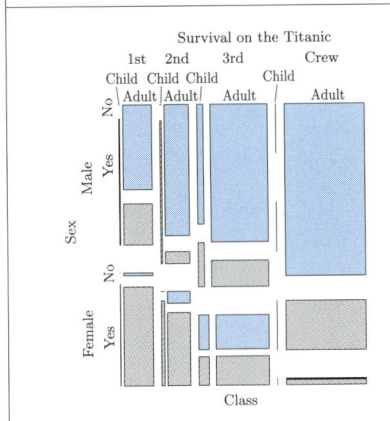

`mosaicplot`：分割表データの解析結果用のグラフ

`pie`：いわゆる円グラフ

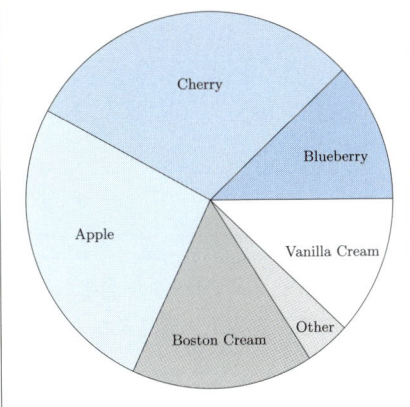

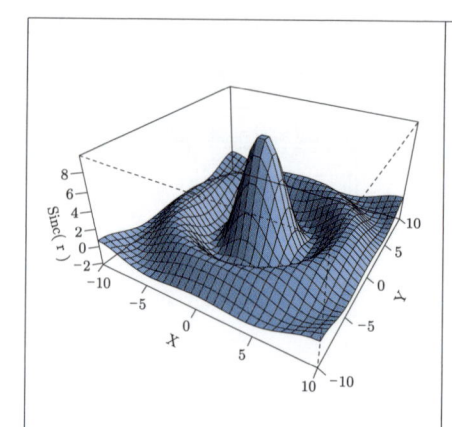

persp：3次元データの立体・鳥瞰図を描く

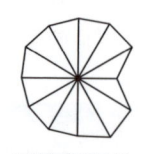

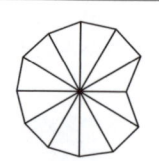

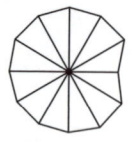

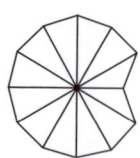

stars：いわゆるレーダーチャート．いくつかの変種がある

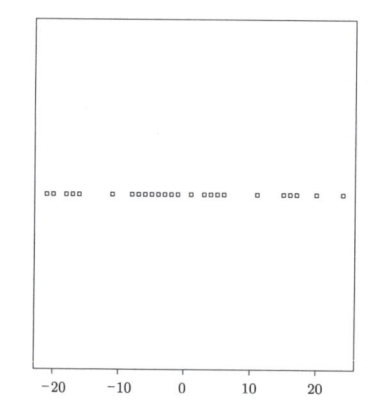

stripchart：1次元データを点列で表示．小データなら全体が一望できる

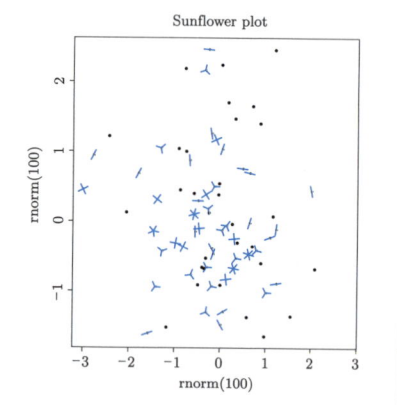

sunflowerplot：散布図の各点に複数データが対応するとき，点の周りに重複回数分「花弁」を描いて識別

1.4 コラム

1.4.1 標本平均・分散は取扱い要注意

箱型図は，もっぱら順序に基づく標本量を使って描かれる．データ解析の第一段階では，標本平均・分散・相関係数などを使うのは危険なことがある．データにはしばしば，データ本体に比べ飛び離れた値である**外れ値** (outlier) が紛れ込んでいることがある．こうした値は，たとえ一つでも，標本平均・分散・相関係数等の値を極端に変えてしまう．一方，中央値・ヒンジ値は，定義からこうした異常な値に影響されにくく**頑健** (robust) である．最大・最小値，そして範囲は頑健でない．外れ値の存在は箱型図で容易にわかる．データミス，異種のデータの混入などの結果であることが多く，個別に慎重にチェックする必要がある．そのうえで，やはり「正当な」データであることがわかれば，逆にわずかでもデータの特徴を開示してくれる重要な情報になる．

1.4.2 本当の代表値?

平均，中央値，最頻値といくつもの代表値が登場したが，どれが「本当の真ん中」なのであろうか? 世の中でもっぱら使われているのは標本平均である．平均という言葉自身が，「真ん中，代表，普通，月並み」と同義語になっている．官庁統計，新聞記事をはじめ「代表値＝平均」と疑わない向きが多く，混乱や誤解を招いている．内閣府総務省は，毎年各種調査を実施，公表している．例えば，2001 年度調査によれば，世帯あたりの平均貯蓄額は 617 万円であった．中央値は 500 万円であり，これが真の中流．さらにモードの区間は 200 万円で，これが真の月並み．所得金額が平均額より低い世帯割合は 61.1%．三つの代表値の極端な食い違いの原因は，富の偏在にある．こうした状況でマスコミなどが，あえて平均値だけを公表することは，ほとんど無意味で，有害といえよう．同じことは，バラツキの尺度である標本標準偏差，四分位偏差でも起き得るが，一般社会では代表値 (そして最大・最小) にしか関心がないから，幸か不幸かほとんど問題にならない．

1.4.3 平熱は 96 度?

摂氏・華氏温度の単位は，人為的なものである．欧米で使われている華氏温度の体系は Fahrenheit (華氏とはファーランハイトのファの音の中国語表記「華」に由来) が提案したものである．彼のアイデアは，非常に安定しており (と当時は思われていた)，簡単に実現できる二つの温度，すなわち成人男子の平熱体温と，氷

をいれた塩水の温度を，それぞれ 96 度 (摂氏 36.7 度) と 0 度 (摂氏 −17.8 度) にする (つまり二つの温度の間を 8×12 等分する疑似 12 進法) というものであった．この一見奇妙な決め方は，ガリレオが発明したアルコール温度計で計測可能な温度範囲に収まっているという意味で，当時としては合理的な決め方であった．したがって欧米では体温の平熱は 96 度である！ 一方スウェーデン人 Celsius による摂氏温度は，水銀温度計による計測に基づく．奇妙なことに，Celcius は水の氷点を 100 度，沸点を 0 度とすることを提案したらしい．一方，両者よりも前に，ニュートンは，塩氷水の温度と，健康な大人の口腔内温度の間を 12 等分する温度体系を考えていたらしい．

1.4.4 特殊記号 NA, NaN, ±Inf, NULL

統計データには本来の数値，文字列以外に**欠損値** (missing value) と呼ばれる特殊な値を考えると，便利なことがある．これは文字通り「該当データが欠けている」ことを表す記号である．R では特殊記号 NA (Not Available の意) で表す．実際，現実のデータには何らかの理由でデータが欠けていることが稀でなく，そうした箇所には NA を書き込んでおくとわかりやすい．R のほとんどの関数はデータに NA があっても問題がなく，NA がある場合の処理をオプションで選択できる．

一方，数値計算の途中には有限な数値を割り当てることができない場合が，時おり起きる．例えば 0/0, 1/0, log(0) などである．こうした場合にただちに「エラー表示」して停止するかわりに，明白な誤りにならないかぎり，仮の記号を値として与えることで計算を続行することが便利である．R では 0/0, log(0) などの合理的な値を与えられない計算の結果として，**非数** (Not a Number) と呼ばれる記号 NaN が返される．また 1/0, -1/0 に対しては正負の**無限大** (Infinity) を表す記号 Inf, -Inf が返される．こうした特殊記号を含む演算も定義されている．例えば Inf*Inf, log(Inf) は Inf になり，Inf - Inf, 1- NaN は NaN になる．これらの特殊記号は便利であるが，一連の計算中に気づかれないままに登場する場合には，予想外の結果を生むことがあるので注意が必要になる．

さらに R に登場する特殊記号として NULL がある．これは「未定義」を表す記号で，ある変数をその内容を未定義のままで，とりあえず定義しておく際に x <- NULL などと使われる．

1.4.5 円周率はなぜ π か?

円周率はなぜ π と書かれるのであろうか? 数学の世界でアルファベット (語源は $\alpha\beta$) と並んでよく使われるのがギリシャ文字であり, 統計学ではある種の対象を表すのに, いつも同じギリシャ文字を使う習慣ができている. 例えば, 運を表す ω, 運の全体を表す Ω, 母集団平均を表す μ, 母集団標準偏差を表す σ, ガンマ分布を表す Γ, χ^2 分布など. これはヨーロッパの知識人の教養の基礎が, 中世以来久しく古典ラテン語と古典ギリシャ語だったという事実 (ヨーロッパの大学での紳士教育の中心は古典ギリシャ・ラテン文学, 数学, そして体育と神学であった), 特に全欧の学者の共通語が古典ラテン語であり, 出版・情報交換がほとんどラテン語でなされていたという事実を知れば納得がいく. 円周率を表す π という記号を使うのが広まったのは 18 世紀の大数学者オイラーの著書に由来し, 円の周長を意味する古典ギリシャ語 $\pi\epsilon\rho\iota'\mu\epsilon\tau\rho o\varsigma$ (perimetros, 英語の perimeter) の頭文字 π がその語源である. これを一例として, 現代の多数の科学・技術用語が古典ラテン語と古典ギリシャ語に由来しており, 今なお新しい用語を作る際には古典ラテン語と古典ギリシャ語の知識が不可欠であるという事実は, 日本人科学者には大きなハンディになっている.

参考までに表 1.1 にギリシャ文字 24 種類の一覧を添えておく. なぜ Γ が C と G の共通の先祖かというと, G は古代ローマ人がギリシャ語にはなかった C の濁音を表記するために作り出した (C という文字に鍵を付けた) 文字だからである. 同様に 10 世紀に V から母音 U が分離し, 11 世紀に V を二つ並べて W が作られた. 英語の W の発音「ダブリュ」は「二つの U」を意味する. 一方, フランス語・イタリア語の発音は「二つの V」を意味する. 最後に I から子音 J (イタリア語では「長い I」と発音) が分離した. つまりラテン文字は元々 23 種類であった. Y, Z は本来ギリシャ語単語のために残された文字で, Y はイタリア・フランス語ではともに「ギリシャの I」という意味の発音を持つ. F, Q はラテン語固有の文字である.

疑問符「?」はラテン語 *quaestio* (疑問) の最初と最後の 2 文字を, 簡単符「!」は感動詞 *io* を, それぞれ縦に並べてできた記号である. アンパサンド「&」はラテン語の *et* (「and」の意味, フランス語には未だ健在) の省略記号として作られた. アンパサンドとは「and *per se*」(一語だけで and) という意味である. 和と積を表す記号 $\sum, \prod$ はそれぞれ和と積を表す古典ラテン語の単語の頭文字を対応するギリシャ文字に置き換えたものである. 積分記号 $\int$ は数学者ライプニッツが文字 S を縦に引き延ばして作り出した記号である. ご存じのように積分は和

の極限として定義 (だから延ばす?) されるからである．その他，技術文献に必須のラテン語由来の表現には Q.E.D. (*Quad erat demonstrandum*, 証明終り)，i.e. (*id est*, つまり)，etc. (*et cetera*, など)，e.g. (*exempli gratia*, 例えば)，et al. (*et alia*, その他) などがある．

表 1.1 ギリシャ文字一覧 (括弧内は小文字の変形体)．

大文字	小文字	日本での読み方	対応アルファベット
A	α	アルファ	A, a
B	β	ベータ	B, b
Γ	γ	ガンマ	C, c, G, g
Δ	δ	デルタ	D, d
E	$\epsilon\ (\varepsilon)$	イプシロン，エプシロン「単純なエ」の意味	E, e
Z	ζ	ツェータ，ゼータ	Z, z
H	η	エータ，イータ	H, h
Θ	$\theta\ (\vartheta)$	シータ，テータ	なし
I	ι	イオタ	I, i, J, j
K	κ	カッパ	K, k
Λ	λ	ラムダ	L, l
M	μ	ミュー	M, m
N	ν	ニュー	N, n
Ξ	ξ	クシー，グザイ，クサイ	なし
O	o	オミクロン 小さい (ミクロ) オーの意	O, o
Π	$\pi\ (\varpi)$	パイ	P, p
P	$\rho\ (\varrho)$	ロー	R, r
Σ	σ, ς	シグマ	S, s
T	τ	タウ	T, t
Υ	υ	ユプシロン「単純なユ」の意味	U, u, Y, y, V, v, W, w
Φ	ϕ, φ	ファイ	なし (語幹 "phi" に名残り)
X	χ	カイ	X, x
Ψ	ψ	プサイ，プシー	なし (語幹 "psy" に名残り)
Ω	ω	オメガ 大きい (メガ) オーの意	なし
対応ギリシャ文字なし			F, f, Q, q

1 章の問題

☐ **1** 知能指数 (IQ) は，実際には連続値データと考えられる．このデータの尺度は何であろうか．

☐ **2** 各種要約に適用できる・できない尺度水準は何か．

☐ **3** 誤解を招きやすいグラフの実例をあげよ．
[ヒント：一部を省略したグラフや，絵グラフで数値の指定と，絵から受ける印象が全く異なるもの．]

☐ **4** 相関係数に関する関係

$$|C_{xy}| \leq 1$$

を証明せよ．相関係数の絶対値が 1 になる必要十分条件は，二つの変数の間に直線関係があること，を証明せよ．
[ヒント：級数に関するシュワルツの不等式

$$\left|\sum_{i=1}^n a_i b_i\right|^2 \leq \left[\sum_{i=1}^n a_i^2\right]\left[\sum_{i=1}^n b_i^2\right]$$

(等号成立条件は (a_i, b_i) 間に線形関係があること) を使え．]

☐ **5** 総務省統計局 (URL http://www.stat.go.jp/index.htm) は官庁統計のおおもとで，各種の調査を定期・随時に行う政府の一般向け広報活動の中心である．ここから最新の貯蓄，負債の世帯調査データを入手し，検討せよ．

第2章

確率分布と母集団特性量

　ランダムなデータの本質は，個々の値であるよりは，値の出方を定める確率規則である**確率分布** (probability distribution) である．この章では代表的な確率分布を紹介する．これらは，データの確率分布として登場するものと，データの統計量の確率分布として登場するものがある．データ，統計量に対応する確率分布をその**母集団分布** (populational distribution) と呼ぶ．この章は主に参考のためのものであり，統計学で必要となる確率の知識をまとめて紹介する．統計学は数学ではないが，確率論という数学の手助けなしには，データから役に立つ情報を得ることは困難である．

2.1	確率変数と実現値
2.2	確 率 分 布
2.3	代表的な確率分布
2.4	データとその母集団分布
2.5	コ ラ ム

2.1 確率変数と実現値

確率論ではランダムな現象の結果を**確率変数** (random variable) という概念でとらえる．また確率変数が個々の状況でとった具体的な値を**実現値** (realization) と呼ぶ．この二つの概念の区別は，確率論以上に統計学にとって重要な意味を持つが，なかなか理解が困難らしい．歴史的な経緯から，不幸にも変数という紛らわしい名前を持つが，確率変数は実際は「関数」である．確率論では，ランダムな現象を数学的に定式化するために，仮想的な**運** (chance) ω という存在を考える．また，ある現象の背後に考えられる運 ω の全体の空間 Ω を考える．確率変数 X とは実はこの運 ω の関数 $X(\omega)$ である．確率変数 X がある特定の運の ω のもとで取った値 $x = X(\omega)$ を実現値と呼ぶ．事情が同じと思えるのに，結果が異なり得るというランダムな現象を，メカニズム (確率変数 X) は同一なのだが，運が異なる (そして我々にはそれが何なのかわからない) から結果 (実現値 x) が異なる，というふうにとらえる考え方である．例えばサイコロ投げを n 回行う場合，毎回のサイコロ投げの結果は，確率変数の列 $X_1, X_2, \cdots, X_n$ で表される．しかし，実際に我々が手にする結果は，その実験が行われた場を支配していたある運 ω に対する対応実現値の列 $x_1 = X_1(\omega), x_2 = X_2(\omega), \cdots, x_n = X_n(\omega)$ であると考える．統計学でデータと呼ぶのは，狭義にはこの実現値の列 $x_1, x_2, \cdots, x_n$ のことであるが，しばしば確率変数列 $X_1, X_2, \cdots, X_n$ 自身をデータと呼ぶことも，混乱を招く理由になっている．

全ての運の空間は全事象の空間と呼ばれ，その一部分[1] $A \subset \Omega$ を**事象** (event) と呼ぶ．各事象 A にはその**確率** (probability) $P\{A\}$ と呼ばれる数値が対応すると考える．これは「A が含む運が，全ての運 Ω の中で占める割合」と考えるとわかりやすい．この解釈から，確率に関するよく知られた規則

$$P\{\Omega\} = 1 \quad \text{(全事象の確率)}$$
$$P\{A\} \geq 0 \quad \text{(確率の非負性)}$$
$$A \cap B = \emptyset \Rightarrow P\{A \cup B\} = P\{A\} + P\{B\} \quad \text{(確率の加法性)}$$

---

[1] 正確にいうと，一般的にはあらゆる部分集合に確率を矛盾なく定義することはできないが，とりあえず気にする必要はない．

が成り立たねばならないことがわかる．確率変数 X とある集合 C があれば，$X(\omega)$ の値が C に入るような運全体の作る事象 $\{\omega; X(\omega) \in C\}$ と，その確率が決まる．この確率を $\boldsymbol{P}\{X \in C\}$ と書く．

ところで運 ω とか，運の空間 Ω とは一体何なのであろうか．この奇妙な存在は，あくまで理論を組み立てるための「必要悪」であり，確率論・統計学理論では，最初に触れるだけで後はそしらぬふりをするのが慣例になっている．例えば $X(\omega)$ とは普通書かず，単に X と書く．例えば，サイコロ投げ X では，実際に必要になるのは確率 $p_i = \boldsymbol{P}\{X = i\}, i = 1, 2, \cdots, 6$ だけであり，ω, Ω などは表に出す必要はない．あえて必要なら $\Omega = \{1, 2, 3, 4, 5, 6\}$ と考えておけばよい．もちろんこれが「運」などであるはずがないが，各 i はサイコロ投げの目が i になるような運を代表すると考えるとよい．こうした点も，初学者を混乱させる原因の一つになっているようである．アドバイスは「習うより慣れろ」．

確率・統計学で最重要な概念が事象・確率変数の**独立性** (independence) である．複数の事象 $A_1, A_2, \cdots, A_n$ は任意の一部分 $A_{i_1}, A_{i_2}, \cdots, A_{i_m}, 1 \leq i_1 < i_2 < \cdots < i_m \leq n$ に対して

$$\boldsymbol{P}\{A_{i_1} \cap A_{i_2} \cap \cdots \cap A_{i_m}\} = \boldsymbol{P}\{A_{i_1}\}\boldsymbol{P}\{A_{i_2}\} \cdots \boldsymbol{P}\{A_{i_m}\} \quad \text{(事象の独立性)}$$

が成り立つとき，互いに独立であるといわれる．独立とは「互いに全く無関係」ということの数学的表現である．このことは，事象 A_i が同時に起きるという共通事象の確率が，個々の事象の確率さえわかれば積で計算できるという上の定義からも示唆される．複数の確率変数 (データ) $X_1, X_2, \cdots, X_n$ が「互いに独立」であるとは，任意の集合 $C_i \subset \boldsymbol{R}$ で関係

$$\boldsymbol{P}\{X_1 \in C_1, X_2 \in C_2, \cdots, X_n \in C_n\}$$
$$= \boldsymbol{P}\{X_1 \in C_1\}\boldsymbol{P}\{X_2 \in C_2\} \cdots \boldsymbol{P}\{X_n \in C_n\} \quad \text{(確率変数の独立性)}$$

が成り立つことである．独立でないとき**従属性** (dependency) があるという．この定義からわかるように，独立性とはそのものとしては非常に強い仮定であり，現実のデータでは当然成り立つと考えるべきではない．親子の身長，一人の身長と体重，同じ会社の従業員へのアンケート結果，よく洗わない試験管で続けて行った実験結果，などは独立になるとは思われない．

2.2 確率分布

2.2.1 (確率) 分布関数

X を確率変数とする．X の確率分布を特徴付ける関数には様々なものがある．
(確率) 分布関数 (probability distribution function) は次式で定義される：

$$F(x) = \boldsymbol{P}\{X \leq x\}, \quad -\infty < x < \infty \quad ((確率)分布関数)$$

累積分布関数 (cumulative distribution function) とも呼ばれる．$F(x)$ は単調増加関数 ($a < b$ なら $F(a) \leq F(b)$)，右連続 ($\lim_{t \downarrow x} F(t) = F(x)$) で，次の性質を持つ：

$$F(-\infty) = \lim_{x \to -\infty} F(x) = 0$$
$$F(\infty) = \lim_{x \to +\infty} F(x) = 1$$
$$F(x-0) = \lim_{t \uparrow x} F(t) = \boldsymbol{P}\{X < x\}$$
$$F(x) - F(x-0) = \boldsymbol{P}\{X = x\}$$
$$\boldsymbol{P}\{a < X \leq b\} = F(b) - F(a)$$
$$\boldsymbol{P}\{a \leq X \leq b\} = F(b) - F(a-0)$$

例えば X が負の値を取らなければ $F(x) = 0, x < 0$ である．特に

$$F(x) = \boldsymbol{P}\{X \leq x\}$$
$$1 - F(x-0) = \boldsymbol{P}\{X \geq x\}$$
$$1 - F(x-0) + F(-x) = \boldsymbol{P}\{|X| \geq x\}$$

という形の確率を**裾確率** (tail probability) と呼ぶことがある．

2.2.2 密度関数

連続値を取る確率変数 X の確率分布は**密度関数** (probability density function) $f(x)$ で特徴付けられる

$$\boldsymbol{P}\{X \in A\} = \int_A f(x) dx \quad (密度関数)$$

密度関数は，さらに次の性質で特徴付けられる：

$$f(x) \geq 0, \quad \int_{-\infty}^{\infty} f(x) dx = 1$$

特に次の性質が成り立つ：
$$F(x) = \int_{-\infty}^{x} f(t)dt, \quad \frac{dF(x)}{dx} = f(x)$$
X が連続分布に従うなら任意の t で $\boldsymbol{P}\{X = t\} = 0$ であり，したがって $F(x) = F(x+0)$ となる．

2.2.3 確率関数

離散値を取る確率変数 X の確率分布は**確率関数** (probability function) $p(i)$ で特徴付けられる (関数といいながら実際は数列である)．X の取り得る (有限個または無限個の) 値を $\{a_i\}$ とすると

$$p(i) = \boldsymbol{P}\{X = a_i\} \quad (確率関数)$$

確率関数は，さらに次の性質で特徴付けられる：
$$p(i) \geq 0, \quad \sum_i p(i) = 1$$

特に次の性質を持つ：
$$F(x) = \sum_{i:\ a_i \leq x} p(i), \quad p(i) = F(a_i) - F(a_i - 0)$$

2.2.4 クォンタイル関数

分布関数の逆関数が**クォンタイル関数** (quantile function) である．**逆 (確率) 分布関数**とも呼ばれる．クォンタイル関数 $F^{-1}(y)$ は次式で定義される：

$$F^{-1}(y) = \inf\{x:\ F(x) \geq y\}, \quad 0 < y \leq 1 \quad (逆分布関数)$$

もし $F(x)$ が狭義単調増加関数 (密度関数が至るところ正の値を取る連続分布が例) ならば，クォンタイル関数は文字通り F の逆関数[2]($y = F(x) \iff x = F^{-1}(y)$) になる．クォンタイル関数は単調増加関数になる．下側裾確率 $\boldsymbol{P}\{X \leq x\}$ が 5%となる x は $F^{-1}(0.05)$ で求めることができる．同様に上側裾確率 $\boldsymbol{P}\{X > x\}$ が 5%となる x は $F^{-1}(0.95)$ で求めることができる．ただし，離散分布などでは裾確率がちょうど 5%となる x が存在しないこともある．特に $F^{-1}(0.5)$ を**母集団中央値** (populational median) と呼ぶ．

---

[2]) しかし，離散分布などではちょうど $F(x) = y$ となる x が複数存在することが多いので，上の特殊な定義を用いる．

2.2.5 同時分布

複数の確率変数 (データ) $X_1, X_2, \cdots, X_n$ の**同時分布** (joint distribution) とは，個々の確率変数の確率分布ではなく，全体としての値の出方の確率的規則をとらえる道具である．同時分布は，データが連続値を取れば任意の集合 $C_1, C_2, \cdots, C_n$ で式

$$P\{X_1 \in C_1, X_2 \in C_2, \cdots, X_n \in C_n\}$$
$$= \int_{C_1} \int_{C_2} \cdots \int_{C_n} f(x_1, x_2, \cdots, x_n) dx_1 dx_2 \cdots dx_n$$

が成り立つ**同時密度関数** (joint density function) $f(x_1, x_2, \cdots, x_n)$ で，データが離散値を取れば任意の集合 $C_1, C_2, \cdots, C_n$ で式

$$P\{X_1 \in C_1, X_2 \in C_2, \cdots, X_n \in C_n\}$$
$$= \sum_{a_{i_1} \in C_1} \sum_{a_{i_2} \in C_2} \cdots \sum_{a_{i_n} \in C_n} p(a_{i_1}, a_{i_2}, \cdots, a_{i_n})$$

が成り立つ**同時確率関数** (joint probability function) $p(a_{i_1}, a_{i_2}, \cdots, a_{i_n})$ で特徴付けられる．各確率変数の密度・確率関数 $\{f_i\}, \{p_i\}$ (**周辺密度・確率関数** (marginal density, probability function) と呼ばれる) は，同時密度・確率関数から不要な変数を「積分・足し尽くす」ことで得られる．例えば

$$f_1(x_1) = \int \cdots \int f(x_1, x_2, \cdots, x_n) dx_2 \cdots dx_n$$
$$p_1(a_{i_1}) = \sum_{a_{i_2}} \cdots \sum_{a_{i_n}} p(a_{i_1}, a_{i_2}, \cdots, a_{i_n})$$

もし確率変数が互いに独立であれば同時密度・確率関数は個々の確率変数の密度・確率関数を用いて

$$f(x_1, x_2, \cdots, x_n) = f_1(x_1) f_2(x_2) \cdots f_n(x_n)$$
$$p(a_{i_1}, a_{i_2}, \cdots, a_{i_n}) = p_1(a_{i_1}) p_2(a_{i_2}) \cdots p_n(a_{i_n})$$

と簡潔 (変数分離形) に表される．これは例えば，

$$P\{X_i \in C_i, 1 \leq i \leq n\}$$
$$= \prod_{i=1}^{n} P\{X_i \in C_i\}$$
$$= \prod_{i=1}^{n} \int_{C_i} f_i(x_i) dx_i$$

$$= \int_{C_1} \int_{C_2} \cdots \int_{C_n} f_1(x_1) f_2(x_2) \cdots f_n(x_n) dx_1 dx_2 \cdots dx_n$$

よりわかる．もし確率変数が互いに独立でなければ，確率変数間の従属性を反映し，同時密度・確率関数はより複雑な形を取る．

2.2.6 期待値とモーメント

$g(x)$ を任意の関数とする．確率変数 X を関数 g で変換して得られる確率変数 $g(X)$ の**期待値** (expectation) $\bm{E}\{g(X)\}$ とは

$$\begin{cases} \int_{-\infty}^{\infty} g(x) f(x) dx & （密度関数 f(x) を持つ連続分布のとき）\\ \sum_i g(a_i) p(i) & （確率関数 p(i) を持つ離散分布のとき）\end{cases}$$

で定義される値である．無限大になる場合を含め，期待値は必ず存在するとは限らない．特に $g(x) = x^n$ のときの期待値 $\bm{E}\{X^n\}$ を $\bm{n}$ **次モーメント** (n-th order moment) と呼ぶ．1 次のモーメント $\mu = \bm{E}\{X\}$ を**母集団平均** (populational mean) と呼ぶ．**母集団分散** (populational variance) とは

$$\sigma^2 = \bm{E}\{(X-\mu)^2\} = \begin{cases} \int_{-\infty}^{\infty} (x-\mu)^2 f(x) dx \\ \sum_i (a_i - \mu)^2 p(i) \end{cases}$$

で定義される数である．母集団分散の平方根 $\sigma = \sqrt{\sigma^2}$ を**母集団標準偏差** (populational standard deviation) と呼ぶ．

確率変数 $X_1, X_2, \cdots, X_n$ と関数 $g(x_1, x_2, \cdots, x_n)$ に対して期待値 $\bm{E}\{g(X_1, X_2, \cdots, X_n)\}$ は同時密度・確率関数を用いて次のように定義される：

$$\int \cdots \int g(x_1, x_2, \cdots, x_n) f(x_1, x_2, \cdots, x_n) dx_1 dx_2 \cdots dx_n,$$
$$\sum \cdots \sum g(a_{i_1}, a_{i_2}, \cdots, a_{i_n}) p(a_{i_1}, a_{i_2}, \cdots, a_{i_n})$$

期待値の基本的性質をまとめておこう．X, Y を確率変数，a, b を定数，$g(x), h(x)$ を任意関数とすると：

> [期待値の線形性] 期待値が存在する限り
> $$E\{ag(X)+bh(Y)\} = aE\{g(X)\} + bE\{h(Y)\}$$
> [定数値変数の期待値] $E\{a\} = a$
> [期待値の順序] 常に $X \leq Y$ ならば $E\{X\} \leq E\{Y\}$
> 　特に $|E\{X\}| \leq E\{|X|\}$
> [独立な変数の積の期待値] X, Y が独立な確率変数ならば，期待値が存在する限り
> $$E\{g(X)h(Y)\} = E\{g(X)\}E\{h(Y)\}$$

これらは期待値の定義に戻って考えればすぐわかる．

二つの確率変数 X, Y に対し**母集団共分散** (populational covariance) を

> $$\mathrm{Cov}\{X,Y\} = E\{(X - E\{X\})(Y - E\{Y\})\}$$
> $$= E\{XY\} - E\{X\}E\{Y\} \quad \text{(母集団共分散)}$$

で定義する．$\mathrm{Cov}\{X,Y\} = \mathrm{Cov}\{Y,X\}$ に注意．特に $\mathrm{Cov}\{X,X\}$ は X の分散にほかならず $\mathrm{Var}\{X\}$ と表す．X, Y の**母集団相関係数** (populational correlation coefficient) とは

> $$\rho = \mathrm{Corr}\{X,Y\} = \frac{\mathrm{Cov}\{X,Y\}}{\sqrt{\mathrm{Var}\{X\}}\sqrt{\mathrm{Var}\{Y\}}} \quad \text{(母集団相関係数)}$$

と定義される量である．$\rho = 0$ (つまり $\mathrm{Cov}\{X,Y\} = 0$) である二つの確率変数は**無相関** (uncorrelated) であるといわれる．無相関性は二つの確率変数に「関連がない」ことを意味する．独立ならば (共分散が存在する限り) 無相関になるが，逆は一般にいえない．確率ベクトル $X = (X_1, X_2, \cdots, X_p)$ に対し，その平均値を並べたベクトル $E\{X\} = (E\{X_1\}, E\{X_2\}, \cdots, E\{X_p\})$ を**平均ベクトル** (mean vector)，共分散を並べた p 次元正方対称行列 $\Sigma = [\mathrm{Cov}\{X_i, X_j\}]$ を**共分散行列** (covariance matrix) と呼ぶ．

2.2.7 条件付き確率と分布

二つの事象 A, B ($P\{B\} > 0$ とする) に対し，条件 B を与えたときの A の**条件付き確率** (conditional probability) を比

$$P\{A\mid B\} = \frac{P\{A\cap B\}}{P\{B\}} \quad \text{(条件付き確率)}$$

で定義する.当然 $P\{A\cap B\} = P\{A\mid B\}P\{B\}$ である.条件付き確率 $P\{A\mid B\}$ は事象 B が起こるような運の中で,さらに事象 A が起きる割合である.B を固定すれば $P\{\cdot \mid B\}$ はそれ自身確率の規則 (28 ページ) を満足する.条件付き確率に関する基本的関係は次の**ベイズの定理** (Bayes theorem) である.

ベイズの定理

$P\{A\}, P\{B\} \neq 0$ ならば
$$P\{B\mid A\} = \frac{1}{P\{A\}}P\{A\mid B\}P\{B\}$$
$B_1, B_2, \cdots, B_n$ を互いに排反 ($i \neq j$ なら $B_i \cap B_j = \emptyset$) な全事象 Ω の分割 ($B_1 \cup B_2 \cup \cdots \cup B_n = \Omega$) とすると
$$P\{A\} = \sum_{i=1}^{n} P\{A\mid B_i\}P\{B_i\}$$

二つの事象 A, B の独立性 $P\{A\cap B\} = P\{A\}P\{B\}$ と,性質 $P\{A\mid B\} = P\{A\}$ が同値であることを注意しよう.つまり独立性とは B で条件を付けても A の確率には影響を与えない (逆も成り立つ) ということである.

二つの確率変数 X, Y の同時密度関数[3] $f(x,y)$ と,それぞれの周辺密度関数 $f_X(x), f_Y(y)$ を考える.$Y = y$ という条件のもとでの X の**条件付き密度関数** (conditional density) を

$$f(x\mid y) = \frac{f(x,y)}{f_Y(y)} \quad \text{(条件付き密度関数)}$$

と定義する.当然 $f(x,y) = f(x\mid y)f_Y(y)$ が常に成り立つ.また $f_Y(y) \neq 0$ である y を固定すると $f(\cdot \mid y)$ はそれ自身密度関数の性質 (30 ページ) を満たすことを注意しよう.条件 $X = x$ を与えたときの Y の条件付き密度関数を再び $f(y\mid x)$ と表すと,やはり**ベイズの定理** (Bayes theorem) と呼ばれる次の関係が成り立つ.

---

[3] 以下の話では,もし X, Y が離散値を取るなら,密度関数を確率関数と読み替える.

> **ベイズの定理**
>
> $$f(y \mid x) = \frac{1}{f_X(x)} \times f(x \mid y) f_Y(y) \propto f(x \mid y) f_Y(y)$$

この一見自明とも思える関係式は，しかしながら**ベイズ法** (Bayesian method) と呼ばれる，現代統計学の一つの中心的な方法論の基礎となる．

2.2.8 母集団特性値と標本特性値

統計学では，データを組合せて計算される**標本特性値**と，データの母集団分布の期待値の組合せで計算される**母集団特性値**がしばしば同じ名前で対で登場する．母集団特性値は「理論特性値」とも呼ばれ，例えば理論平均と母集団平均は同じものを指す．一方，標本特性値はしばしば「経験特性値」とも呼ばれ，例えば経験分布関数と標本分布関数は同じものを指す．標本量と母集団量はたとえ同じ名前でも全く異なるものであり，厳密に区別する必要がある．ただし，逐一標本・母集団という接頭辞を付けると繁雑に過ぎるので，特別なとき以外は省略するのが慣例となっている．文脈からどちらを指すのか判断が必要になる．

「データから計算された量は，全て標本値」である．各標本値には，それぞれ対応する**母集団値**があるが，これはデータを発生させる確率的メカニズムである**確率分布** (probability distribution) の特性値である．標本値と母集団値を結び付ける鍵が確率論の**大数の法則** (law of large numbers) である．

> **大数の法則**
>
> データ数が限りなく増えていくとき，
>
> $$\text{標本特性値} \to \text{対応母集団特性値}$$

例えば，標本平均は母集団平均に，経験分布関数は母集団分布関数に近付いていく．ただし，どの程度データ数があれば十分近いかは，ケースバイケースで，あらかじめ知ることは難しい．むしろ，データ解析の過程そのもので，検証することになる．

2.3 代表的な確率分布

以下では R に組込みで用意されている代表的確率分布を紹介する．いずれも統計学で中心的な役割を果たす．

2.3.1 代表的な連続確率分布

(1) **ベータ分布** (β distribution)．パラメータ (p,q), $p,q > 0$, のベータ分布 $\mathrm{Beta}(p,q)$ の密度関数は次式で与えられる (ガンマ関数 $\Gamma(x)$ については 65 ページを参照)：

$$f(x) = \frac{\Gamma(p+q)}{\Gamma(p)\Gamma(q)} x^{p-1}(1-x)^{q-1}, \quad 0 < x < 1$$

(2) **コーシー分布** (Cauchy distribution)．位置パラメータ $-\infty < a < \infty$, スケールパラメータ $c > 0$, のコーシー分布 $\mathrm{Cauchy}(a,c)$ の密度関数は次式で与えられる：

$$f(x) = \frac{1}{\pi c} \frac{1}{1+((x-a)/c)^2}, \quad -\infty < x < \infty$$

正規分布に比べ「裾が重い (長い)」(かなり大きい，また小さい値も出やすい) ことで知られている．中央値は a であるが，平均，分散は存在しない．

(3) **カイ自乗分布** (chi-squared distribution)．パラメータ $n > 0$ (自由度パラメータと呼ばれる) のカイ自乗分布 χ_n^2 の密度関数は次式で与えられる：

$$f(x) = \frac{1}{2^{n/2}\Gamma(n/2)} x^{n/2-1} e^{-x/2}, \quad x > 0$$

平均は n, 分散は $2n$. 自由度 n が自然数のとき，これは，互いに独立で標準正規分布 $\mathrm{N}(0,1)$ に従う確率変数 $X_1, X_2, \cdots, X_n$ の自乗和 $X_1^2 + X_2^2 + \cdots + X_n^2$ の確率分布になる．それぞれ自由度 m, n のカイ自乗分布に従う互いに独立な確率変数 X, Y の和の分布は自由度 $m+n$ のカイ自乗分布に従う．

(4) **指数分布** (exponential distribution)．割合パラメータ $\lambda > 0$ の指数分布 $\mathrm{Exp}(\lambda)$ の密度関数は次式で与えられる：

$$f(x) = \lambda e^{-\lambda x}, \quad x > 0$$

平均は $1/\lambda$, 分散は $1/\lambda^2$ になる.

(5) **F 分布** (F distribution). パラメータ (m, n) ($m, n > 0$ はそれぞれ第 1 自由度パラメータ, 第 2 自由度パラメータと呼ばれる) の F 分布 $F_{m,n}$ の密度関数は次式で与えられる：

$$f(x) = \frac{\Gamma((m+n)/2)}{\Gamma(m/2)\Gamma(n/2)} \left(\frac{m}{n}\right)^{m/2} x^{m/2-1} \left(1 + \frac{m}{n}x\right)^{-(m+n)/2}$$

ここで $x > 0$. それぞれ自由度 m, n のカイ自乗分布に従う二つの独立な確率変数 X, Y に対する比 $(X/m)/(Y/n)$ の確率分布は $F_{m,n}$ になる.

(6) **ガンマ分布** (gamma distribution). 形パラメータ $a > 0$, スケールパラメータ $s > 0$ のガンマ分布 $\mathrm{Gamma}(a, s)$ の密度関数は次式で与えられる：

$$f(x) = \frac{1}{s^a \Gamma(a)} x^{a-1} e^{-x/s}, \quad x > 0$$

平均は as, 分散は as^2.

(7) **対数正規分布** (log-normal distribution). パラメータ (μ, σ) の対数正規分布 $\mathrm{Lognormal}(\mu, \sigma^2)$ の密度関数は次式で与えられる：

$$f(x) = \frac{1}{\sqrt{2\pi}\sigma x} \exp\left(-\frac{(\log x - \mu)^2}{2\sigma^2}\right), \quad x > 0$$

パラメータ (μ, σ) の対数正規分布に従う確率変数 X の自然対数 $\log X$ の分布は正規分布 $N(\mu, \sigma^2)$ になる. 平均は $\exp(\mu + \sigma^2/2)$ で分散は $\exp(2\mu + \sigma^2)(\exp(\sigma^2) - 1)$.

(8) **ロジスティック分布** (logistic distribution). 位置パラメータ m, スケールパラメータ s のロジスティック分布 $\mathrm{Logistic}(m, s)$ の密度関数は次式で与えられる：

$$f(x) = \frac{1}{s} \frac{e^{(x-m)/s}}{\left(1 + e^{(x-m)/s}\right)^2}$$

平均は m, 分散は $\pi^2 s^2/3$. 分布関数は $1/(1 + \exp(-(x-m)/s))$ で裾が

重い.

(9) **正規分布** (normal distribution). **ガウス分布** (Gaussian distribution) とも呼ばれる. 平均パラメータ[4] $-\infty < \mu < \infty$, 分散パラメータ σ^2 の正規分布 $\mathrm{N}(\mu, \sigma^2)$ の密度関数は次式で与えられる：

$$f(x) = \frac{1}{\sqrt{2\pi\sigma^2}} \exp\left(-\frac{(x-\mu)^2}{2\sigma^2}\right), \quad -\infty < x < \infty$$

平均は μ, 分散は σ^2. 標準正規分布 $\mathrm{N}(0,1)$ の分布関数は初等関数では表されず, 統計学では慣用的に $\Phi(x)$ と表される.

(10) **多変量正規分布** (multivariate normal distribution). 後の重回帰分析の章で多変量正規分布の知識が必要になるため, 最低限の事実を紹介しておく. p 次元の確率ベクトル $X = (X_1, X_2, \cdots, X_p)^T$ が p 次元多変量正規分布 $\mathrm{N}_p(\mu, \Sigma)$ に従うとは, その同時密度関数が次の形をもつことである.

$$f(x) = \frac{1}{(2\pi)^{p/2}|\Sigma|^{1/2}} \exp\left\{-\frac{1}{2}(x-\mu)^T \Sigma^{-1}(x-\mu)\right\}$$

ここで $x = (x_1, x_2, \cdots, x_p)^T$ と $\mu = (\mu_1, \mu_2, \cdots, \mu_p)^T$ はベクトル, $\Sigma = [\sigma_{ij}]$ は p 次元正方行列で正定値符号とする. また $|\Sigma|$ は Σ の行列式である. このとき μ は X の平均値ベクトル (つまり $\boldsymbol{E}\{X_i\} = \mu_i$), Σ は X の共分散行列 (つまり $\mathrm{Cov}\{X_i, X_j\} = \sigma_{ij}$) となることが示される. $\{X_i\}$ が互いに独立になることと, 共分散行列が対角行列になることは同値である. 特に $\{X_i\}$ が正規分布 $\mathrm{N}(\mu, \sigma^2)$ に従う独立同分布な確率変数列であることと, その同時密度関数が平均ベクトル $\mu = (\mu, \mu, \cdots, \mu)^T$, 共分散行列 $\Sigma = \sigma^2 I_p$ (I_p は p 次元単位行列) の多変量正規分布に従うことが同値になる.

(11) **(スチューデントの) t 分布** ((Student's) t distribution). パラメータ $n > 0$ (自由度と呼ばれる) の t 分布 t_n の密度関数は次式で与えられる：

---

[4] この場合を典型として, 統計学では記号 μ, σ, σ^2 をそれぞれ, 母集団平均, 母集団標準偏差, 母集団分散を表す記号として使うことがしばしばある.

$$f(x) = \frac{\Gamma((n+1)/2)}{\sqrt{n\pi}\,\Gamma(n/2)} \left(1 + \frac{x^2}{n}\right)^{-(n+1)/2}, \quad -\infty < x < \infty$$

平均は 0 ($n > 1$ の場合), 分散は $n/(n-2)$ ($n > 2$ の場合). 普通自由度 n は整数であるが, 任意の正実数[5]でもよい.

(12) **一様分布** (uniform distribution). 区間 $[a, b]$ 上の一様分布 $\mathrm{Unif}(a, b)$ の密度関数は次式で与えられる:

$$f(x) = \begin{cases} \dfrac{1}{b-a} & (a \le x \le b) \\ 0 & (その他の\ x) \end{cases}$$

平均は $(a+b)/2$, 分散は $(b-a)^2/12$.

(13) **ワイブル分布** (Weibull distribution). 形パラメータ a, スケールパラメータ b のワイブル分布 $\mathrm{Weibull}(a, b)$ の密度関数は次式で与えられる:

$$f(x) = \frac{a}{b}\left(\frac{x}{b}\right)^{a-1} \exp\left(-\left(\frac{x}{b}\right)^a\right), \quad x > 0$$

平均は $b\Gamma(1+1/a)$, 分散は $b^2(\Gamma(1+2/a) - (\Gamma(1+1/a))^2)$. 分布関数は $1 - \exp(-(x/b)^a)$.

2.3.2 代表的な離散確率分布

(1) **2項分布** (binomial distribution). サイズパラメータ $n \ge 2$, 確率 $0 \le p \le 1$ の2項分布 $\mathrm{B}(n, p)$ の確率関数は次式で与えられる:

$$p(i) = \binom{n}{i} p^i (1-p)^{n-i}, \quad i = 0, 1, \cdots, n$$

2項分布の名前は「2項展開」

$$1 = (p + (1-p))^n = \sum_{i=0}^{n} \binom{n}{i} p^i (1-p)^{n-i}$$

に由来する. 平均は np, 分散は $np(1-p)$.

(2) **幾何分布** (geometric distribution). 確率パラメータ $0 < p < 1$ の幾何分布 $\mathrm{Geom}(p)$ の確率関数は次式で与えられる:

---

[5] 実際, Welch 検定 (86 ページ参照) では非整数自由度の t 分布が使われる.

2.3 代表的な確率分布

$$p(i) = p(1-p)^i, \quad i = 0, 1, 2, \cdots$$

幾何分布の名前は「幾何級数展開」

$$1 = p(1-(1-p))^{-1} = \sum_{i=0}^{\infty} p(1-p)^i$$

に由来する．

(3) **超幾何分布** (hypergeometric distribution). 自然数からなるパラメータ (m, n, k) の超幾何分布 $\mathrm{HG}(m, n, k)$ の確率関数は次式で与えられる：

$$p(i) = \frac{\binom{m}{i}\binom{n}{k-i}}{\binom{m+n}{k}}, \quad i = 0, 1, \cdots, k$$

$p = m/(m+n)$ とおくと，平均は kp，分散は $kp(1-p)(m+n-k) \div (m+n-1)$ になる．

(4) **多項分布** (multinomial distribution). 確率パラメータ $p = (p_1, p_2, \cdots, p_k)$ $(0 \leq p_i \leq 1, \sum_{i=1}^{k} p_i = 1)$，サイズパラメータ n の k 項分布 $\mathrm{MN}_k(n, p)$ の確率関数は次式で与えられる：

$$p(n_1, n_2, \cdots, n_k) = \frac{n!}{n_1! n_2! \cdots n_k!} p_1^{n_1} p_2^{n_2} \cdots p_k^{n_k},$$
$$n_i \geq 0, \quad n_1 + n_2 + \cdots + n_k = n$$

1 回の試行で k 種類の結果 $C_1, C_2, \cdots, C_k$ がそれぞれ確率 $p_1, p_2, \cdots, p_k$ で起こるランダムな試行を n 回独立に繰り返すとき，i 番目の結果 C_i がそれぞれ X_i 回起こったとする．k 次元の離散値確率ベクトル $X = (X_1, X_2, \cdots, X_k)$ の確率関数 $P\{X = (n_1, n_2, \cdots, n_k)\}$ が $p(n_1, n_2, \cdots, n_k)$ になる．X がパラメータ n, p の 2 項分布 $\mathrm{B}(n, p)$ に従う確率変数なら $(X, n-X)$ はこの意味での 2 項分布 $\mathrm{MN}_2(n, (p, 1-p))$ になることを注意しよう．また各 X_i は 2 項分布 $\mathrm{B}(n, p_i)$ に従う確率変数になる．多項分布の名前の由来は「多項展開」

$$1 = (p_1 + p_2 + \cdots + p_k)^n$$
$$= \sum_{\substack{n_1, \cdots, n_k \\ n_1 + \cdots + n_k = n}} \frac{n!}{n_1! n_2! \cdots n_k!} p_1^{n_1} p_2^{n_2} \cdots p_k^{n_k}$$

に由来する.

(5) **負の 2 項分布** (negative binomial distribution). 確率パラメータ $0 < p < 1$, サイズパラメータ n の負の 2 項分布 $\mathrm{NB}(n, p)$ の確率関数は次式で与えられる:

$$p(i) = \binom{n+i-1}{i} p^n (1-p)^i, \quad i = 0, 1, 2, \cdots$$

一般には, n は正数であればよい. 負の 2 項分布の名前は「負の 2 項展開」

$$(1-x)^{-n} = \sum_{i=0}^{\infty} \frac{\Gamma(n+i)}{\Gamma(n) i!} x^i, \quad |x| < 1$$

に由来する. したがって

$$1 = p^n (1 - (1-p))^{-n} = \sum_{i=0}^{\infty} \frac{\Gamma(n+i)}{\Gamma(n) i!} p^n (1-p)^i$$

に注意しよう. 平均 μ は $n(1-p)/p$, 分散は $\mu + \mu^2/n$ である.

(6) **ポアソン分布** (Poisson distribution). (平均) パラメータ $\lambda > 0$ のポアソン分布 $\mathrm{Poi}(\lambda)$ の確率関数は次式で与えられる:

$$p(i) = e^{-\lambda} \frac{\lambda^i}{i!}, \quad i = 0, 1, 2, \cdots$$

平均, 分散はともに λ. 「ポアソン」の名前はフランスの数学者ポアソン (S.D. Poisson) に由来する. 指数関数の巾級数展開から

$$1 = e^{-\lambda} e^{\lambda} = \sum_{i=0}^{\infty} e^{-\lambda} \frac{\lambda^i}{i!}$$

となることを注意しよう.

2.4 データとその母集団分布

以下では，代表的な確率分布と，それを母集団分布に持つデータの例をあげる．母集団分布の未知パラメータをデータから推定する方法については次章で述べる．

2.4.1 2項分布

2項分布 $B(n,p)$ は1回の結果が2通り $0,1$ で，1となる確率が一定値 p である実験を，独立に n 回繰り返す**ベルヌイ試行** (Bernoulli trial) $X_1, X_2, \cdots, X_n$ と呼ばれる実験で，1が出た総数 $X = X_1 + X_2 + \cdots + X_n$ の分布になる．大数の法則から $\bar{X} \simeq np$ となることが期待され，したがってパラメータ p の推定値として $\hat{p} = \bar{X}/n = X/n$ が普通使われる．これは最尤推定量 (74 ページ参照) でもある．分散は $np(1-p)$ であり，その推定値は $\hat{\sigma}^2 = n\hat{p}(1-\hat{p})$ である．これは標本分散 S^2 に近くなることが期待される．$x=i$ となる確率 $p(i) = \binom{n}{i} p^i (1-p)^{n-i}$ の推定値は $\hat{p}(i) = \binom{n}{i} \hat{p}^i (1-\hat{p})^{n-i}$ で得られる．これはデータ値が i となる標本比率に近くなることが期待される．

2.4.1.1 Weldon のサイコロのデータ

イギリスの統計学者 Weldon は 12 個のサイコロを同時に投げ，5 か 6 の目が出た回数を記録することを，総計 26306 回行った．1個のサイコロが5か6の目を出す母集団確率を p とすると，このデータの母集団分布は 2 項分布 $B(12, p)$ ではないかと予想される．データの標本平均は $\bar{x} = 4.052$，標本分散は $S^2 = 2.696$

表 2.1 Weldon のサイコロデータへの 2 項分布の当てはめ．

個数	0	1	2	3	4	5	6
度数	185	1149	3265	5475	6114	5194	3067
標本比率	7.03e-3	4.37e-2	1.24e-1	2.08e-1	2.32e-1	1.97e-1	1.17e-1
推定確率	7.12e-3	4.34e-2	1.22e-1	2.08e-1	2.38e-1	1.94e-1	1.16e-1

個数	7	8	9	10	11	12
度数	1331	403	105	18	0	0
標本比率	5.06e-2	1.53e-2	3.99e-3	6.84e-4	0.0	0.0
推定確率	5.05e-2	1.61e-2	3.65e-3	5.58e-4	5.17e-5	2.20e-6

である．もし予想が正しければパラメータの推定値[6]は $\hat{p} = 4.052/12 = 0.3377$ となる．予想に基づく母集団分散の推定値は $\hat{\sigma}^2 = 12\hat{p}(1-\hat{p}) = 2.684$ となる．さらに，母集団確率 $P\{X = i\}$ の推定値である標本比率と，予想に基づく推定比率 $\hat{p}_i$ を比較したものが表 2.1 である．

参考 浮動小数演算の怪

R では実数は全て倍精度浮動小数として計算される．ただし，表示される実数の桁数は既定で 7 桁である．もっと正確な桁を表示したければ options 関数で表示桁数を指定する．表示桁数は最高 22 桁まで指定できるが，内部浮動小数演算の仕様から，有効数字で最大でせいぜい 15, 6 桁しか意味がない．

```
> pi                    # pi は組み込み定数の一つである円周率を表す
[1] 3.141593            # 既定で 7 桁表示
> options(digits=10)    # 表示桁数を 10 桁に変更
> pi
[1] 3.141592654
> options(digits=22)    # 表示桁数を最高の 22 桁に変更
> pi
[1] 3.141592653589793   # 実際は 16 桁しか表示されない
> x <- 3.1415926535897938324626433832795  # 試しに 31 桁入力してみる
> x
[1] 3.1415926535897940  # 17 桁目以降は無視されている
```

R をはじめとする計算機言語では実数はしばしば 2.34e-5 という形で表示される．これは数 2.34×10^{-5} を表す慣用記法である．特に 1e0, 1e-0, 1e+0 は実数の 1 を表す．

```
> options(digits=7)     # 既定の 7 桁表示に戻す
> pi/10000              # pi/1e4, pi*1e-4 としてもよい
[1] 0.0003141593
> pi/1000000            # pi/1e6, pi*1e-6 としてもよい
[1] 3.141593e-06
> pi*10000              # pi*1e4, pi*1e+4 としてもよい
[1] 31415.93
> pi*1000000000000      # pi*1e12, pi*1e+12 としてもよい
[1] 3.141593e+12
```

---

[6] p の推定は $2/6 = 0.3333\cdots$ と微妙に異なることを注意しよう．確率の本が当然のように仮定するところとは異なり，現実のサイコロでは 5 とか 6 の目の出る確率がわずかであるが大きいことが多いようである．理由はサイコロを手に取ってよく眺めればわかる．

2.4 データとその母集団分布

数学では無限桁正確な計算が前提である.一方,計算機における浮動小数演算は,有限桁の 2 進小数で行われるため,2 進小数から 10 進小数に最終的に変換する誤差を含め,微妙な (そしてしばしば致命的な) 差異が現れる. $(1+x)-1 = x$ となる正の最小実数 x および $(1-y)-1 = -y$ となる正の最小実数 y が存在し,それぞれ machine epsilon, machine negative epsilon と呼ぶ.計算機における浮動小数演算の基本である IEEE 754 という規約ではそれぞれ 2^{-52}, 2^{-53} となる. R の基本定数リスト .Machine にはこの値が収められている.簡単にいえば,これらの数の半分以下の数を 1 より大きな数に加える・引く操作を行っても桁落ちで無効になる.

```
> .Machine$double.eps            # 正の機械イプシロン
[1] 2.220446049250313080847e-16
> .Machine$double.neg.eps        # 負の機械イプシロン
[1] 1.110223024625156540424e-16
> options(digits=22)             # 実数の表示桁数を最大にする
> 1 + 2^(-52)
[1] 1.000000000000000222045     # 足すと変わる
> 1 + 2^(-53)
[1] 1                            # 足しても変わらない!
> 1 - 2^(-53)
[1] 0.999999999999999888977     # 引くと変わる
> 1 - 2^(-54)
[1] 1                            # 引いても変わらない!
```

一連の演算結果が,数学的には整数値 (例えば 0) になるはずでも,詳しく見るとそうなっていないことがしばしば起きる理由の一つが,演算途中で machine epsilon 未満の誤差が紛れ込むことにある.したがって,例えば数列 $\{x_n\}$ の収束判定条件 $x_{n+1} = x_n$ の代わりに,例えば条件 $|x_{n+1}/x_n - 1| < 2^{-53}$ を使う必要が起きる. □

2.4.1.2 兄弟姉妹中の女児数のデータ

ドイツの Saxony の病院の記録 (19 世紀末) から取った,同じ両親を持つ 12 人からなる兄弟姉妹 6155 組の中の女児数のデータに 2 項分布を当てはめてみよう.もし一人の子供の性別が,他の子供の性別と一切無関係 (一卵性双生児は当然除く) であれば,このデータは 2 項分布 $B(12,p)$ に従うことが予想される.ここで p は一人の子供が女児になる母集団確率 (性比) である.データより $\bar{x} = 6.231$, $S^2 = 3.490$ であり,推定性比は $\hat{p} = \bar{x}/12 = 0.4808$ となる. 2 項

表 2.2 12 人兄弟姉妹中の女児数への 2 項分布の当てはめ.

女児数	0	1	2	3	4	5	6
度数	7	45	181	478	829	1112	1343
標本比率	1.14e-3	7.36e-3	2.96e-2	7.82e-2	1.36e-1	1.82e-1	2.20e-1
推定比率	3.84e-4	4.27e-3	2.17e-2	6.71e-2	1.40e-1	2.07e-1	2.24e-1

女児数	7	8	9	10	11	12
度数	1033	670	286	104	24	3
標本比率	1.69e-1	1.10e-1	4.68e-2	1.70e-2	3.92e-3	4.91e-4
推定比率	1.77e-1	1.03e-1	4.23e-2	1.17e-2	1.98e-3	1.53e-4

分布という予想から求めた推定分散値 $12\hat{p}(1-\hat{p}) = 2.996$ と表 2.2 の推定母集団比率は，2 項分布の当てはまりがあまりよくないことを示している．データ数は少ないとは思われないから，これは一人ひとりの子供の性別が決して独立ではなく，何らかの関連を持つ可能性を逆に示している．よく見ると男児が多い家庭，女児が多い家庭の数が，2 項分布から期待される推定比率より多いことがわかる．つまり，男の子もしくは女の子が生まれやすい夫婦の存在を裏付ける例となっている．

2.4.2 ポアソン分布

ポアソン分布のパラメータ λ は母集団平均という意味を持つから，その推定値として $\hat{\lambda} = \bar{x}$ が普通使われる (これは最尤推定量でもある)．ポアソン分布は裾が軽い (短い)[7] ことが一つの特徴である．つまり大きな値はまず出ない．ポアソン分布を母集団分布に持つと思われるデータが多いことを説明する定理を二つ紹介しよう．

定理 (少数の法則，稀な出来事の法則)

時間とともにある出来事がランダムに発生する．ある定数 $c > 0$ があり，時間間隔 h が小なら (つまり $h \to +0$ のとき)

---

[7] 仮に $\mu > 1$ としても，μ^i よりは $i!$ のほうがはるかに早く大きくなるから，ポアソン分布の確率関数は少し i が大きくなるとほとんどゼロになる．例えば

$$10! = 3628800, \quad 20! \simeq 2.43 \times 10^{18}$$

2.4 データとその母集団分布

$$\frac{1}{h}\boldsymbol{P}\{\,\text{間隔 } h \text{ 中に 2 回以上起こる}\,\} \to 0$$

$$\frac{1}{h}\boldsymbol{P}\{\,\text{間隔 } h \text{ 中にちょうど 1 回起こる}\,\} \to c > 0$$

が成立し，さらに異なる時間帯にそれぞれ何回起きるかは互いに独立とする．このとき，時間間隔 t 中の発生回数 X は $\mathrm{Poi}(ct)$ に従う．

この定理の最初の仮定は，短期間に集中的に発生することはまずなく，せいぜい 1 回しか起きないことを意味する．

次の定理はある種の 2 項分布に従うデータは，ポアソン分布に従っているかのようにも見えることを主張している．例えば $\mathrm{B}(100, 1/100)$ と $\mathrm{Poi}(1)$ の確率関数を比較すると表 2.3 のようになる．確率関数がこれほど似ていると，数十・数百のデータから区別するのは困難となる．

定理 (2 項分布のポアソン近似)

確率変数 X が 2 項分布 $\mathrm{B}(n, p)$ に従うとする．もし n が大，p が小で $\mu = np$ とおくと，$i = 0, 1, 2, \cdots$ で

$$\boldsymbol{P}\{X = i\} \simeq e^{-\mu} \frac{\mu^i}{i!}$$

つまり X の分布は $\mathrm{Poi}(\mu)$ で近似される．

表 2.3 2 項分布のポアソン近似．

i	0	1	2	3	4	5	6	7
2 項分布	36.6	37.0	18.5	6.1	1.5	0.3	0.05	0.0063
ポアソン分布	36.8	36.8	18.4	6.1	1.5	0.3	0.05	0.0073

2.4.2.1 交通事故死者数

1977 年 1 月から 6 月 (181 日間) の愛知県下の 1 日あたり交通事故死者数のデータを表 2.4 に示す．短期間に交通事故による死者が複数出ることは稀である，一方で交通事故による死者が出る可能性は常に潜在的に一定値ある，異なった時間帯に起こる死亡事故件数の間に関連があるとは普通思えない，などと考えるとこのデータの母集団分布がポアソン分布ではないか，少なくともそれに近いのではと想像してみることができる．データから $\bar{x} = 1.121$, $S^2 = 1.040$ (予想通りならこの二つの数は近いはず)．したがってパラメータの推定値は $\widehat{\lambda} = 1.121$

48　第 2 章　確率分布と母集団特性量

表 2.4　交通事故死者数へのポアソン分布の当てはめ.

死者数	0	1	2	3	4	5	6 以上
度数	55	72	40	9	5	1	0
標本比率	3.02e-1	3.96e-1	2.20e-1	4.95e-2	2.75e-2	5.49e-3	0
推定比率	3.26e-1	3.65e-1	2.05e-1	7.65e-2	2.14e-2	4.81e-3	1.07e-3

となる．標本比率と推定比率 $\widehat{p}(i) = e^{-\widehat{\lambda}}\widehat{\lambda}^i/i!$ を表 2.4 に示す．

2.4.2.2　死亡記事件数

London Times 紙 (1910 年–1912 年の 1096 日間) に報道された 1 日あたりの 85 才以上の男性の死亡記事件数のデータ[8]を紹介する．$\bar{x} = 0.8239$ および $S^2 = 0.8294$ である．ポアソン分布を当てはめると $\widehat{\mu} = 0.8239$．これから計算した推定比率を表 2.5 に示す．

表 2.5　死亡記事件数へのポアソン分布の当てはめ.

件数	0	1	2	3	4	5	6 以上
日数	484	391	164	45	11	1	0
標本比率	4.42e-1	3.57e-1	1.50e-1	4.11e-2	1.01e-2	9.12e-4	0
推定比率	4.39e-1	3.62e-1	1.49e-1	4.09e-2	8.42e-3	1.39e-3	2.16e-4

2.4.2.3　爆撃回数

第二次世界大戦下のロンドン南部地区がドイツの V ロケットで爆撃された回数を 0.25 平方キロの 567 地区に分けて集計したデータ[9]を紹介する．$\bar{x} = 0.9288$ および $S^2 = 0.9342$ である．ポアソン分布を当てはめると $\widehat{\mu} = 0.9288$．これ

表 2.6　爆撃回数へのポアソン分布の当てはめ.

回数	0	1	2	3	4	5	6 以上
度数	229	211	93	35	7	1	0
標本比率	3.98e-1	3.66e-1	1.61e-1	6.08e-2	1.22e-2	1.74e-3	0
推定比率	3.95e-1	3.67e-1	1.70e-1	5.28e-1	1.22e-2	2.28e-3	4.05e-4

---

[8] L. Whitaker "On Poisson's law of small numbers" *Biometrika*, vol.10, p.36(1914). 同時期の女性の死亡記事件もこれに勝る一致を示す．

[9] R.D. Clark "An Application of the Poisson Distribution" *J. of Inst. of Actuaries*, vol.72, p.48(1946).

から計算した推定比率を表 2.6 に示す.

2.4.3 負の 2 項分布

負の 2 項分布の確率関数は，ポアソン分布に比べればゆっくりゼロに近づく．したがって比較的大きな値が実際に現れることが特徴である．負の 2 項分布を母集団分布に持つデータが存在することを保証する定理には，次のようなものが知られている．

> **定理 (ポイヤの壺モデル)**
>
> 赤玉 R 個，黒玉 S 個 $(N = R + S)$ の入った壺から一つを取り出し，同じ色の玉 $1 + D$ 個を壺に戻す．これを n 回繰り返したとき，赤玉が計 X 回取り出されたとする．$h = nR/N$, $d = nD/N$ とおくと
> $$\lim_{n \to \infty} P\{X = i\} = \frac{h(h+d)\cdots(h+(i-1)d)}{i!}(1+d)^{-h/d-i}$$
> $$= \frac{\Gamma(h/d+i)}{\Gamma(h/d)i!}(1+d)^{-h/d}\left(\frac{d}{1+d}\right)^i$$
> つまり n が十分大なら X の分布は $\mathrm{NB}(d/h, 1/(1+d))$ に近い.

この定理は伝染性のある現象 (赤が出ると赤が増える，黒が出ると黒が増える) の確率モデルとして，最初提案された．

> **定理 (混合ポアソンモデル)**
>
> 異なった平均を持つ，一つひとつはポアソン分布に従うデータが様々な割合で混じりあっている (正確な定義は省略) とき，X の分布は負の 2 項分布になることがある．

例えば一人の人間が事故を起こす回数がポアソン分布に従っても，事故の起こりやすさ (平均) は一人ひとり異なるような集団全体の事故回数などが考えられる．この場合，伝染性はない．

> **定理 (ベルヌイ試行)**
>
> 出現率 p のベルヌイ試行で，1 が n 回起こるまでに必要な観測数を $n + X$ とすると，X は $\mathrm{NB}(n, p)$ に従う.

未知パラメータの推定量としては，例えば $\widehat{\mu} = \bar{x}$, $\widehat{\sigma}^2 = S^2$ とおいた上で，

連立方程式 $\hat{\mu} = n(1-p)/p$, $\hat{\sigma}^2 = \mu + \mu^2/n$ を解く[10]ことが考えられる．最尤推定量 (74 ページ参照) は簡単な式では表せず，数値的に求めるざるを得ない．

● R なら (10)：負の 2 項分布のパラメータの最尤推定 ●

```
# まずデータの尤度を計算する関数 NBL を定義する
# x はパラメータ (n,p) を表すベクトル引数
# x[1] は n, x[2] は p に対応
> NBL <- function (x) {
                        # データを与える．d[1] は個数ゼロに対応
   d <- c(1612,164,71,47,28,17,12,12,5,7,6,3,3,13)
                        # 個数 12 までの確率関数の対数値を求める
   P <- dnbinom(0:12, size=x[1], prob=x[2], log=T)
                        # 13 個以上の確率の総和の対数値を求める
   P[14] <- pnbinom(12, size=x[1], prob=x[2],
                    lower.tail=F, log.p=T)
   sum(P*d)             # 対数尤度値を計算し，関数値として返す
  }
# 関数 NBL の最大化実行 (optim 関数の既定手法の Nelder-Mead 法使用)
# (0.2,0.5) は若干の試行錯誤で選んだパラメータ初期値
# fnscale=-1 は既定の最小化でなく，最大化実行を指示する
> optim(c(0.2, 0.5), NBL, control=list(fnscale=-1))
$par                    # n,p の最尤推定値
[1] 0.11551 0.15534
$value                  # そのときの対数尤度の最大値
[1] -1705.3
...............         # 以下省略
```

2.4.3.1 消費財の購入頻度

2000 所帯が，パッケージ入りのある消費財を，26 週間の間にいくつ買ったかというデータ[11]を紹介する．ここで消費財とは缶詰，コーヒー，洗剤の類を指す．このデータの母集団分布として，負の 2 項分布を予想する根拠は，はっきりいって何もない．こじ付けめくが，普通消費財は買うならある程度まとめて買う，つまり「伝染性」を持つ．また所帯ごとの購入回数はポアソン分布に従うが，

---

[10] こうした推定量の決め方を**モーメント推定法** (moment method) と呼ぶ．

[11] A.S.C. Ehrenberg "The pattern of consumer purchases", *Appl.Statistics*, vol.8, 26–41(1959).

平均は所帯ごとに異なる，と考えてみることもできるだろう．このデータは非常に裾が長いことも，負の2項分布を考えてみるきっかけとなる．$\bar{x} = 0.6005$, $S^2 = 3.261$ である．数値的に求めたパラメータ (n, p) の最尤推定値 (50 ページ参照) は $(0.1155, 0.1553)$ になる．表 2.7 はこの推定値に基づく推定比率である．

表 2.7　消費財の購入件数への負の2項分布の当てはめ．

個数	0	1	2	3	4	5	6
所帯数	1612	164	71	47	28	17	12
標本比率	8.06e-1	8.20e-2	3.55e-2	2.35e-2	1.40e-2	8.50e-3	6.00e-3
推定比率	8.06e-1	7.87e-2	3.71e-2	2.21e-2	1.45e-2	1.01e-2	7.27e-3

個数	7	8	9	10	11	12	13 以上
所帯数	12	5	7	6	3	3	13
標本比率	6.00e-3	2.50e-3	3.50e-3	3.00e-3	1.50e-3	1.50e-3	6.50e-3
推定比率	5.37e-3	4.03e-3	3.07e-3	2.37e-3	1.84e-3	1.44e-3	5.70e-3

2.4.3.2　虫歯の数

ある学級の一人あたり虫歯数で分類した児童数のデータ[12]を紹介する．この例でも，虫歯の背後にある生活習慣が，虫歯を「伝染させる」傾向を持つことを注意しよう．一人の虫歯数はポアソン分布に従うが，平均が一人ごとに異なると考えることもできるかもしれない．$\bar{x} = 3.329$, $S^2 = 4.306$ である．パラメータ (n, p) の最尤推定量は $(10.59, 0.7609)$ となる．

表 2.8　虫歯の数のデータと推定母集団度数．

虫歯数	0	1	2	3	4
人数	4	9	16	13	9
標本比率	5.71e-2	1.29e-1	2.29e-1	1.86e-1	1.29e-1
推定比率	5.53e-2	1.40e-1	1.94e-1	1.95e-1	1.58e-1

虫歯数	5	6	7	8
人数	7	5	4	3
標本比率	1.00e-1	7.14e-2	5.71e-2	4.29e-2
推定比率	1.10e-1	6.87e-2	3.89e-2	2.05e-2

---

[12] 鳥居敏雄他著「医学・生物学のための推計学」東京大学出版会 p.52.

2.4.4 超幾何分布

超幾何分布 $\mathrm{HG}(m,n,k)$ に従う確率変数 X の確率関数の意味は，次の定理からわかる．

> **定理 (超幾何分布)**
>
> 白い球が m 個，黒い球が n 個入った壺から $k\,(\leq m,n)$ 個の球を無作為 (つまり，あらゆる可能性が同程度に出やすい) に取り出すとき，白い球の個数 $X=0,1,\cdots,k$ は超幾何分布 $\mathrm{HG}(m,n,k)$ に従う．

超幾何分布は生態学で，広い場所に散在する動物の総数を数えるために使われる．**捕獲・再捕獲法** (capture-recapture method) と呼ばれる方法は，まず m 匹の動物を捕まえ目印を付ける．次にこれを放し，十分な時間がたってから k 匹を捕まえる．全部の数を $m+n$，2度目の捕獲で捕まった目印付きの個体数を X とすれば，群が十分混ざりあったという前提のもとで，X の分布は超幾何分布 $\mathrm{HG}(m,n,k)$ に従う．m,k,X から n を推定することが問題となる．

2.4.4.1 ホイストのデータ

トランプゲームのホイスト[13]で，配られた最初の13枚中に含まれる切り札のデータがある．札の分配が完全に無作為に行われれば，切り札の数は超幾何分布 $\mathrm{HG}(13,39,13)$ に従うはずである．表 2.9 に推定度数を与える．

表 2.9　ホイストデータへの超幾何分布の当てはめ．

手札数	0	1	2	3	4
標本度数	1.03e-2	8.53e-2	2.05e-1	2.76e-1	2.50e-1
推定度数	1.28e-02	8.01e-02	2.06e-01	2.86e-01	2.39e-01
手札数	5	6	7	8	9 以上
標本度数	1.31e-1	3.38e-2	6.18e-3	3.24e-3	0
推定度数	1.27e-01	4.16e-02	8.82e-03	1.17e-03	9.69e-05

---

[13] 4人の競技者にカードが13枚ずつ配られ，最後の1枚だけが表向きに配られる．その種類 (ハート・ダイヤなど) と同じマークを持つ手持ちの札が切り札で，特別な力を持つ札となる．

2.4.5 一様分布

Unif(a,b) に従う確率変数 X は，区間 $[a,b]$ の外の値を取らず，区間内の値は特にどれを取りやすい，どれは取りにくいということなしに「一様に」取る (区間内では密度関数の値が一定)．一様分布の母集団平均，母集団分散はそれぞれ $(a+b)/2$, $(b-a)^2/12$ となる．

2.4.5.1 乱数発生実験のデータ

次に紹介するデータ[14)]は，昔**乱数** (random number)[15)]を作るために考案された装置を使った実験で得られた．0 から 9 の数字が書かれた扇形に 10 等分された円盤を，高速に回転する．円盤にストロボ光線が当った瞬間の数字を被実験者が目で読み取る．光線が円盤に当った位置を角度 X で表せば，実験装置の構造から X は一様分布 Unif$(0,360)$ に従うことが期待される．特に 10 個の扇形の一つに落ちる確率は 0.1 と思われる．一方で不定期に当てられる光線が落ちる角度の間に関連があるとは思えない．したがって被実験者が報告する数字は乱数になっていると予想された．しかしながら，こうして得られた 1 万個の数字の頻度分布は，期待される推定度数 $10000 \times 0.1 = 1000$ からの大きなずれを示している．さらに注目すべきは，ずれ方に一定のパターンが見られることである．偶数は必ず多く，奇数は一つの例外を除き小さい．例外が 5 である[16)]こともありそうなことである．この偏りの原因は，光線が二つの扇形の境目近くに落ちる判断が難しいケースが起きたとき，被実験者がより偶数と答えやすかったことにあると思われる．

表 2.10 乱数発生実験のデータ．

値	0	1	2	3	4	5	6	7	8	9
度数	1083	865	1053	884	1057	1007	1081	997	1025	948

2.4.6 指数分布

パラメータ $\lambda > 0$ の指数分布 Exp(λ) に従う確率変数 X は，正の値のみを取る．平均，分散はそれぞれ $1/\lambda$, $1/\lambda^2$ となる．λ の最尤推定量は $1/\bar{x}$ となる．

[14)] G.U. Yule "On Reading a Scale", *J. R. Statist. Soc.*, vol. 90, p.570(1927).

[15)] 互いに独立で，値 $0, \cdots, 9$ を等確率で取る確率変数列の実現値の列．

[16)] 測定では，器具の最小目盛の 1/10 単位を目分量で読み取るが，慣れないうちは 0.0, 0.5 とすることが多いといわれる．

指数分布に従うデータが発生する一つの状況を説明する次の定理は，指数分布とポアソン分布が深い関係を持つこと示している．

> **定理 (指数分布)**
>
> 少数の法則の仮定のもとで，ある出来事から次の出来事までの時間間隔を X とすると，X は指数分布に従う．

2.4.6.1 神経パルス間隔のデータ

表 2.11 のデータは，神経線維を伝わる電気パルス信号を，連続して 800 個観測したデータから求めた，引き続く時間間隔 (単位 1/50 秒) のデータである．この例を代表として，信号間の時間間隔のデータには，指数分布がよく当てはまることが多い．生データから求めると $\bar{x} = 108.6, S^2 = (104.0)^2$ である．しかしながら，同じデータから一定時間内に観測されたパルスの回数のデータを求め，ポアソン分布 Poi(1/108.6) に当てはめてみると，当てはまりは悪い．つまり，この場合少数の法則が仮定している状況は成り立っていない．神経信号は「意味のある情報」を伝えているはずだから，少数の法則の前提である全くでたらめな出来事の発生とは，程遠い状況にあるはずである．

表 2.11 神経パルス間隔のデータへの指数分布の当てはめ．

区間	5	10	15	20	25	30	35	40	45	50	55	60	65	≥ 65
度数	308	180	121	66	45	27	18	16	10	3	1	1	1	2
推定度数	297	187	117	74	46	29	18	11	7	5	3	2	1	1

2.4.7 正規分布

正規分布の密度関数は至るところ正であり，全ての実数値を取る可能性がある．密度関数は $x = \mu$ を中心に左右対称であり，$x = \mu \pm \sigma$ で変曲点を持つ，俗に「釣鐘型 (bell-shaped) 曲線」と呼ばれる特徴的な形を持つ．記号の使い方が示唆するように平均，分散はそれぞれパラメータ μ と σ^2 になる．特に N(0, 1) を**標準正規分布** (standard normal distribution) と呼ぶ．正規分布は本質的には一つしかないことが次の定理からわかる．

2.4 データとその母集団分布

定理 (正規分布)

確率変数 X が正規分布 $N(\mu, \sigma^2)$ に従えば，$aX + b$ は正規分布 $N(a\mu + b, a^2\sigma^2)$ に従う．特に $(X - \mu)/\sigma$ は標準正規分布に従う．

したがって，例えば確率 $P\{a \leq X \leq b\}$ は $P\left\{\dfrac{a-\mu}{\sigma} \leq \dfrac{X-\mu}{\sigma} \leq \dfrac{b-\mu}{\sigma}\right\}$ と一致し，標準正規分布に関する確率で計算できることになる．標準正規分布の分布関数

$$\int_{-\infty}^{x} \frac{1}{\sqrt{2\pi}} e^{-x^2/2} dx$$

を $\Phi(x)$ で表す．$N(\mu, \sigma^2)$ の分布関数は

$$P\{X \leq x\} = P\left\{\frac{X-\mu}{\sigma} \leq \frac{x-\mu}{\sigma}\right\} = \Phi\left(\frac{x-\mu}{\sigma}\right)$$

となる．正規分布に関する確率は統計学でしばしば必要となるが $\Phi(x)$ は初等関数では表せないことが知られている．正規分布 $N(\mu, \sigma^2)$ に従う確率変数 X に対し，

$$P\left\{\left|\frac{X-\mu}{\sigma}\right| \leq 1\right\} = 0.6826\cdots$$

$$P\left\{\left|\frac{X-\mu}{\sigma}\right| \leq 2\right\} = 0.9545\cdots$$

$$P\left\{\left|\frac{X-\mu}{\sigma}\right| \leq 3\right\} = 0.9973\cdots$$

などがわかる．つまり X は多く $\mu \pm 2\sigma$ に値を取り，$|X - \mu| > 3\sigma$ となることはまずないことになる．次の数値も重要になる．

$$P\left\{\left|\frac{X-\mu}{\sigma}\right| \leq 1.64485\cdots\right\} = 0.90$$

$$P\left\{\left|\frac{X-\mu}{\sigma}\right| \leq 1.95996\cdots\right\} = 0.95$$

$$P\left\{\left|\frac{X-\mu}{\sigma}\right| \leq 2.57583\cdots\right\} = 0.99$$

正規分布の二つのパラメータの最尤推定量は $\widehat{\mu} = \bar{x}$, $\widehat{\sigma}^2 = S_x^2$ になる．しかし，後の章で述べる理由から，σ^2 の推定には S_x^2 ではなく，**不偏標本分散** (unbiased sample variance)

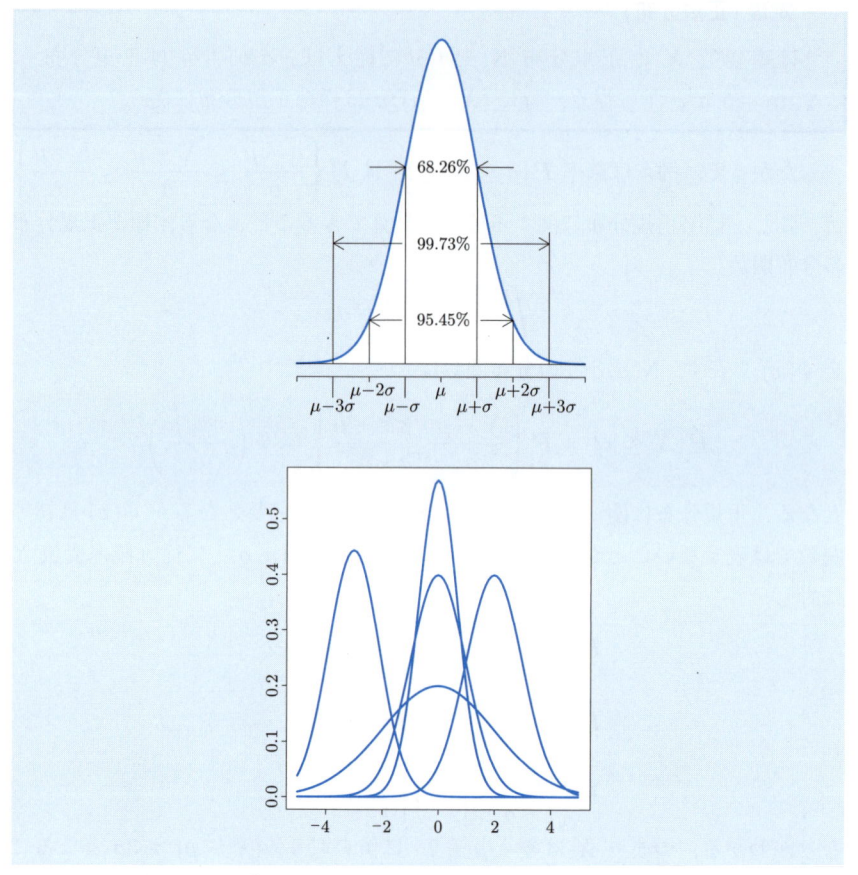

図 2.1 正規分布 $N(\mu, \sigma^2)$ のグラフと対応確率 (上)，平均，分散を変えたときの正規分布のグラフの変化 (下)．

$$V_x^2 = \frac{n}{n-1}S_x^2 = \frac{1}{n-1}\sum_{i=1}^{n}(x_i - \bar{x})^2$$

が用いられることが多い．n が大きければどちらを用いても大差はない．またデータが等間隔 h のクラスで度数分布表化されているときは，正規分布に従うデータという前提のもとで，**シェパード補正値** (Sheppard's correction) $S_x^2 - h^2/12$ を用いるほうが，生データから計算した標本分散に近くなる．X が区間 $[a, b]$

2.4 データとその母集団分布

に値を取る母集団確率は

$$P\{a \leq X \leq b\} = P\left\{\frac{a-\mu}{\sigma} \leq X \leq \frac{b-\mu}{\sigma}\right\}$$

$$= \Phi\left(\frac{b-\mu}{\sigma}\right) - \Phi\left(\frac{a-\mu}{\sigma}\right)$$

であるから $\Phi((b-\widehat{\mu})/\widehat{\sigma}) - \Phi((a-\widehat{\mu})/\widehat{\sigma})$ で推定される．

正規分布に従う (より正確には，正規分布に近い母集団分布を持つ) データが存在することを示す確率論の定理は**中心極限定理** (central limit theorem) と総称され，極めて多くの結果が知られている．中心極限定理は一言でいえば，一つひとつは微小で，互いに関連が薄い (特に独立な) 要因が数多く集まって決まるようなランダムなデータの母集団分布は正規分布に近い，ことを主張する．最も単純な例を紹介しよう．

定理 (中心極限定理)

同一の平均 μ，分散 σ^2 を持つ，互いに独立な確率変数の列 $X_1, X_2, \cdots,$ $X_n, \cdots$ があるとする．確率変数

$$Y_n = \frac{\bar{X} - \mu}{\sqrt{\sigma^2/n}}$$

の分布は n とともに標準正規分布に近付く．つまり，任意の $a < b$ で

$$P\{a \leq Y_n \leq b\} \to \int_a^b \frac{1}{\sqrt{2\pi}} e^{-x^2/2} dx$$

この定理の系として n の大きい 2 項分布 $B(n,p)$，平均の大きいポアソン分布 $\text{Poi}(\mu)$ に従う確率変数は，少し変形すると (離散値を取るにもかかわらず) 正規分布によく似た母集団分布を持つようになることがわかる．

系 (正規分布による近似)

X が 2 項分布 $B(n,p)$ に従うとする．n が大のとき，$(X-np)/\sqrt{np(1-p)}$ の分布は標準正規分布に近い．X がポアソン分布 $\text{Poi}(\mu)$ に従うとする．μ が大のとき，$(X-\mu)/\sqrt{\mu}$ の分布は標準正規分布に近い．

例として，2 項分布の確率関数を正規近似した結果を表 2.12 に紹介する．X を 2 項分布 $B(12, 1/3)$ に従う確率変数とすると，$n = 12$ が十分に大 (?!) ならば次の近似が成り立つ．

表 2.12 2項分布の正規近似.

k	0	1	2	3	4	5	6	7	8	9
B(12, 1/3)	0.8	4.6	12.7	21.2	23.8	19.1	11.1	4.8	1.5	0.0
正規近似	1.6	4.7	11.6	20.1	24.0	20.1	11.6	4.7	1.6	0.2

$$P\{X = k\} = P\{k - 0.5 \leq X < k + 0.5\}$$
$$= P\left\{\frac{k - 0.5 - 4}{\sqrt{8/3}} \leq \frac{X - 4}{\sqrt{8/3}} < \frac{k + 0.5 - 4}{\sqrt{8/3}}\right\}$$
$$\approx \Phi\left(\frac{k - 0.5 - 4}{\sqrt{8/3}}\right) - \Phi\left(\frac{k + 0.5 - 4}{\sqrt{8/3}}\right)$$

2.4.7.1 英国成人男子身長のデータ

人間の身長のデータに正規分布を当てはめた例を紹介する．ここで例えばクラス 57 は区間 $\left[56\frac{15}{16}, 57\frac{15}{16}\right]$ （単位 inch）を意味する．$\widehat{\mu} = \bar{x} = 67.40$, $\widehat{\sigma^2} = (2.556)^2$（シェパード補正値）である．当てはまりはかなりよい．一般に，長さで測れるような生物の部位のデータは，正規分布が当てはまることが多い．

表 2.13 成人男子身長データへの正規分布の当てはめ.

身長	57	58	59	60	61	62	63
人数	2	4	14	41	83	169	394
標本比率	2.33e-4	4.66e-4	1.63e-3	4.78e-3	9.68e-3	1.97e-2	4.59e-2
推定比率	8.62e-5	3.60e-4	1.29e-3	4.00e-3	1.06e-2	2.42e-2	4.75e-2
身長	64	65	66	67	68	69	70
人数	669	990	1223	1329	1230	1063	646
標本比率	7.79e-2	1.15e-1	1.42e-1	1.55e-1	1.43e-1	1.24e-1	7.52e-2
推定比率	8.01e-2	1.16e-1	1.45e-1	1.55e-1	1.43e-1	1.13e-1	7.71e-2
身長	71	72	73	74	75	76	77
人数	392	202	79	32	16	5	2
標本比率	4.57e-2	2.35e-2	9.20e-3	3.73e-3	1.87e-3	5.82e-4	2.33e-4
推定比率	4.51e-2	2.27e-2	9.83e-3	3.66e-3	1.17e-3	3.22e-4	7.60e-5

2.4.7.2 TOEIC の成績

第 50 回 (1995 年 5 月) の TOEIC の成績 (reading, listening, 総合) に正規分布を当てはめた例を紹介する．主宰団体発表の平均と標準偏差は，それぞれ $(262.1, 89.3)$, $(306.3, 85.1)$, $(568.4, 174.4)$ である．成績データはしばしば正規分布に従う (62 ページ参照) と世間でいわれるが，これは誤解である．何よりも 100 点満点の試験では，0 点未満，そして 101 点以上の成績はあり得ないわけで，図 2.2 からもわかるように，しばしば左右で途切れた形になる．また比較的少数のデータ数では，ヒストグラムに二つの山が現れることも多い．これは科目への得意・不得意グループ，勉強した・しなかったグループの存在を示す．

2.4.8 その他の確率分布

ある種のデータに特に当てはめがよい特殊な分布がいくつか知られている．

Yule 分布 (Yule distribution) とは，確率関数が $1/r(r+1), r = 1, 2, \cdots$ であるような離散分布である．James Joyce 作の小説「Ulysses」中のめったに使われない単語の使用頻度のデータ[17]に Yule 分布を当てはめた例を示そう．全部で 29899 種類の単語のうち，使用頻度が $1, 2, \cdots, 10$ 回であったものの種類は次の通りである．

表 2.14 単語出現頻度のデータへの Yule 分布の当てはめ．

頻度	1	2	3	4	5
単語数	16432	4766	2194	1285	906
標本比率	5.95e-1	1.73e-1	7.95e-2	4.66e-2	3.28e-2
母集団比率	5.00e-1	1.67e-1	8.33e-2	5.00e-2	3.33e-2

頻度	6	7	8	9	10
単語数	637	483	371	298	222
標本比率	2.31e-2	1.75e-2	1.34e-2	1.08e-2	8.05e-3
母集団比率	2.38e-2	1.79e-2	1.39e-2	1.11e-2	9.09e-3

Zipf 分布 (Zipf's law) は，逆に単語を出現頻度の高い順に並べたとき，i 番目に多い単語の数の頻度が

---

[17] E.L. Lehman (ed.), "Statistics: A Guide to the Unknown", Chap. 24, Halden-Day (1976).

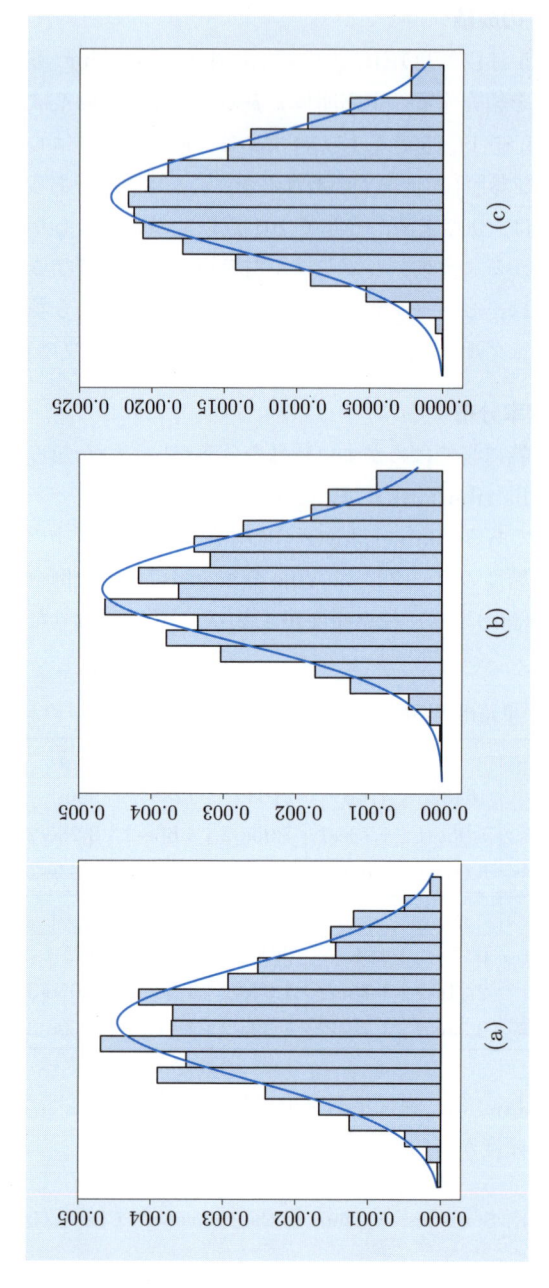

図 2.2 TOEIC 成績への正規分布の当てはめ．ヒストグラムと当てはめ正規分布の密度関数グラフ．(a) は Reading, (b) は Listening, (c) は総合得点．

2.4 データとその母集団分布

$$p(i) \propto \frac{1}{i^a}, \quad i = 1, 2, 3, \cdots$$

となることを主張する．ここで $a > 1$ はデータによって異なる指数である．Zipf の確率分布は，また**巾乗分布** (power law) とも呼ばれる．経済学分野では**パレート分布** (Pareto distribution) と呼ばれ，企業の利益，資産などの「サイズ」の確率分布としてよく使われる．図 2.3 は，日本人の代表的な苗字上位 1000 位の頻度データに Zipf 分布を当てはめた結果である．

ベンフォード分布 (Benford's law) は別名**第一桁の法則** (law of the first digits) とも呼ばれる．数値表や電話帳などの大量の数字の集まりから，最初の (ゼロでない) 数字 $1, 2, 3, 4, 5, 6, 7, 8, 9$ の頻度を求めると，しばしば次の確率分布

$$p(i) = \log\left(1 + \frac{1}{i}\right) / \log 10, \quad i = 1, 2, \cdots, 9$$

に従うことが知られている．つまり一様にはならない．表 2.15 はその確率関数と，二つの例 (河川長と流域面積，米国野球記録) で，データ数はそれぞれ 335, 1458 である．

表 2.15 ベンフォード分布．

第 1 桁の数	1	2	3	4	5	6	7	8	9
確率 (%)	30.1	17.6	12.5	9.69	7.92	6.69	5.80	5.12	4.58
例 1(%)	31.0	16.4	10.7	11.3	7.2	8.6	5.5	4.2	5.1
例 2(%)	32.7	17.6	12.6	9.8	7.4	6.4	4.9	5.6	3.0

2.5 コラム

2.5.1 偏差値

正規分布が統計学で占める重要さは，実際に正規分布に従うと思われるデータが多いことだけから来るのではなく，数理統計学の理論で正規分布が持つ特別の地位に基づく．実際，数理統計学理論は最初，もっぱら正規分布に関する理論で占められていた．その結果，初期の数理統計学のテキストには，まるであらゆるデータが正規分布に従うかのような書き方が見られた．かくして，社会に「この世の全てのデータは正規分布に従う，従うべきだ」，「全てのデータは正規分布に従うと思って解析すればよい」という「正規分布信仰」が蔓延することになった．この考え方は，その単純明解さゆえに，統計学的方法の初期の普及に大いに貢献した事実は否めない．

かつて日本の学校では，成績を **5 段階評価** するのが通例であった．成績をそれぞれ何人に振り分けるかについては厳格な基準 (成績 $1, 2, 3, 4, 5$ は，クラスの $7\%, 24\%, 38\%, 24\%, 7\%$) が存在した．成績 5 が 7% というのは，より正確にいうと $6.6807201\cdots\%$ であり，正規分布に従う確率変数が $\mu + 1.5\sigma$ より大きな値を取る確率を意味する．5 段階評価の原理は，成績データが正規分布 $N(\mu, \sigma^2)$ に従うとした上で，$\mu \pm 1.5\sigma, \mu \pm 0.5\sigma$ で 5 分割したときの各区間の確率で成績を振り分けようというものである．この考え方の起源は不明であるが，成績評価という教育者にとって最大の悩みの一つを，極めて機械的に割り切ることを許すという点で，非常な魅力を持ったであろうことは容易に考えられる．しかしながら，実は成績データは正規分布に従わない代表例とでもいえるもので，例えば一つの学校程度の規模で (特に英数といった選抜的科目の) 成績をヒストグラムに描くと，山が二つ (得意・不得意集団に対応) 現れることがしばしばある．さらにこの 5 段階評価法で見のがせないことは，仮に成績が正規分布に従うとして，なぜ $\mu \pm 1.5\sigma, \mu \pm 0.5\sigma$ で分割するのが適当なのかということであろう．事実はおそらく $\mu - 1.5\sigma$ は例えば $\mu - 1.7\sigma$ よりは無邪気に見える，結果として出てくる割合がこれまたもっともらしいという理由に基づくのであろう．

次の例はいわゆる **偏差値** である．偏差値は，かつてある受験産業の企画部長だった人物が考案したものである．偏差値で人生まで左右されかねないわりには，どういう原理に基づくものなのかを知る人は決して多くない．偏差値の原理は次の通りである：

2.5 コラム

- あるテストを受験すると，その得点 X はある正規分布 $N(\mu, \sigma^2)$ に従う (はずだ).
- そのテストを n 人の受験生に実際解答させ，得られた得点を $x_1, x_2, \cdots, x_n$ とする.
- このデータより μ, σ の推定値 $\widehat{\mu}, \widehat{\sigma}$ を求める.
- このテストで x 点以下となる母集団確率 $\varPhi\left(\dfrac{x-\mu}{\sigma}\right)$ の推定値は $\varPhi\left(\dfrac{x-\widehat{\mu}}{\widehat{\sigma}}\right)$ で求まり，したがってもしこの試験を全国の総受験生 N 人に受けさせたなら，x 点以下になる人数の推定値は $N \times \varPhi\left(\dfrac{x-\widehat{\mu}}{\widehat{\sigma}}\right)$ で求められる.
- 最後に，各個人の偏差値とは式
$$\frac{\text{自分の得点} - \widehat{\mu}}{\widehat{\sigma}} \times 10 + 50$$
で計算される数値であり，つまり $N(\mu, \sigma^2)$ に従うデータの $N(50, 10^2)$ に従うデータへの変換と見なされる.

この偏差値の問題点を指摘するのは，簡単な統計学の知識で十分であろう．まず何よりも，成績は正規分布に従わないほうが普通であることはすでに述べた．
次にある模擬試験を受ける集団が，全国の受験生の典型と見なせるのかという疑問がある．ある特定集団の μ, σ が，全国の受験生集団の μ, σ と同じと見なしてよいかどうかは，受験産業の地域シェアなどを考えると大いに疑わしい．次の疑問は，偏差値などという意味不明の数値でなく，なぜ推定確率 $\varPhi((x-\widehat{\mu})/\widehat{\sigma})$ なり，推定度数 $N \times \varPhi((x-\widehat{\mu})/\widehat{\sigma})$ を公表しないのかということである．結局受験生が一番知りたいのは，この試験を全国の受験生が受けたとして，得点分布がどうなるかということだからである．実はここに偏差値の真の巧妙さが隠されている．もし模擬試験の後で，「今回の試験をもし全国の受験生全員 30 万人に受けさせたとしたら，あなたの得点はトップから数えて 2 万 3 千番目だったでしょう」という通知を貰ったら，何でそんなことがわかるんだろうと，不信の念を持つであろう．偏差値という何やら不可思議な数値を持ち出すことにより，この「お前は全国で何番目」というむき出しのあからさまさを覆い隠しているのである．

また 10 を掛け 50 を足すという操作も，偏差値を社会に無理なく受け入れさせるのに役立った．もともとのデータから $\widehat{\mu}$ を引き，$\widehat{\sigma}$ で割る操作は統計学で「データのスチューデント化」と呼ばれる変換であるが，これは一般に正負の値を取る小数になり，数字嫌いの社会にはとても受け入れられないし，また意味を問題にされかねない．10 を掛け 50 を足すことにより，一見 100 点満点での点数であるかのような装いを与えることで，抵抗感なく受け入れさせることができる．だ

が偏差値は 100 満点での点数などというものではないことは，偏差値が例えば -10 とか 120 になることがあり得る[18]ことからもわかる．

最後に統計学ではデータはランダムであり，たまたまある値を取ったからといって，決してその値になる必然性はなかったと考える．だとすれば，推定した μ, σ から 713 点以上の割合が例えば 19% と推定されたからといって，それは 713 点取った特定の個人の能力が，全国ランクで上から 19%目であることを意味するわけではない．

2.5.2 関数の計算

統計学では最後には具体的な数値が要求される．正規分布の分布関数 $\Phi(x)$ は初等関数の組合せでは表せない．したがって $\Phi(x)$ の厳密な値は求められないが，統計学で必要なのは近似値である．計算機でこのような関数の値を計算する際の基本は $\Phi(x)$ に非常に近い値を持つことがわかっている近似式で，計算機で計算可能なものを見つけることである．ところで計算機ができる計算とは，実のところ加減乗除の四則演算 (正確にいえば有限桁の 2 進数の加減算と，2 の巾乗による乗算と除算) しかない．四則演算だけで計算できる最も一般的な関数とは有理関数

$$\frac{a_0 + a_1 x + a_2 x^2 + \cdots + a_n x^n}{b_0 + b_1 x + b_2 x^2 + \cdots + b_m x^m}$$

である．例えば $\Phi(x)$ に関しては次の **Hastings** の近似式が有名である：

$$\Phi(x) \approx 1 - \frac{1}{2}\left(1 + a_1 x + a_2 x^2 + \cdots + a_6 x^6\right)^{-16}, \quad x \geq 0$$

であり，係数は

$$a_1 = 0.0498673470, \quad a_2 = 0.0211410061, \quad a_3 = 0.0032776263$$

$$a_4 = 0.0000380036, \quad a_5 = 0.0000488906, \quad a_6 = 0.0000053830$$

を用いる．誤差の絶対値は 1.3×10^{-7} を超えないことが知られている．また $\Phi(x)$ の逆関数 $\Phi^{-1}(x)$ については次の近似式が知られている：

$$\Phi^{-1}(x) \approx z - \frac{a_0 + a_1 z + a_2 z^2}{1 + b_1 z + b_2 z^2 + b_3 z^3}, \quad x \geq 0$$

ただし，ここで $z = \sqrt{-\log_e(1-x)}$ であり，係数は

$$a_0 = 2.515517, \quad a_1 = 0.802853, \quad a_2 = 0.010328$$

$$b_1 = 1.432788, \quad b_2 = 0.189269, \quad b_3 = 0.001308$$

---

[18] 100 人中 99 人が 50 点，一人だけが 100 点，0 点という場合，その一人の偏差値はそれぞれ 149, −49 となる．

を用いる．誤差の絶対値は 4.5×10^{-4} を超えないことが知られている．もっと精度の高い近似式もいろいろ知られている．

関数電卓からスーパーコンピュータに至るまで，およそ計算機に計算できるのは有理関数だけだとすれば，例えば巾乗，指数関数，対数関数，三角関数などの初等関数はどうなるのであろうか．実は，計算機にとっては指数関数 e^x も $\Phi(x)$ も計算できないという点では結局は同じことなのである．初等関数の計算においても，実際は近似有理式を計算している．例えば次の近似式がある．

$$e^x \approx 1 + \frac{x}{-\dfrac{x}{2} + \dfrac{a_0 + a_1 x^2 + a_2 z^4}{1 + a_3 x^2}}$$

ただし，ここで $|x| \leq \log_e \sqrt{2} = 0.34657\cdots$ であり，係数は

$$a_0 = 1.0^{12} 3271, \qquad a_1 = 0.1071350664564642,$$
$$a_2 = 0.0^3 5945898690188, \quad a_3 = 0.0238017331574186$$

を用いる (0^{12} とは 0 を 12 個並べたという意味で，数表でよく用いられる記法である)．誤差の絶対値は 1.4×10^{-14} を超えないことが知られている．覚えておいてよいもっと簡単な近似式

$$e^x \approx \frac{(x+3)^2 + 3}{(x-3)^2 + 3}$$

は $|x| \leq 0.5$ でほぼ 4 桁の精度を持つ．例えば e は $e = (e^{1/2})^2$ として計算する．近似値は $2.718042\cdots$，真値は $2.71828182\cdots$ となる．

2.5.3 ガンマ関数

確率分布の定義にはガンマ関数 $\Gamma(x)$ が頻繁に登場する．ガンマ関数は初等関数ではないが，大学レベルの数学では必須の関数である．ガンマ関数の定義は

$$\Gamma(x) = \int_0^\infty t^{x-1} e^{-t} dt, \quad x > 0$$

であり，部分積分ですぐわかる特徴的な性質 $\Gamma(x+1) = x\Gamma(x)$ を持つ．また直接導かれる $\Gamma(1) = 1$ を用いると，自然数 n に対し $\Gamma(n+1) = n!$ となることがわかる．つまりガンマ関数は階乗関数の実数への一般化である．また，$\Gamma(1/2) = \int_{-\infty}^\infty e^{-x^2} dx$ であることから，極座標変換を用いると

$$\Gamma(1/2)^2 = \int_{-\infty}^\infty \int_{-\infty}^\infty e^{-(x^2+y^2)} dx dy = \int_0^{2\pi} d\theta \int_0^\infty r e^{-r^2} dr$$
$$= 2\pi \times \int_0^\infty e^{-r^2} d(r^2/2) = \pi \times \int_0^\infty e^{-t} dt = \pi$$

つまり $\Gamma(1/2) = \sqrt{\pi}$ であることがわかる．この関係は実は標準正規分布 $N(0,1)$ 密度関数が満たすべき次の性質

$$1 = \int_{-\infty}^{\infty} \frac{1}{\sqrt{2\pi}} \exp\left(-\frac{x^2}{2}\right) dx$$

と同値であることも，簡単な変形からわかる．

R では階乗関数 `x!` は `factorial(x)` で計算される．これは単に `gamma(x+1)` を計算しているだけで，x は 0 および負の整数以外の実数でもよい．一方，2 項係数 $\binom{n}{m}$ を計算する専用関数 `choose(n,m)` がある．階乗関数や 2 項係数は巨大な数になりやすく，桁溢れを起こす可能性が高い．統計計算では対数値が求まればよいことが多いので，自然対数値を与える関数 `lgamma`, `lfactorial`, `lchoose` が用意されている．これらは対数値を直接計算するもので，後から対数をとっているわけではない．例えば R で $\binom{10000}{1000}$ がどれくらいの大きさかを知りたければ，次のようにする．

```
> choose(10000,100)      # これは直接計算可能
[1] 6.520847e+241
> choose(10000,1000)     # これは大きすぎて無限大とされる
[1] Inf
> x <- lchoose(10000,1000)/log(10)
                         # 自然対数値を計算，さらに常用対数に直す
> x
[1] 1409.941
> 10^(x-1409)            # 指数部は 1409
[1] 8.733076             # 仮数部を計算する
```

つまり $\binom{10000}{1000}$ は $8.733076 \times 10^{1409}$ となる．アメリカの数学者 E. Kasner は冗談半分に 1googol= 10^{100} という「この世で絶対に必要のない数の単位」を提案した (インターネット検索エンジンの google の名前のいわれ)．なぜ不要かというと，いわゆる天文学的な大きさはせいぜい 10 の数十乗だからである．しかしこの例が示すように，組合せ論では googol 程度ではすぐ不足する．心配症の別の数学者は，さらに大きな単位 1googolplex= $10^{1\text{googol}}$ を提案している．これならとりあえず普通の数学なら十分であろう．

2.5.4 Zipf 分布と日本人の苗字

日本の苗字の種類の多さは一民族としては世界最大らしく，いったいどれだけ

あるかは依然不明である．日本経済新聞社刊の苗字の辞書「日本の苗字」(1978) には，確認済みの苗字 110867 種類が記載されている．また，その後の調査により少なくとも 12 万種が確認されている．これらの多くは珍姓・奇姓・難読姓であるが，それでも，頻度順で 5000 位まで加えてもやっと 92.30% というある調査結果は，日本の苗字の本質的な多様さを物語っている．この異常さは，韓国における数百種類，中国における少数民族を含めても千数百種類という統計を見ると，さらにはっきりする．人口あたりではフィンランドの 6 万種類が最大らしい．国単位で見れば，当然ながらアメリカが最大[19]である．こうした事情の背景には，民族的，歴史的，言語的な，様々な要因がある．さらに，各苗字の所有者がどれ位の割合でいるのかについても完全な調査はない．現在入手できる最も網羅的な調査は，NTT の全国電話帳に掲載された苗字を集計したものである．その種の調査結果[20]から，上位 1000 位の頻度に「一般化された Zipf 分布」[21]を当てはめた結果を図 2.3 に紹介する．一般化された Zipf 分布の確率関数は次の形を持つ：

$$p(i) = Z^{-1} \frac{c^i}{(i+b)^a} \qquad \text{ここで } Z = \sum_{i \geq 1} \frac{c^i}{(i+b)^a}$$

非線形回帰による推定値は $(a, b, c) = (0.7193, 3.002, 0.9993)$ となった．そのとき $Z = 0.9992859$ である．

こうした頻度をもとにして，「同姓確率」(任意に選んだ n 人の日本人中に少なくとも一組同姓のカップルがいる確率) R_n を計算した．それによれば，例えば，同姓確率がはじめて 50% を超えるのは $n = 27$ で $R_{27} = 51.153\%$．他の典型的な場合は $R_{18} = 27.327\%$, $R_{38} = 75.332\%$, $R_{41} = 80.250\%$, $R_{50} = 90.727\%$, $R_{57} = 95.289\%$, そして $R_{71} = 99.028\%$ である．

---

[19] 「姓の継承と絶滅の数理生態学」佐藤葉子・瀬野裕美著，京都大学出版会刊 (2003)，は姓の継承を数理的にとらえたユニークな本であるが，姓に関する様々な話題も紹介されている．

[20] 別冊歴史読本「日本の苗字ベスト 30000」，新人物往来社，に全国ランキング 3 万位まで紹介．著者の村山忠重氏のウェッブページ http://www.fsinet.or.jp/~myojikan/ に 7000 位までが公開されている．このデータは，NTT の全国電話帳を電子化したもの 3 年分の平均から求めた．

[21] 61 ページ 1 行の Zipf 分布の定義では指数 a は $a > 1$ でないと総和不能 (有限な和を持たない) である．この一般化された Zipf 分布の定義式でも $a \leq 1$ の場合は必ずしも総和可能ではないが，ここで考えている例では $c < 1$ なので，$a < 1$ にもかかわらず総和可能である．

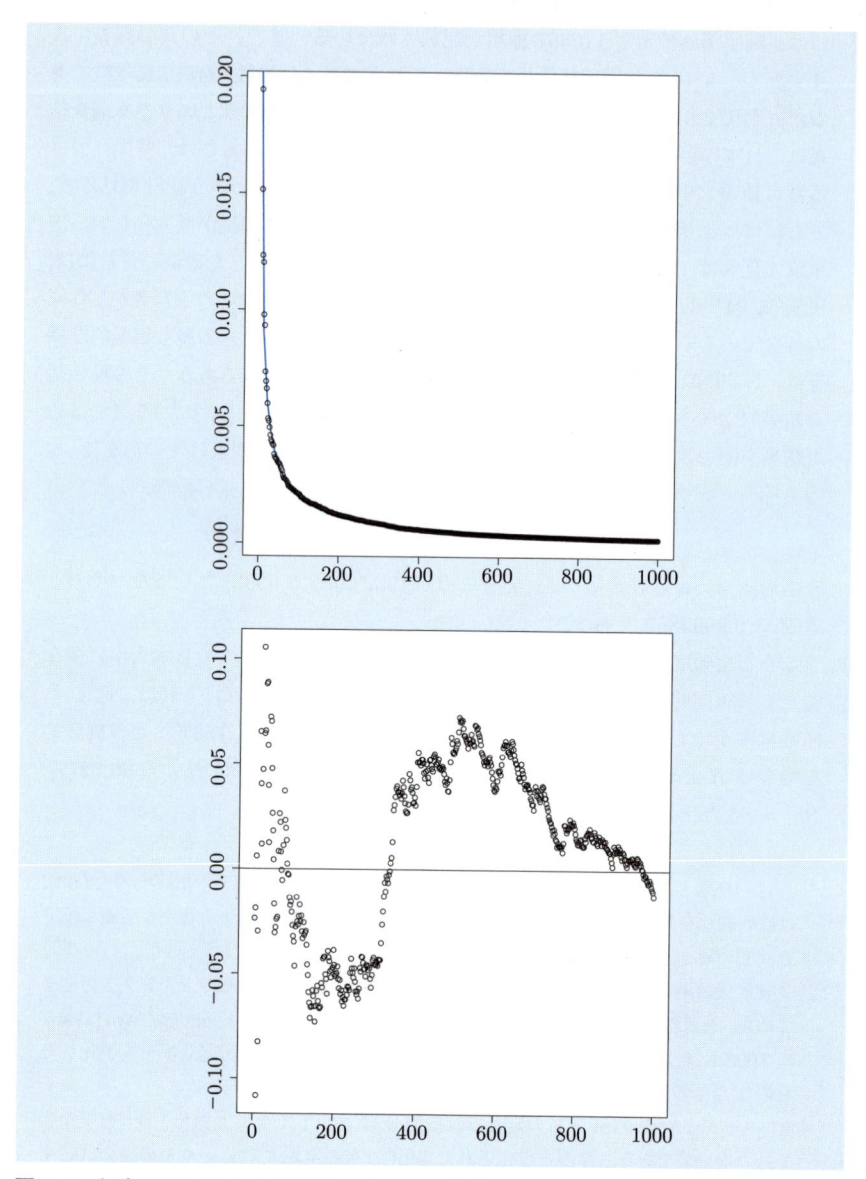

図 2.3 頻度順の日本人の苗字データへの一般化 Zipf 分布の当てはめ．上は母集団確率 (実線) と標本頻度．下は両者の相対誤差 (絶対値の最大値は 13.6%)．

2 章の問題

☐ **1** 期待値の基本的性質 (33 ページ) を用い，関係
$$\mathrm{Var}\{X\} = \boldsymbol{E}\{X^2\} - \boldsymbol{E}\{X\}^2, \quad \mathrm{Cov}\{X,Y\} = \boldsymbol{E}\{XY\} - \boldsymbol{E}\{X\}\boldsymbol{E}\{Y\}$$
を証明せよ．

☐ **2** 2 項分布 $\mathrm{B}(n,p)$ の平均，分散がそれぞれ $np, np(1-p)$ になることを証明せよ．

☐ **3** ポアソン分布 $\mathrm{Poi}(\mu)$ の平均，分散がともに μ になることを証明せよ．

☐ **4** 指数分布 $\mathrm{Exp}(\lambda)$ の平均，分散がそれぞれ $1/\lambda, 1/\lambda^2$ になることを証明せよ．

☐ **5** 28 ページの確率の規則から次の関係を導け．
 (1) $\boldsymbol{P}\{\emptyset\} = 0$ （空事象の確率はゼロ）
 (2) $\boldsymbol{P}\{A^c\} = 1 - \boldsymbol{P}\{A\}$ （余事象の確率）
 (3) $A \subset B$ ならば $\boldsymbol{P}\{A\} \leq \boldsymbol{P}\{B\}$ （確率の単調性）
 (4) $0 \leq \boldsymbol{P}\{A\} \leq 1$
 (5) $\boldsymbol{P}\{A \cup B\} + \boldsymbol{P}\{A \cap B\} = \boldsymbol{P}\{A\} + \boldsymbol{P}\{B\}$

☐ **6** 期待値に関するシュワルツ不等式
$$|\boldsymbol{E}\{XY\}|^2 \leq \boldsymbol{E}\{X^2\}\boldsymbol{E}\{Y^2\}$$
を証明せよ[**ヒント**：和および積分に関するシュワルツ不等式を使え]．これより $|\boldsymbol{E}\{X\}| \leq \sqrt{\boldsymbol{E}\{X^2\}}$ を示せ．つまり 2 次モーメントが存在すれば，平均も存在する．また $|\mathrm{Cov}\{X,Y\}| \leq \sqrt{\mathrm{Var}\{X\}\mathrm{Var}\{Y\}}$ を示せ．つまり X, Y の 2 次モーメントが存在すれば共分散も存在する．さらに $|\mathrm{Corr}\{X,Y\}| \leq 1$ を示せ．

☐ **7** 独立な確率変数は，共分散が存在する限り無相関であることを証明せよ．

☐ **8** (1) 35 ページと (2) 36 ページのベイズの定理を証明せよ．

☐ **9** 手近の電卓で $n!$ が計算できる最大の n を確認してみよ．R を用い，階乗 $n!$ に対する **Stirling の公式** (Stirling's formula)
$$\frac{\sqrt{2\pi n}\, n^n e^{-n}}{n!} \to 1$$
を，例えば $n = 10, 50, 100, 500$ で確認してみよ．

第3章

推定と検定

この章では統計学の基本的概念・手法である推定と検定について紹介する．統計学はデータの生成規則である母集団分布に関する推測の技術であり，逆に推測された母集団分布の知識がデータの真の理解を助ける．推定はデータに基づいて，「データの母集団分布は何か」という問に答えるための技術である．一方，検定は「データの母集団分布がある性質を持つと考えてよいか」という問に答えるための技術である．このテキストで紹介する推定・検定手法は，もっぱら予想される母集団分布の型を特定して行うパラメトリック手法と呼ばれるものであり，生物学・心理学データなどでよく使われる母集団分布の型を特定せずに行うノンパラメトリック手法については一切触れないので注意してほしい．

3.1	推　　　定
3.2	最尤推定量
3.3	信頼区間
3.4	検　　　定
3.5	コ ラ ム

3.1 推 定

データ $x_1, x_2, \cdots, x_n$ にある確率分布を当てはめる際，確率分布に含まれる未知パラメータ θ をデータから**推定** (estimation) する必要がある．推定はデータ (だけ) の関数である**推定量** (estimator) $\widehat{\theta} = \widehat{\theta}(x_1, x_2, \cdots, x_n)$ を用いて[1]行う．推定量にデータを代入して得られた値を**推定値** (estimate) と呼ぶ．代表的な確率分布に対しては，お勧めの推定量が普通決まっているが，必ずしも簡単な式で表されるとは限らない．現代ほど数値計算が簡単でなかった時代には，性能は劣るが簡単な推定量が使われたことも多かった．

有限個のランダムなデータだけから，未知パラメータを推定する以上，推定値 $\widehat{\theta}$ は普通，真のパラメータに一致せず，運が悪ければ大きく外れることも避けられない．また，未知パラメータの推定量はいくつも考えられるので，「良い推定量」を選ぶための基準がいる．そうした基準自身がまたいくつも[2]考えられる．推定量の良さの基準として，次のような性質が普通使われる (ここで $\boldsymbol{P}_\theta$, $\boldsymbol{E}_\theta$ は，それぞれ真のパラメータが θ である母集団分布に関する確率，平均を表す)：

- **不偏性** (unbiasedness)．推定量の母集団平均が，常に真のパラメータに一致する：

$$\text{全ての } \theta \text{ で } \boldsymbol{E}_\theta\{\widehat{\theta}\} = \theta$$

- **強一致性** (strong consistency)．データ数 n が増えるとき[3]

$$\text{全ての } \theta \text{ で } \boldsymbol{P}_\theta\left\{\lim_{n\to\infty} \widehat{\theta} = \theta\right\} = 1$$

- **漸近正規性** (asymptotic normality)．ある未知パラメータの関数 $a(\theta)$, $b(\theta) > 0$ があり，データ数 n が増えるとき，$(\widehat{\theta} - a(\theta))/b(\theta)$ の確率分布が標準正規分布 $N(0, 1)$ に近付いていく．$b(\theta)^2$ は**漸近分散** (asymptotic

---

[1] パラメータが θ であれば，その推定量を「ハット記号」を用いて $\widehat{\theta}$ と表す慣習がある．また普通データの関数であることを明記しない．推定量そのものは何種類も考えられることを注意しよう．

[2] こうした基準を全て満たす推定量があるとは限らない．つまり「一番良い推定量」などない！

[3] $\widehat{\theta}$ は実際はデータ数にも依存することを注意．

variance) と呼ばれる量である．多くのまともな推定量は，普通，漸近正規性[4]を持つ．

- **平均自乗誤差の最小性．** 平均自乗誤差
$$E_\theta\{|\widehat{\theta} - \theta|^2\}$$
が，考えられる他の全ての推定量よりも小さい．

---

[4] 漸近正規性は好ましい性質であるが，それだけで他の推定量よりよいという意味ではない．漸近正規性を持つ推定量のうちで比較すれば，漸近分散が小さい推定量ほど好ましいといえる．

3.2 最尤推定量

理論的見地から,多くの場合に優れているとされる推定量が**最尤推定量**(MLE, Maximum Likelihood Estimator) である.実際,いくつかの仮定のもとで,最尤推定量は,強一致性,漸近正規性を持つ.また漸近正規性を持つ推定量の中で,最小の漸近分散を持つ.データの母集団分布の未知パラメータを θ,密度関数 (離散値分布であれば確率関数) を $f_\theta(x)$ とする.データの**尤度** (likelihood) とは,θ の関数[5]と考えた同時密度・確率関数のことであり

$$L(\theta) = \prod_{i=1}^{n} f_\theta(x_i) \quad (\text{尤度})$$

である (ただし,これはデータが互いに独立な場合.独立でなければ,尤度は一般にもっと複雑な形をとる).尤度は未知パラメータが θ であるとき,データ x が観測される「尤もらしさ」(観測されやすさ) を表す量である.尤度が最大になるようなパラメータこそが真のパラメータに近いであろうというのが,統計学で最も重要な考え方である**最尤原理** (maximum likelihood principle) である.実際には,尤度を最大化するよりも,その対数値である**対数尤度** (log-likelihood)

$$\log L(\theta) = \sum_{i=1}^{n} \log f_\theta(x_i) \quad (\text{対数尤度})$$

を最大化するほうが扱いやすい.f がパラメータに関して微分できれば,結局次の**対数尤度方程式** (log-likelihood equation) を解くことになる.

$$\frac{d \log L(\theta)}{d\theta} = \sum_{i=1}^{n} \frac{d \log f_\theta(x_i)}{d\theta} = 0 \quad (\text{対数尤度方程式})$$

パラメータが多次元 $\theta = (\theta_1, \cdots, \theta_k)$ の場合も,同様に次の連立方程式を解けばよい:

---

[5] ここでデータ値 $x_1, x_2, \cdots, x_n$ は具体的な値が代入されていると考えるので,尤度は未知パラメータだけの関数である.

$$\frac{\partial \log L(\theta)}{\partial \theta_1} = \sum_{i=1}^{n} \frac{\partial \log f_\theta(x_i)}{\partial \theta_1} = 0$$
$$\cdots\cdots\cdots\cdots\cdots\cdots\cdots\cdots\cdots$$
$$\frac{\partial \log L(\theta)}{\partial \theta_k} = \sum_{i=1}^{n} \frac{\partial \log f_\theta(x_i)}{\partial \theta_k} = 0$$

対数尤度方程式の解である最尤推定量は，必ずしも簡単な式で表されるとは限らない．そのときは，適当な最適化ソフトで数値的に解くしかない．逆に，数値的な解法を使うことにより，最尤推定量の適用範囲は飛躍的に広がる．Rでそうした最適化を行う汎用的関数は optim および nlm である．optim を使った負の2項分布の最尤推定の例が 50 ページにある．最尤推定量の良さはある程度データ数が大きいときに発揮される．データ数が小さいときは最尤推定量よりもある意味で良い推定量が存在することもある．

本来連続分布に従うデータが，いくつかのクラス $C_1, C_2, \cdots, C_m$ に離散(度数分布表)化されていることがある．クラス C_i に入る度数を n_i とする．また密度関数 f_θ のもとで，一つのデータがクラス C_i に入る確率を

$$p_\theta(i) = \int_{C_i} f_\theta(x) dx$$

とすると，離散化されたデータに対する対数尤度は

$$\log L(\theta) = \sum_{i=1}^{m} n_i \log p_\theta(i)$$

となる．これから，最尤推定量 $\widehat{\theta}$ を求めることができる．もちろん，離散化することによりその分情報は失われるから，生データが手に入るならそれから求めるほうがよいことはいうまでもない．

例1 2項分布の最尤推定量

2項分布 $\mathrm{B}(m, p)$ のパラメータ p を求めるための対数尤度方程式は

$$\begin{aligned}\frac{d \log L(p)}{dp} &= \frac{d}{dp} \sum_{i=1}^{n} \left(\log \binom{m}{x_i} + x_i \log p + (m - x_i) \log(1-p) \right) \\ &= \sum_{i=1}^{n} \left(\frac{x_i}{p} - \frac{m - x_i}{1-p} \right)\end{aligned}$$

$$= \frac{1}{p(1-p)} \left(\sum_{i=1}^{n} x_i - mnp \right)$$
$$= 0$$

となり，これより最尤推定量 $\widehat{p}$ は $\bar{x}/m$ であることがわかる．パラメータ m は普通既知である． □

例2 正規分布の最尤推定量

正規分布 $\mathrm{N}(\mu, \sigma^2)$ のパラメータの最尤推定量を求めるための対数尤度方程式は，簡単のために $s = \sigma^2$ とおくと

$$\frac{d \log L(\mu, s)}{ds} = \frac{d}{ds} \sum_{i=1}^{n} \left(-\frac{1}{2} \log(2\pi s) - \frac{(x_i - \mu)^2}{2s} \right)$$
$$= \sum_{i=1}^{n} \left(-\frac{1}{2s} + \frac{(x_i - \mu)^2}{2s^2} \right)$$
$$= \frac{1}{2s^2} \left(-ns + \sum_{i=1}^{n} (x_i - \mu)^2 \right)$$
$$= 0$$
$$\frac{d \log L(\mu, s)}{d\mu} = \sum_{i=1}^{n} \frac{x_i - \mu}{s}$$
$$= \frac{1}{s} \left(\sum_{i=1}^{n} x_i - n\mu \right)$$
$$= 0$$

となり，これより平均の最尤推定量は $\widehat{\mu} = \bar{x}$，分散の最尤推定量は $\widehat{\sigma}^2 = S_x^2$ であることがわかる．標準偏差 σ の最尤推定量は，したがって $\widehat{\sigma} = S_x$ になる． □

3.3 信頼区間

前節に述べた未知パラメータの値を 1 点で答える形式の推定は**点推定** (point estimation) と呼ばれる．推定のもう一つの形式が**区間推定** (interval estimation) である．例えば，データ数がそれぞれ 2 と 100 のベルヌイ試行の確率 p を標本平均で推定し，ともに 0.5 を得たとする．点推定値としては全く同一でも，その「信頼性」は全く異なる．データの母集団に含まれる 1 次元の未知パラメータを θ とする．**信頼水準** (confidence level) と呼ばれる，ある「大きな確率値 β」をあらかじめ決める．このとき

$$\boldsymbol{P}_\theta\{\theta \in [L, U]\} \geq \beta \quad \text{(信頼区間)}$$

となるような区間 $[L, U]$ を信頼水準 β の**信頼区間** (confidence interval)[6]と呼ぶ．ここで区間の上下端 U, L はデータの関数である．確率 $\boldsymbol{P}_\theta\{\theta \in [L, U]\}$ は β に等しく取るのが原則であるが，離散分布の場合には必ずしも一致させられないため，β 未満にならない範囲で，できるだけ大きくなるように取る．信頼区間は $U = \infty$ や $L = -\infty$ となる場合を含め，一般に様々なものが考えられる．区間の幅 $U - L$ が最小になるものがあれば，それがベストである．

例としてベルヌイ試行 $x_1, x_2, \cdots, x_n$ で $\bar{x} = 0.5$ となる場合の 95%信頼区間を表 3.1 に紹介する．いずれも点推定値 $\hat{p} = 0.5$ を含み，データ数とともに幅が狭くなる．データ数が少なければ幅が相当広いことに注意．信頼区間は次に紹介する検定と深い関連があり，次節で再び触れる．

表 3.1 成功比率 0.5 で長さ n のベルヌイ試行の成功確率 p の 95%信頼区間．

試行回数	信頼区間下端	信頼区間上端	信頼区間幅
$n = 2$	0.01257912	0.98742088	0.9748418
$n = 10$	0.1870860	0.8129140	0.625828
$n = 50$	0.355273	0.644727	0.289454
$n = 100$	0.3983211	0.6016789	0.2033578
$n = 500$	0.4552856	0.5447144	0.0894288
$n = 1000$	0.4685492	0.5314508	0.0629016

---

[6] 信頼水準とは「手法の信頼度」を意味し，データから計算した具体的な信頼区間の信頼度を意味しない．「大きな確率」とは解析者がそれぐらいの確率なら満足と考える程度に大きいという意味であり，そのものとしては主観的なものである．

3.4 検　　　　定

検定 (test) は推定と並ぶ統計学の基本概念である．**仮説検定** (testing hypotheses) とも，テストとも呼ばれる．仮設と書かれることもある．現場で広く使われる一方，誤解・乱用が多いという意味で注意がいる．

データを取る目的が，ある予想・懸念の真偽を確認するためであることがある．この際，我々はあらかじめデータの母集団分布に対するある予想を持っている．これを**帰無仮説** (null hypotheses) と呼ぶ．実際は帰無仮説が正しくても，データに基づいた判断がそれと異なることが起こり得る．これを**第 1 種の誤り**と呼ぶ．帰無仮説は，帰無仮説が正しくなるようなデータの母集団分布のパラメータの集合 Θ_N で表すことができる．仮説が正しくなるようなパラメータがただ一つからなるとき**単純仮説** (simple hypotheses) と呼ぶ．さもなければ**複合仮説** (composite hypotheses) と呼ぶ．帰無仮説の真偽というとき，もう一つの仮説である**対立仮説** (alternative hypotheses) を考える必要がある．つまり，検定はデータが帰無仮説と対立仮説のどちらをより支持するかという，相対判断になる．その際，第 3 の可能性があっても論理的に矛盾というわけではない．事実と判断の正誤表を作ってみると，次のようになる：

	$T \notin C$ だから帰無仮説を採択	$T \in C$ だから帰無仮説を棄却
帰無仮説が正しい	正しい判断	**第 1 種の誤り** (確率は有意水準以下に抑える)
帰無仮説が間違い	**第 2 種の誤り** (確率は?)	正しい判断

検定の実際の手順は次のようである．**検定統計量** (test statistics) と呼ばれるデータの関数 $T = T(x_1, x_2, \cdots, x_n)$ と**棄却域** (rejection region) と呼ばれる集合 C を与え，もし $T \in C$ なら帰無仮説を**棄却** (reject) し，さもなければ**採択** (accept) する．ここで棄却域 C は，あらかじめ与えた**有意水準** (level of significance) と呼ばれる「小さな確率」α に対し，第 1 種の誤りの確率が α 以下になるように定める．つまりデータの真のパラメータが $\theta \in \Theta_N$ に入れば (帰無仮説が正しいならば) 常に

3.4 検定

$$P_\theta\{\text{第 1 種の誤りを犯す}\} = P_\theta\{\text{帰無仮説を棄却}\} = P_\theta\{T \in C\} \leq \alpha$$

が成り立つような C のみ[7]を考える．有意水準 α で帰無仮説が棄却されるとき，検定の結果は**有意** (significant) であるという言い方をする．偶然だけでは説明しにくい「帰無仮説からの意味の有る隔たり」がデータから検出されたという意味である．帰無仮説が棄却 (採択) されれば，当然対立仮説が採択 (棄却) されることになる．

　理想的な検定は，第 1 種の誤りの確率と同時に，第 2 種の誤りを犯す確率も小さい (例えば有意水準以下) ものである．しかしながら，第 2 種の誤りを小さくする検定は，普通第 1 種の誤りの確率を大きくし，逆も成立する．有限個のランダムなデータに基づいて判断を下さざるを得ない理論的限界が背景にある．この二律背反的状況に対して統計学が取る立場は，一度に両方を小さくするのが無理ならせめて，第 1 種の誤りの確率だけでも，確実に有意水準以下にしておこうというものである．もちろん第 2 種の誤りの確率も，できるだけ小さくしたほうがよく，これが検定の善し悪しの重要な基準となる．第 2 種の誤りの確率を，必ずしも小さくできないという理論的限界の結果として，

> 検定は，帰無仮説が棄却されたときにのみ，意味を持つ

という注意がされることがある．帰無仮説が棄却される限り，間違った判断になる可能性は低い (有意水準以下) から，まず安心してよいが，仮に帰無仮説を採択という結論が出たとしても，安易に信じるわけにはいかない[8]からである．この微妙なニュアンスを表すため，「帰無仮説は採択された」といわず「帰無仮説は棄却できなかった」という，二重否定的表現を使うことが慣例になってい

[7) 確率が α 以下である限り，C はできるだけ大きく取ったほうが得である．

[8) 実際には，帰無仮説が棄却できなかったことを根拠にして，帰無仮説が正しいことが証明されたとすることが，行われることがあるようである．第 2 種の誤り確率について不明な限り，これは数理統計学の立場からは許されないことであることは上で述べた通りである．ただし，帰無仮説をそもそも信じている人達にとっては，検定とはあえてケチをつける「ためにする試練」という側面を持つことを考えると，帰無仮説の真実味がその分増したことは事実であろう．問題とすべきは，帰無仮説が棄却されなかったことをもって，帰無仮説の真実性に対する主要な，それどころかほとんど唯一の根拠とするような場合であろう．

る．言い換えれば，このデータだけで判断する限り帰無仮説を否定するだけの根拠は見出せなかったが「さらにデータを増やしたらどうなるかは知りませんよ」というニュアンスである．

仮説検定の基本的発想は

- 帰無仮説が正しければ「T の値はまず C に入らぬ」，
- 対立仮説が正しければ「T の値が C に入るのはむしろ自然」

であるような T と C を作ることにある．有意水準を小さくすればするほど，厳しいチェックとなり，帰無仮説は棄却されにくくなる．逆に有意水準が大きければ，データが相当帰無仮説らしくても，棄却できることになる．有意水準1%の検定は，同時に有意水準5%の検定でもあり，有意水準1%で有意であれば，5%でも有意となる．第1種の誤りを犯すことによる影響の軽重が，有意水準の大小の選択に関係してくる．推薦できるやり方に，データが棄却されるような有意水準の最小値である **p値** (p value) を求めて，例えば $p = 0.0173$ と書いておく．この場合 $\alpha = 0.05$ では有意であるが，$\alpha = 0.01$ では有意にならない[9]ことがすぐわかり，便利である．

有意水準の選択に関し，見受ける誤謬 (もしくはインチキ) は，帰無仮説を棄却したがっている解析者が，データが棄却されるような有意水準を，データを見た後から決めることである．有意水準はデータを得る前に決めておくのが原則で，データを見てから変更するのはタブーである．有意水準は，本来主観的なものとはいえ，他人にとっても小さな確率であるべきで，普通 5%, 1%, 0.5%, 0.1% などが用いられる．実際上，5%を越える有意水準は使うべきではない．

一つの検定は，データのある特定の側面だけを見て判断しているにすぎない．同じ帰無仮説に対して，複数の検定が存在してもおかしくはなく，それらによる結果が食い違ったとしても，矛盾というわけではない．

注意 複数の仮説を同時に検定したいことがよくある．例えば3組のデータ x, y, z に対し，二つの仮説 H_1 (x, y データの平均は等しい), H_2 (y, z データの平均は等しい) を同じ有意水準 α で検定する．両仮説 H_1, H_2 がともに棄却されなかったからといって，3組のデータの平均は全て等しいとは必ずしもいえ

---

[9] 慣用的な記法として 5%有意, 1%有意, 0.1%有意であることをそれぞれ星一つ *, 星二つ **, 星三つ *** で表すことがある．

ない．つまり実際は 3 組の平均が等しいとき，一般的にいえることは

$$P\{H_1, H_2 \text{ のどちらかが棄却される }\}$$
$$\leq P\{H_1 \text{ が棄却される }\} + P\{H_2 \text{ が棄却される }\} = 2\alpha$$

であり，両検定を合わせた検定の有意水準は必ずしも α にならないからである．こうした一つのデータ群に複数の検定を同時に適用することを**多重比較** (multiple comparison) と呼び，検定結果の解釈を困難にする．R にはこうした多重比較の際に必要になる補正方法が用意されている．詳細については中澤[17]が参考になる． □

3.4.1 仮説検定の具体例：2 項分布の場合 (1 標本)

値 0,1 をそれぞれ確率 $p, 1-p$ で取るベルヌイ試行 $x_1, x_2, \cdots, x_n$ を考える．$x = x_1 + x_2 + \cdots + x_n$ とおく．p の値に関する特別な値 p_0 を考える．p_0 はある理論から予想される値，過去の経験値，もしくはなんらかの基準値である．この場合，検定問題としては

$$\begin{cases} \text{H}: p = p_0 \\ \text{A}: p \neq p_0 \end{cases} \quad \begin{cases} \text{H}: p = p_0 \\ \text{A}: p < p_0 \end{cases} \quad \begin{cases} \text{H}: p = p_0 \\ \text{A}: p > p_0 \end{cases}$$

の 3 通りを考えるのが普通である．最初を**両側検定**，後の二つを**片側検定**と呼ぶ．標準的な検定手続きは，統計量 $\bar{x}$ の値は，主に真の p を中心とするある範囲に納まることを利用する．もし帰無仮説が正しければ $\bar{x}$ は p_0 の近くに出やすく，逆に対立仮説が正しければ p_0 とは異なるある p の近くに出やすいことになる．だから，例えば両側検定の場合なら p_0 を含むある区間 $[c_1, c_2]$ の外側を棄却域に取り，$\bar{x}$ がこの区間に入る限り，帰無仮説を特に疑う根拠はないが，区間の外側の値を取れば，帰無仮説らしくないと判断することになる．具体的な区間は，第 1 種の誤りの確率が有意水準以下，つまり

$$P\{X < c_1 \text{ または } X > c_2\} \leq \alpha$$

で，区間の幅ができるだけ短くなるという条件から定める．この確率がちょうど有意水準に一致するようにはできないこともある．

片側検定，例えば A: $p > p_0$ の場合，もし $\bar{x}$ が p_0 に比べ大きければ，当然 A らしいと判断すべきである．逆に，小さすぎたとしても $p < p_0$ の可能性は考えていないのだから H と判断すべきである．よってこの場合の棄却域は (c_2, ∞) の形になる．

データ数が少ないときには，このように p_0 の値と n の値に応じて棄却域を個別に求める必要があり，R 等の統計ソフトを用いて計算する．しかし，データ数がある程度大きければ，近似的な棄却域を簡単に求めることができる．2 項分布の場合，$T = (x - np_0)/\sqrt{np_0(1-p_0)}$ の分布が，標準正規分布 $N(0,1)$ で近似されるという理論的結果がある．したがって H が正しければ，例えば確率約 5% で $|T| > 1.96$ となる．つまり $|T| > 1.96$ なら H を棄却する検定は，有意水準 (約) 5% の両側検定となる．同様に，H が正しければ，確率約 5% で $T > 1.65$ となる．つまり $T > 1.65$ なら H を棄却する検定手続きは，有意水準 (約) 5% の片側検定となる．両側検定の場合，確率の近似の度合を少しでも高める (連続補正) ため

$$T_{補正} = \frac{|X - np_0| - 0.5}{\sqrt{np_0(1-p_0)}} > 1.96$$

の形の棄却域を，実際には使う．

例1 Weldon のサイコロ投げのデータ

サイコロを 49152 回投げて，4 以上の目が出た回数が 25145 回であった．Weldon の用いたサイコロが「公正」(4 以上の目が出る確率 p が 0.5) であるという帰無仮説を，両側対立仮説 $p \neq 0.5$ に対して検定する．連続補正済みのカイ自乗統計量の値は $T = 26.3015$ であり，対応 p 値は 2.92×10^{-7} と圧倒的に有意である．あえて帰無仮説が正しいとするなら，49152 回のサイコロ投げを 300 万回行って，やっと 1 回起きるか起きないかの珍しいことが起きたとせざるを得ない．他方 Weldon のサイコロがそもそも偏っていたと考えれば，何の無理もない．帰無仮説 $p = 0.5$，両側対立仮説 $p \neq 0.5$，有意水準 5%，連続補正済みの 2 項確率検定を R で行った結果を以下に示す．また近似を使わず，2 項確率そのものを使った正確な検定と信頼区間の例も，参考に示す．

●**R なら (11)：2 項分布に対する検定**●

2 項分布の確率の (近似) 検定を行う R の関数は prop.test である．

```
> prop.test(25145, 49152, p = 0.5, alternative = "two.sided",
         conf.level = 0.95, correct = TRUE)
    1-sample proportions test with continuity correction
data: 25145 out of 49152, null probability 0.5
```

```
# 検定統計量の値，カイ自乗分布の自由度，p 値
X-squared = 26.3015, df = 1, p-value = 2.921e-07
alternative hypothesis: true p is not equal to 0.5
95 percent confidence interval: # 2 項確率の 95%信頼区間
 0.5071464 0.5160045
sample estimates:
       p
0.5115763      # 2 項分布の確率の推定値
```

2 項分布の確率の正確な検定を行う R の関数は binom.test である．

```
> binom.test(25145, 49152, p = 0.5, alternative = "two.sided",
           conf.level = 0.95)
    Exact binomial test
data:   25145 and 49152
number of successes = 25145, number of trials = 49152,
  p-value = 2.917e-07
alternative hypothesis: true probability of success is
                                        not equal to 0.5
95 percent confidence interval:
 0.5071465 0.5160048
sample estimates:
probability of success
             0.5115763
```

3.4.2 仮説検定の具体例：2 項分布の場合 (2 標本)

確率 p のベルヌイ試行 $x_1, x_2, \cdots, x_m$ と，確率 q のベルヌイ試行 $y_1, y_2, \cdots, y_n$ を考える．両者は互いに独立とする．m と n は異なってもよい．検定問題 H: $p = q$ 対 A: $p \neq q$ を考える．帰無仮説は複合仮説であり，仮に $p = q$ であったとしても，その共通値が何であるかは問わない．もし H が正しければ結局，確率 $p = q$ の長さ $m + n$ のベルヌイ試行と考えられ，その共通母集団確率 $p = q$ の推定値は $\widehat{p} = (x+y)/(m+n)$ となり統計量

$$T = \frac{\overline{x} - \overline{y}}{\sqrt{\widehat{p}(1-\widehat{p})\left(\dfrac{1}{m} + \dfrac{1}{n}\right)}}$$

の分布は，m と n がともに大とすれば，標準正規分布で近似可能となる．したがって $|T| > 1.96$ が有意水準 (約)5%の近似棄却域を与える．実際は連続補正を行った

$$T_\text{補正} = \frac{|\overline{x} - \overline{y}| - \frac{1}{2}\left(\frac{1}{m} + \frac{1}{n}\right)}{\sqrt{\widehat{p}(1-\widehat{p})\left(\frac{1}{m} + \frac{1}{n}\right)}} > 1.96$$

の形の検定統計量を用いる．

例2 心筋梗塞の死亡率データ

心筋梗塞発作後 6 カ月以内の死亡率に関するある病院のデータ：
- 牛乳に対する抗体を持つもの (109 人中 29 人死亡)，
- 牛乳に対する抗体を持たないもの (104 人中 10 人死亡)

から，帰無仮説「牛乳に対する抗体の有無は死亡と無関係」を，両側対立仮説「関係あり」に対して検定してみよう．連続補正済み統計量 $T_\text{補正}$ の自乗値 (帰無仮説のもとで，近似的に自由度 1 のカイ自乗分布に従う) の値は 9.1666 で，対応 p 値は 0.002465 となる．したがって 0.5%有意となる．つまり見かけ上の死亡率の差を，単なる偶然で説明することは無理があり，母集団分布のレベルで違いがあるはずだという結果になった．この結果から「牛乳を飲むと心筋梗塞で死にやすくなる」と速断してはならない．検定は，牛乳に対する抗体を持つグループと，そうでないグループで，死亡率が有意に異なることを示しているだけで，その理由については関知しない．

● R なら (12)：2 組のベルヌイ試行の比較 ●

```
> prop.test(c(29, 10), c(109, 104), conf.level=0.95)
  2-sample test for equality of proportions with
                        continuity correction
data:  c(29, 10) out of c(109, 104)
X-squared = 9.1666, df = 1, p-value = 0.002465
alternative hypothesis: two.sided    # 両側対立仮説
95 percent confidence interval:
 0.0600475 0.2797549 # 両グループの死亡率の差の 95%(近似) 信頼区間
sample estimates:
    prop 1     prop 2               # 両グループの死亡率の推定値
0.26605505 0.09615385
```

3.4.3 正規分布の平均の検定 (1 標本)

同一の正規分布 $N(\mu, \sigma^2)$ に従う独立データ $x_1, x_2, \cdots, x_n$ を考える．母集団平均に関する両側検定問題 H: $\mu = \mu_0$ 対 A : $\mu \neq \mu_0$ を考える．帰無仮説のもとで検定統計量

$$T = \frac{\overline{x} - \mu_0}{\sqrt{V_x^2/n}} \quad (\text{ここで } V_x^2 \text{ は不偏標本分散})$$

は自由度 $n-1$ の t 分布に従うことが知られている．また V_x^2 は σ^2 の推定量で μ の値とは無関係である一方，$\overline{x} - \mu_0$ は $\mu - \mu_0$ の推定量である．したがって，H が正しければ T の値は 0 の近くに出やすく，A が正しければ T の値は 0 から ($|\mu - \mu_0|$ が大きければ大きいほどますます) 離れる傾向を持つであろう．したがって $|T| > c$ の形の棄却域が考えられる．ここで定数 c は自由度 $n-1$ の t 分布において c 以上の値を取る確率が有意水準の半分になるように決める．片側検定も同様に考えることができる．

3.4.4 正規分布の平均の検定 (対応のない 2 標本)

正規分布 $N(\mu_x, \sigma^2)$ に従う独立データ $x_1, x_2, \cdots, x_m$ と正規分布 $N(\mu_y, \sigma^2)$ に従う独立データ $y_1, y_2, \cdots, y_n$ を考える．x データと y データも互いに独立とする．m と n は一般に異なってよいが，母集団分散は同一であるとする．母集団平均に関する検定問題 H: $\mu_x = \mu_y$ 対 A: $\mu_x \neq \mu_y$ を考える．帰無仮説のもとで，検定統計量

$$T = \frac{\overline{x} - \overline{y}}{\sqrt{\dfrac{\sum (x_i - \overline{x})^2 + \sum (y_i - \overline{y})^2}{m + n - 2}}} \times \frac{1}{\sqrt{\dfrac{1}{m} + \dfrac{1}{n}}}$$

は自由度 $m+n-2$ の t 分布に従うことが知られている．1 標本の場合と同じく，この統計量の分母は μ_x と μ_y に無関係であり，分子は $\mu_x - \mu_y$ の推定量である．したがって，H が正しければ T の値は 0 の近くに出やすく，A が正しければ T の値は 0 から ($|\mu_x - \mu_y|$ が大きければ大きいほどますます) 離れる傾向を持つであろう．したがって $|T| > c$ の形の棄却域が考えられる．ここで定数 c は t 分布 t_{m+n-2} において c 以上の値を取る確率が，有意水準の半分になるように決める．

もし 2 組の対応のない正規データの分散が等しいとは限らない場合，平均の差の検定はどうなるのであろうか．これは **Behrens-Fisher 問題**と呼ばれ，正確な検定が存在しない困難な場合になることが知られている．普通 **Welch の検定** (Welch test) と呼ばれる近似的な検定が代用として使われる．Welch 検定の統計量は

$$T = \frac{\overline{x} - \overline{y}}{\sqrt{V_x^2/m + V_y^2/n}} \quad \text{(Welch 検定統計量)}$$

が自由度 f の t 分布に近似的に従うとして検定を行う．ここで自由度 f は式

$$f = \frac{(V_x^2/m + V_y^2/n)^2}{(V_x^2/m)^2/(m-1) + (V_y^2/n)^2/(n-1)} \quad \text{(Welch 検定の自由度)}$$

で決まる数で，必ずしも整数にはならない．つまり，非整数自由度の t 分布を用いる．

3.4.5　正規分布の平均差の検定 (対応のある 2 標本)

二つのデータ $x_1, x_2, \cdots, x_n, y_1, y_2, \cdots, y_n$ が**対応のある 2 標本** (paired data) であるとは，各組 (x_i, y_i) が i 番目の親子二人の身長を表すような場合である．x, y データがそれぞれ 正規分布 $N(\mu_x, \sigma_x^2)$, $N(\mu_y, \sigma_y^2)$ に従う独立なデータなら，差 $z_i = x_i - y_i$, $1 \leq i \leq n$, は正規分布 $N(\mu_x - \mu_y, \sigma_x^2 + \sigma_y^2)$ に従う独立なデータになることが知られている．したがって，帰無仮説 $\mu_x = \mu_y$ の検定は，1 標本検定の場合に帰着される．

3.4.6　正規分布の分散の検定 (対応のない 2 標本)

正規分布 $N(\mu_x, \sigma_x^2)$ に従う独立データ $x_1, x_2, \cdots, x_m$ と，正規分布 $N(\mu_y, \sigma_y^2)$ に従う独立データ $y_1, y_2, \cdots, y_n$ を考える．x データと y データも互いに独立とする．m と n は異なってよく，未知平均 μ_x と μ_y も異なってよい．母集団分散に関する検定問題 H: $\sigma_x = \sigma_y$ 対 A: $\sigma_x \neq \sigma_y$ を考える．検定統計量 $T = V_x^2/V_y^2$ は当然，比 σ_x^2/σ_y^2 の推定量であり，帰無仮説が H が正しければ 1 を中心としたある範囲に出やすく，対立仮説 A のもとではむしろ 1 から遠ざかる．さらに，帰無仮説のもとでは T は F 分布 $F_{m-1, n-1}$ に従うことが知られている．したがって $T > c_1$ か $T < c_2$ なら帰無仮説を棄却するとい

う検定が考えられる．ここで定数 c_1 と c_2 は F 分布 $F_{m-1,n-1}$ において c_1 以上，c_2 以下の値を取る確率が，それぞれ有意水準の半分 (合わせて有意水準に一致) になるように決める．

3.4.6.1 Student の sleep データ

次の表は t 分布の発見者 Student [10]自身の論文に引用されているデータである．それぞれ 10 人からなるグループに，2 種類の睡眠薬 A, B による睡眠時間の相対的増減 (単位時間) を測定した．当然対応のあるデータではない．

x	0.7	−1.6	−0.2	−1.2	−0.1	3.4	3.7	0.8	0.0	2.0	$\bar{x} = 0.75$
y	1.9	0.8	1.1	0.1	−0.1	4.4	5.5	1.6	4.6	3.4	$\bar{y} = 2.33$

ここで検討する帰無仮説は $\mu_x = \mu_y$ (両睡眠薬の効果は同一) である．この場合，形式的には 3 種類の対立仮説：

$$\mu_x \neq \mu_y \quad (ともかく違う),$$
$$\mu_x < \mu_y \quad (B のほうが効果大),$$
$$\mu_x > \mu_y \quad (A のほうが効果大)$$

が考えられる．どれを選ぶかは，事情により異なる．例えば，B 薬が A 薬の改良品であれば，当然 B 薬の効果が大であろうという見込みがあり，仮説は

$$\mu_x = \mu_y(改良効果なし) \quad 対 \quad \mu_x < \mu_y(確かに改良効果あり)$$

になるであろう．以下の表に 2 標本 t 検定 (分散同一と仮定できる場合) と Welch 検定 (分散が異なると思われる場合) の検定結果をまとめた．

検定手法	対立仮説	t 統計値	自由度	p 値	95%信頼区間
2 標本 t 検定	$\mu_x \neq \mu_y$	−1.86	18	0.0792	(−3.36, 0.204)
2 標本 t 検定	$\mu_x < \mu_y$	−1.86	18	0.0396	(−∞, −0.108)
2 標本 t 検定	$\mu_x > \mu_y$	−1.86	18	0.9604	(−3.05, ∞)
Welch 検定	$\mu_x \neq \mu_y$	−1.86	17.8	0.0794	(−3.37, 0.205)
Welch 検定	$\mu_x < \mu_y$	−1.86	17.8	0.0397	(−∞, −0.107)
Welch 検定	$\mu_x > \mu_y$	−1.86	17.8	0.960	(−3.05, ∞)

---

[10] W.S. Gosset のペンネーム．大学で数学と化学を学び，アイルランドのギネス工場で醸造技師として品質管理に従事．余暇に統計学を研究したが，会社から本名での発表を禁じられたため，Student のペンネームで論文を発表した．最大の功績は t 分布の発見で，データを基に半ば実験的にその関数型を推測したと伝えられる．

ただし，この例では2標本の不偏標本分散 V_x^2, V_y^2 はそれぞれ 3.20, 4.01 であり，F検定統計値 $T = V_x^2/V_y^2 = 0.798$，F分布 $F_{9,9}$ に基づく p 値は 0.742 である．したがって，両標本の母集団分散が等しい $\sigma_1^2 = \sigma_2^2$ という帰無仮説は，有意水準5%でも棄却されない．つまり，分散が異なるという証拠はこのデータからは見出せないことになり，2標本t検定を用いるべきである．この例では，2標本t検定を用いた有意水準5%の検定結果は，対立仮説 $\mu_x < \mu_y$ の場合は帰無仮説を棄却，それ以外は棄却できないという，少し微妙な結論になった．仮に Welch 検定を用いたとしても，この結論は変わらないことを注意しよう．

●**R なら (13)：2 標本 t 検定**●

2組の独立正規標本の分散の同一性に対するF検定を行うRの関数は var.test である．

```
> data(sleep)
> attach(sleep)
> x <- extra[group==1]      # x データ
 [1]  0.7 -1.6 -0.2 -1.2 -0.1  3.4  3.7  0.8  0.0  2.0
> y <- extra[group==2]      # y データ
 [1]  1.9  0.8  1.1  0.1 -0.1  4.4  5.5  1.6  4.6  3.4
> var.test(x,y)       # x,y データの分散の同一性検定

        F test to compare two variances

data:  x and y   # 検定結果 (F検定統計値，自由度，p 値)
F = 0.7983, num df = 9, denom df = 9, p-value = 0.7427
alternative hypothesis: true ratio of variances
                                 is not equal to 1
95 percent confidence interval:
 0.198297 3.214123    # 母集団分散比の 95%信頼区間
sample estimates:
ratio of variances
         0.7983426    # F検定統計量 (不偏標本分散の比)
```

正規標本の平均値に対する t 検定を行う R の関数は t.test である．オプションで，1) 1標本と2標本，2) 2標本の場合対応のあるなし，3) 分散が等しいと仮定できる場合 (2標本t検定) と異なる場合 (Welch検定)，を選べる．対応のない，2標本t検定 (両側検定，等分散の仮定) の場合の例をあげる．

```
> t.test(x, y, alternative = "two.sided", var.equal=TRUE)
        Two Sample t-test
data:  x and y      # 検定結果 (t 統計値, 自由度, p 値)
t = -1.8608, df = 18, p-value = 0.07919
alternative hypothesis: true difference in means
                                 is not equal to 0
95 percent confidence interval:  # 母集団平均差の 95%信頼区間
 -3.3638740   0.2038740
sample estimates:
mean of x mean of y   # 両標本の標本平均
     0.75      2.33
```

t.test のオプションは以下の意味を持つ：

(1) y データを省略すると 1 標本検定,
(2) 対立仮説 alternative は "two.sided", "less", "greater" のいずれか,
(3) mu は帰無仮説となる平均値の値 (既定値は 0),
(4) 2 標本の場合 paired=FALSE なら「対応なし」, paired=TURE なら「対応あり」,
(5) 2 標本の場合 var.equal=TRUE なら「等分散に対する通常の t 検定」, var.equal=FALSE なら「不等分散に対する Welch 検定」,
(6) conf.level は「有意水準を 1 から引いた値」(既定値は 0.95).

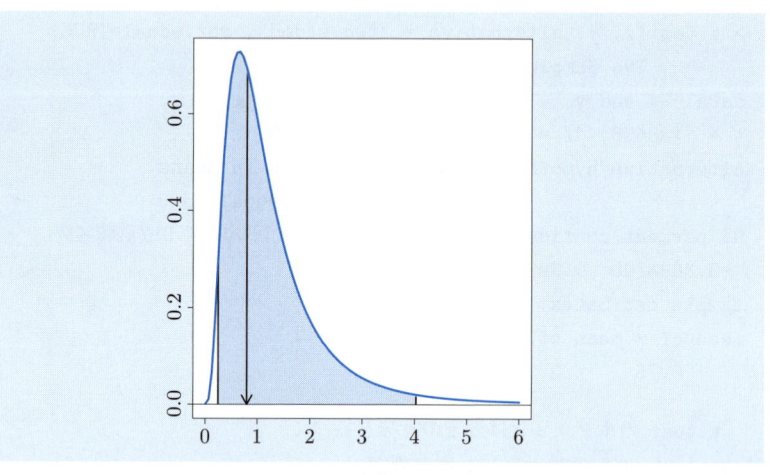

図 3.1 var.test による sleep データの分散の同一性検定 (両側対立仮説)．グラフは F 分布 $F_{9,9}$ の密度関数を示す．塗りつぶし部分は真ん中 95% の範囲を示す．検定統計量 $T = 0.798$ の位置を矢印で示す．区間 $(0, T)$ の確率の 2 倍が両側検定に対する p 値 0.742 に対応する．

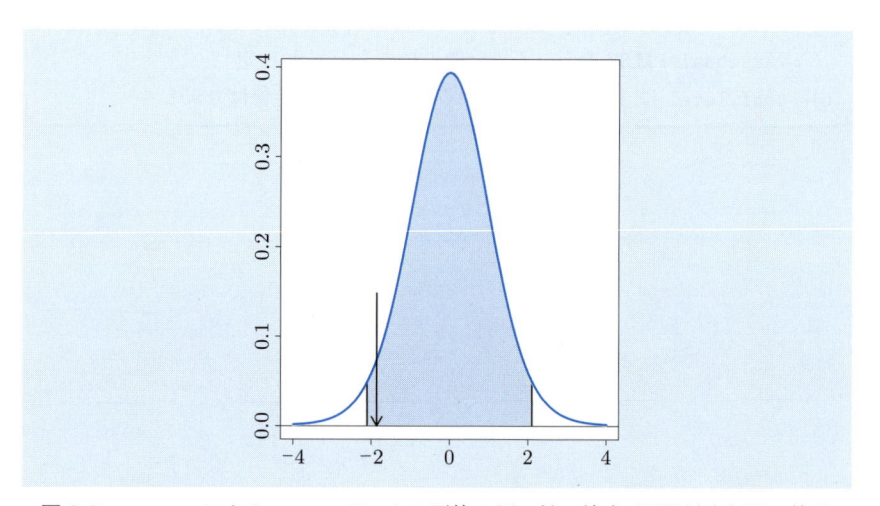

図 3.2 t.test による sleep データの平均の同一性 t 検定 (両側対立仮説, 等分散仮定)．グラフは t 分布 t_{18} の密度関数を示す．塗りつぶし部分は真ん中 95% の範囲を示す．検定統計量 $T = -1.8608$ の位置を矢印で示す．区間 $(-\infty, T)$ の確率の 2 倍が両側検定に対する p 値 0.07919 に対応する．

3.4.7 分割表データのカイ自乗検定

分割表 (contingency table) とは，総計 n 個のデータを，複数の性質で分類した形のデータである．例えば，2 種類の性質 A, B があり，性質 A は c 種類 $A_1, A_2, \cdots, A_c$ に，性質 B は r 種類 $B_1, B_2, \cdots, B_r$ に細分されるとする．次の $r \times c$ 分割表は n 個のデータのうち，性質 (A_i, B_j) を持つものが全部で n_{ij} 個あったことを意味している：

	A_1	A_2	$\cdots$	A_c	
B_1	n_{11}	n_{12}	$\cdots$	n_{1c}	$n_{1\cdot}$
B_2	n_{21}	n_{22}	$\cdots$	n_{2c}	$n_{2\cdot}$
$\vdots$	$\vdots$	$\vdots$		$\vdots$	$\vdots$
B_r	n_{r1}	n_{r2}	$\cdots$	n_{rc}	$n_{r\cdot}$
	$n_{\cdot 1}$	$n_{\cdot 2}$	$\cdots$	$n_{\cdot c}$	n (総計)

ここで

$$n_{\cdot j} = \sum_{i=1}^{r} n_{ij}, \quad n_{i\cdot} = \sum_{j=1}^{c} n_{ij}$$

はそれぞれ列和，行和を意味する．

分割表に関する主な検定問題は**独立性検定**と**同一性検定**である．ただし，後者の場合行和 (もしくは列和) があらかじめ固定されているのが普通である．例えば B_i 群に属することがあらかじめわかっている n_i. 個のデータを性質 A に従って分類することになる．母集団確率の表を作ると独立性検定では

	A_1	A_2	$\cdots$	A_c	
B_1	p_{11}	p_{12}	$\cdots$	p_{1c}	$p_{1\cdot}$
B_2	p_{21}	p_{22}	$\cdots$	p_{2c}	$p_{2\cdot}$
$\vdots$	$\vdots$	$\vdots$	$\vdots$	$\vdots$	$\vdots$
B_r	p_{r1}	p_{r2}	$\cdots$	p_{rc}	$p_{r\cdot}$
	$p_{\cdot 1}$	$p_{\cdot 2}$	$\cdots$	$p_{\cdot c}$	1 (総計)

を持つ $r \times c$ 項分布に対し，性質 A, B の独立性を表す関係

$$p_{ij} = p_{i\cdot} \times p_{\cdot j}, \quad i = 1, 2, \cdots, r, \quad j = 1, 2, \cdots, c$$

が帰無仮説となる．一方，同一性検定では母集団確率の組

	A_1	A_2	$\cdots$	A_c	
B_1	$p_1^{(1)}$	$p_2^{(1)}$	$\cdots$	$p_c^{(1)}$	1 (総計)
B_2	$p_1^{(2)}$	$p_2^{(2)}$	$\cdots$	$p_c^{(2)}$	1 (総計)
$\vdots$	$\vdots$	$\vdots$	$\vdots$	$\vdots$	$\vdots$
B_r	$p_1^{(r)}$	$p_2^{(r)}$	$\cdots$	$p_c^{(r)}$	1 (総計)

を持つ r 組の c 項分布に対し，性質 A の比率の同一性

$$p_j^{(1)} = p_j^{(2)} = \cdots = p_j^{(r)}, \quad j = 1, 2, \cdots, c$$

が帰無仮説となる．いずれの場合も，もし帰無仮説が正しければ，任意の i, j で推定度数 e_{ij} は

$$e_{ij} = n \times \frac{n_{i\cdot}}{n} \times \frac{n_{\cdot j}}{n}$$

で与えられる．分割表の検定に対する基本統計量は n_{ij} と e_{ij} の全体としての食い違いを測る量

$$T = \sum_{i,j} \frac{(n_{ij} - e_{ij})^2}{e_{ij}} \quad \text{(分割表の検定統計量)}$$

であり，帰無仮説のもとで自由度 $(r-1)(c-1)$ のカイ自乗分布に近似的に従う[11]ことから，T の値が「大きすぎる」とき，帰無仮説を棄却することになる．

例3　シリコン基板のデータ

欠陥を持つ 309 個のシリコン基板を，欠陥の種類で A, B, C, D に分類し，さらに工場の生産時間帯で 3 種類に分類した次の分割表がある．欠陥の種類と生産時間帯に関連があるかどうかを知りたい．自由度 6 のカイ自乗分布に関し，検定統計値 $T = 19.178$ は大きすぎる値であり (0.5%有意)，生産時間帯と欠陥のタイプの間には関連があるという結果になった．検定統計値を大きくしている項を点検することにより，理論値とのズレが，独立の場合よりも組合せ $(S_1, A), (S_2, D), (S_3, B)$ の数が少なすぎ，逆に組合せ $(S_2, B), (S_3, D)$ の数が多すぎることがわかる． □

---

[11] ただしあまり小さな n_{ij} がある (例えば $n_{ij} = 0$) と近似の程度が落ちるので注意がいる．

3.4 検　　定

	A	B	C	D	行計
S_1	15	21	45	13	94
S_2	26	31	34	5	96
S_3	33	17	49	20	119
列計	74	69	128	38	データ総数 309

●──── **R** なら (14)：3 × 4 分割表の独立性検定 ────●

```
> wafer <- matrix(c(15,21,45,13, 26,31,34,5, 33,17,49,20),
                  nrow=3, byrow=T) # 分割表を 3 × 4 行列として定義
> colnames(wafer) <- c("A","B","C","D") # 列名を定義
> rownames(wafer) <- c("S1","S2","S3")  # 行名を定義
> chisq.test(wafer)  # 分割表の検定を行う R の関数 chisq.test
        Pearson's Chi-squared test
data:  wafer
X-squared = 19.178, df = 6, p-value = 0.003873
> E <- chisq.test(wafer)$expected # 独立仮説下での理論度数
> N <- chisq.test(wafer)$observed # データ
> (N-E)^2/E                       # 検定統計量の各項を計算
           A            B            C           D
S1 2.5062952 4.490628e-06  0.943581141 0.1794114
S2 0.3940075 4.266150e+00  0.836326229 3.9234239
S3 0.7110778 3.448592e+00  0.001759411 1.9673427
> N-E                             # データと推定度数の差を計算
           A            B            C           D
S1 -7.511327  0.009708738  6.0614887  1.440129
S2  3.009709  9.563106796 -5.7669903 -6.805825
S3  4.501618 -9.572815534 -0.2944984  5.365696
```

3.4.8 検定と区間推定の関係

真のパラメータが θ であるという単純帰無仮説のもとでの棄却域 C に対しては，関係

$$\boldsymbol{P}_\theta\{\theta \in C^c\} \geq 1-\alpha \quad \text{(検定と信頼区間の関係)}$$

が成り立つ．つまり C の補集合 C^c が区間であれば，それが信頼水準 $\beta = 1-\alpha$ の信頼区間となることがわかる．特に両側対立仮説に対しては，C^c は有界区間

となる．このため，R では区間推定は，検定用の関数 t.test, prop.test などの副産物として計算されるので，専用の関数はない．

3.4.9　例4　NIST のセラミックデータ

磁器の強度を最大化する条件を調査するために行われた実験データ[12]を解析する．サイズ 480 個のデータから，実験室 1 と実験室 2 による，それぞれ 60 回の測定値 x と y を有意水準 5%で比較する．当然，対応はない．

───────── R なら (15)：NIST のセラミックデータ ─────────

```
> var.test(x, y) # 分散の同一性に対する F 検定 (両側帰無仮説)
F = 0.8714, num df = 59, denom df = 59, p-value = 0.5986
alt hypothesis: true ratio of variances is not equal to 1
95 percent confidence interval: 0.5204898 1.4587860
sample estimates: ratio of variances 0.8713686

 # 分散が同一とした両側 t 検定 (対立仮説：平均は異なる)
> t.test(x, y, var.equal=TRUE, laternative=''two.sided'')
t = -0.7695, df = 118, p-value = 0.4431
95 percent confidence interval: -34.30468  15.10538

 # 分散が同一とした片側 t 検定 (対立仮説：x データの平均が大)
> t.test(x, y, var.equal=TRUE, laternative=''larger'')
t = -0.7695, df = 118, p-value = 0.7784
95 percent confidence interval: -30.28252      Inf

 # 分散が同一とした片側 t 検定 (対立仮説：x データの平均が小)
> t.test(x, y, var.equal=TRUE, laternative=''less'')
t = -0.7695, df = 118, p-value = 0.2216
95 percent confidence interval:     -Inf 11.08322

 # 分散が異なるとした両側 Welch 検定 (対立仮説：平均は異なる)
> t.test(x, y, laternative=''two.sided'')
t = -0.7695, df = 117.445, p-value = 0.4432
95 percent confidence interval: -34.30589  15.10659
```

---

[12] ソース：NIST/SEMATECH e-Handbook of Statistical Methods, http://www.itl.nist.gov/div898/handbook/　(2003.5.14 現在)．

3.4 検　　定

```
 # 分散が異なるとした片側 Welch 検定（対立仮説：x データの平均が大）
> t.test(x, y, laternative=''greater'')
t = -0.7695, df = 117.445, p-value = 0.7784
95 percent confidence interval: -30.28330   Inf    # 上側 95%信頼区間

 # 分散が異なるとした片側 Welch 検定（対立仮説：x データの平均が小）
> t.test(x, y, laternative=''less'')
t = -0.7695, df = 117.445, p-value = 0.2216
95 percent confidence interval:  -Inf 11.08400   # 下側 95%信頼区間
```

3.5 コラム

3.5.1 メンデルの犯罪

メンデルはエンドウ豆を用いた実験で遺伝学の基本法則を確立した．以下にメンデルの実験の追試実験で得られた，エンドウ豆の (胚乳の) 色の交配実験における雑種第 2 代の分離比を紹介[13]しよう．`binom.test` を用いた帰無仮説 $p = 3/4$ に対する p 値を併記する．

実験者 (年代)	黄個体数	緑個体数	計	比	p 値
メンデル (1866)	6022	2001	8023	3.0095 : 1	0.9076
コレンス (1900)	1394	453	1847	3.0773 : 1	0.6480
チェルマク (1900)	3580	1190	4770	3.0084 : 1	0.9467
ハースト (1904)	1310	445	1755	2.9438 : 1	0.7408
ベーストン (1905)	11903	3903	15806	3.0497 : 1	0.3779
ロック (1905)	1438	514	1952	2.7977 : 1	0.1742
ダヒシャイヤ (1909)	109060	36186	145246	3.0139 : 1	0.4488
ウィンゲ (1924)	19195	6553	25748	2.9292 : 1	0.0950

メンデル自身の結果を含め p 値が大きい (つまり予想比 3：1 に非常に近い) こと，メンデル並に一致している場合ばかりではないこと，メンデル以上によく一致している場合があることにも注意しよう．

統計学者フィッシャーは，メンデルの実験結果が彼の理論の予想するところに近すぎるが故に，メンデルを批判した．ところが，さらにメンデルは彼が誤って予想した数値に近すぎるデータを報告しているという，到底看過できない事実がある．優劣のある対立遺伝子対 A, a を用いた交配実験で，雑種第 2 代は $AA : Aa : aa = 1 : 2 : 1$ になる．外見からは区別できない AA, Aa が確かに彼の理論通りに 1 : 2 の理論比率で存在することを実証するため，さらに雑種第 3 代を育てる実験が行われた．見掛け上優性形質を持つ $AA + Aa$ 組の個体 600 個を自己交配し，各個体から得られた 10 個の種を検査，もしその中に劣性形質を持つものが一つでもあればその親は Aa 型，さもなければ親は AA 型と判断された．その結果 201 : 399 という，これまたフィッシャーの眉をひそめさせかねない立派なデータが得られた．ところが，実はこの計算には落とし穴がある．各個体ごとに 10 個の

---

[13] 中沢信午著「メンデルの発見」，共立出版 (1978)．

種を調べたのであるから，たとえ親が Aa 型であっても $(3/4)^{10} = 0.0563\cdots$ の確率で劣性の子供が 10 個中に一つも現れない可能性[14]がある．結局このテストで劣性の子供が 10 個中一つもない確率はメンデルが信じたように $1/3 = 0.333\cdots$ ではなく，$1/3 + 2/3 \times (3/4)^{10} = 0.3708\cdots$ となる．したがって 600 個に対する理論的比率は $223:377$ となる！

3.5.2 偽薬効果と二重盲検法

　薬の効き目，もしくは副作用は，患者の症状の違い，個人差などに応じて大きく異なる．したがって最終的な判断には，検定をはじめとする統計処理が不可欠となる．しかしながら，薬効データを取るその前に，データの取り方そのものについて慎重な手順が必要となる．ある薬を患者に与えて「症状が改善した，だからこの薬は効く」と判断してよいだろうか．医学・薬学の歴史は，事情がそれほど簡単ではないことを教えている．もしかしたら，何もしなくても症状は改善していたのかもしれない．わざと効きそうな患者だけを選んで投与するなどの，企業・医療側の作為もあり得る．一層話をややこしくする以下のような現象が知られている．かつて結核は国民病であり，空気感染することもあり，その被害は現代のエイズを上回るものがあった．結核の症状は漸進的であり，一名「楽天病」との名があったほど，患者はそのうち治るものと楽観視することが多かったそうである．そうした患者に最新の特効薬と称して，何の効き目もあるはずのない錠剤である**偽薬** (プラセボ，placebo) を与えると，劇的に症状が改善することがあったそうである．こうした**偽薬効果** (プラセボ効果) と呼ばれる，暗示・期待による一時的治癒効果は，程度の差こそあれ多くの疾病で見られる．また，新薬の開発で莫大な利益を得られる製薬会社や，新治療法の開発を目指す医療関係者は，自分達に都合がよい結果を期待しがちである．

　こうした問題を防ぐ知恵として考え出された方法が**二重盲検法** (double blind method) である．患者グループを，本当の薬を与えるグループと，外見は全く同じだが薬効成分だけを欠く偽薬を与えるグループである**対照群** (control group) に，関係者の恣意が入らないように，無作為に分ける．患者には，自分がどちらのグループに入っているのか，一切知らせない (第 1 の目隠し)．医師・看護師などの病院関係者にも，個々の患者がどちらのグループに属するかを，最終段階まで知らせない (第 2 の目隠し)．これは，患者に対する治療行為が，薬効以外の点で

---

[14] サイコロを 10 回振って一度も 6 の目が出ないからといって，このサイコロには元々 6 の目がなかったとは結論できないのと同様である．

は全く同じになることを保証するためである．誰にどういう薬を与えるのかという情報はあらかじめ第三者が決めておき，臨床試験の最終段階まで全関係者に秘匿しておく．

3.5.3 新薬開発のステップ

新薬の開発から，市場での販売に至るまでには，多くのステップを必要とする．まず，様々な候補物質が合成・収集され，動物実験で見込みのありそうなものを絞る．さらに，臓器への残留度，危険性，必要量などの事前情報を集める．この後，厚生労働省に新薬としての臨床実験 (治験) の実施計画書が出され，人体実験が開始される．治験は次の 3 段階で構成される：

第 1 相試験	60〜70 人の健康な人を対象に薬の影響を見る．
第 2 相試験	200 人程度の患者に投与して，適切な投与量を決める．
第 3 相試験	二重盲検法で治療効果のデータを収集．患者数は普通 1000 人を超える．

治験の終了後，製薬会社はデータと，薬効が一定値以上あるかどうか，副作用は基準値以下かどうかなどを検定した解析結果を添え，厚生労働省に新薬としての承認を申請する．厚生労働省は治験データを審議の上，市販の許可・不許可を決定する．必要に応じ，治験の実施基準が守られたかどうかの査察が行われる．日本では，毎年 100 件程度の試薬開発の治験届けが出され，一つの治験が終了するまでに 10 年前後かかるのが普通である．治験の大半は，製薬会社が大学病院に依頼して行う．

1997 年に薬事法が改正され，臨床試験の際，医師から治験対象患者に，口頭でなく文章による同意 (インフォームド・コンセント) を求めることが義務付けられた．また，製薬会社は医師が申請通りの治療を行っているかどうかを監視する責任があることが明記された．この結果，これまでとかく曖昧なまま行われてきた治験が実施しにくくなり，国内病院での治験が減少する一方，海外で治験を行う例が増えつつある．日本はこれまで新薬の承認基準が甘く，とかく批判を浴びてきたが，先進国で新薬の承認審査を共通化 (医薬品規制ハーモナイゼーション) する国際合意がされたことが，法改正の背後にある．

例えば，1996 年度の日本の製薬会社全体の薬剤売上額は，ある推計によると約 6.5 兆円で，このうち医療用は約 5.5 兆円にのぼる．時代とともに，新薬開発の費用はうなぎ登りに高騰し，逆に画期的な新薬を開発した際の利益は莫大なものとなる．一方で，新薬の承認基準が今よりも低かった時代に商品化された薬の

中には，本当に効くのかどうか，医者も疑問に思いながら使われ続けているものも多いらしい．実際，厚生労働省が行っている薬効の再審査により，効き目なしと判定される薬[15)]が出ている．

一例をあげる．かつて「ピシバニール」，「クレスチン」という商品名で販売されたガンの治療薬は，一時医療用薬剤の売り上げのトップを占めたこともあるヒット商品であったが，厚生労働省の再審査でその主たる薬効(つまりガン治癒)について「効き目なし」と判断された．この薬はサルノコシカケと呼ばれる茸から抽出された物質が主成分で，昔からあるガンの民間治療薬をヒントとして開発されたものであった．益もない代わりに，副作用もなかっただけ安易に使われ続け，10年あまりのうちに1兆円余りが浪費されてしまったという，そら恐ろしい話がある．いい加減な薬効判定は，患者はもちろん，一国の経済にも害を及ぼすという好例である．

3.5.4 「赤毛のアン」は差別小説?

西欧人6800人を，瞳の色と髪の色で分類した次の3×4分割表データ

	淡褐色	褐色	黒色	赤褐色
青色	1768	807	189	47
灰緑色	946	1387	746	53
褐色	115	438	288	16

をもとに独立性検定を行うと，p値は2.2×10^{-16}以下となり圧倒的に有意，つまり目の色と髪の色の間には否定し難い関連がある．データを詳細に検討すると，赤褐色の髪色は目の色と関連がないこと，一方，他の髪色は目の色と強い関連があることが読み取れる(自分で解析してみよ)．

赤褐色の髪とはいわゆる「赤毛」のことである．解析結果から推察されるように，この髪色は特殊な遺伝形態を持つらしい．赤毛の持ち主は，また目につくそばかすの持ち主であることが多いようである．こうした人目につく特徴は，様々な髪色が混在する西洋でも古くから特殊視され，ルナールの「にんじん」，モンゴメリーの「赤毛のアン」，ホームズもの短編

[15)] 心臓機能の低下に対する特効薬として，かつて広く使われたカンフル剤(主成分は防虫剤として使われる樟脳)は「経済に対するカンフル注射が必要」などという，今でも頻繁に使われる慣用句を生むほど著名な薬であったが，その後の再審査で強心効果はないことが判明した．結局この薬は，激痛で一時的に患者の意識を回復するという，乱暴な薬であったらしい．

「赤毛連盟」，S. モームの短編「赤毛」，はては「風の又三郎」の赤毛の主人公，など文学にもたびたび取り上げられている．西洋では伝統的に赤毛[16]の持ち主は，性格的にも奇矯・狡猾・好色であるとの先入見を持って見られることが多かったようで，往年のハリウッド映画ではバンプ (妖婦) タイプの女性は赤毛もしくは褐色 (ブルーネット)，最後に幸せをつかむ楚々たる美女は金髪 (ブロンド) というステレオタイプの表現がまかり通っていた．逆にヒーローである男優はブルーネットが通り相場だった．モンゴメリーの赤毛の主人公もいかに好意的に描いてあっても，やはり赤毛即奇矯という図式を踏襲，それどころか増幅しているきらいがある．ところで，身体的特徴が性格的特徴と不可分であるというこのメッセージは，まぎれもなく"差別的"ではないのだろうか．赤毛の少女はこの本を抵抗なしに楽しめるのであろうか．アンが村人に受け入れられるに従い，人々は"アンの髪の色が以前ほど赤くなくなってきた"ことを認めるのである．ちなみにモンゴメリー自身は焦げ茶色の髪の持ち主で，この小説には自伝的要素はないようである．

3.5.5 疫学調査

疫学 (epidemiology) と呼ばれる医学の一分野がある．これは本来伝染病の発生源を調べ，その蔓延を食い止めるための方法・技術を指すが，現在では広く集団的疾病の発生因を解明することを目標としている．大学医学部の公衆衛生学教室や保健所の重要な仕事である．疫学では必ずしも真の原因 (因果関係) を知ることが重要ではない．しばしばそれは不可能か極めて困難である．しかし例えば集団発生した奇病の患者が全てある特定の水源の水を飲んでおり，その他の点では共通点がないとすれば，その水に原因があることを疑うことは合理的でもあるし，飲用を直ちに禁止することはそれ以上の患者の発生を防ぐために有益であろう．この際，水から真の原因物質を分離し，さらにそれが確かに問題の病気を引き起こすことが医学的に完璧に確認されるまで放置しておくわけにはいかない．サリドマイド児裁判，水俣病裁判また多くの薬害・公害病裁判で常に争点となったのは疫学的証拠を因果的証拠の代わりにできるかということであった．

---

[16] 高橋裕子著「世紀末の赤毛連盟」岩波書店 (1996)，は赤毛を主テーマに西洋美術・文学における髪の色の評価の変遷を論じている．赤毛は西洋でも少数派であり北方に特に多いらしい．スコットランド人の約 11%が赤毛である．旧約聖書のカイン，新訳聖書のユダに代表される裏切り者はおしなべて赤毛とされる．子供の 30%近くが金髪である西洋人でも大人になるとほとんど金髪でなくなるらしく，かのマリリン・モンローのトレードマークの金髪も脱色した人工金髪であったそうである．

3.5 コラム

　疫学的調査では医学的調査と並んで，関係者からの聞き取り調査が重要な材料となる．患者達の生活環境，親族関係，仕事内容などを詳しく調べ，何らかの共通点が見られないかを検討する．かくして疫学的調査はしばしば推理小説的様相[17]を帯びる．発病の有無またその程度には個人差が見られ，また事件発生後間をおいて行われる聞き取り調査は記憶の混乱による誤りや，意図的な虚偽の返答を含むことが稀ではない．したがってデータの統計的処理が必要となって来る．以下ではある寄宿舎で発生した食中毒集団発生の原因調査[18]を紹介する．

　3回の食事の摂取と発病の間の関係を表にまとめる：

	食べた人		食べなかった人		
	患者	健康者	患者	健康者	p値
朝食	82	61	3	6	0.2887
昼食	63	43	22	24	0.2516
夕食	79	45	6	22	1.136e-4

　p値から，食事の有無と中毒の発生との間に有意な関連が見られるのは夕食のみである．次に夕食の献立について調査した結果は次の表のようになる．p値から見た結論として，夕食に出た野菜サラダが食中毒菌に汚染されていた可能性が最も高く，ついでなすの和え煮と，さんまの塩焼も可能性が高いことになった．野菜サラダを食べなかった (はずの) 人にも患者がいることを注意せよ．

夕食メニュー	食べた人		食べなかった人		
	患者	健康者	患者	健康者	p値
こんにゃくのいり煮	61	40	24	27	0.1643
なすの和え煮	58	41	27	6	0.02753
いかの刺身	69	45	16	22	0.07311
さんまの塩焼	64	43	21	4	0.04116
野菜サラダ	69	40	16	27	0.006198

---

[17] バートン・ルーチェ著，山本俊一訳「推理する医学」西村書店 (1985).
[18] 大崎純著「公衆衛生における実践統計学」講談社 (1980).

3章の問題

- **1** ポアソン分布のパラメータ λ の最尤推定量が $\bar{x}$ になることを証明せよ.

- **2** 指数分布のパラメータ λ の最尤推定量が $1/\bar{x}$ になることを証明せよ.

- **3** 94 ページの NIST のセラミック強度データに対する検定結果を,どう解釈すべきか.データをダウンロードし,R を用いて,さらに 8 研究室の測定結果に差があるかどうか調べてみよ.

- **4** エンドウ豆実験のデータを R で解析してみよ.

- **5** 食中毒データを R を使って自分で解析してみよ.例えば次のようにする.

  ```
  > x <- matrix(c(61,40,24,27), ncol=2, byrow=TRUE)
  > chisq.test(x)
    Pearson's Chi-squared test with Yates' continuity correction
  data:  x
  X-squared = 1.9344, df = 1, p-value = 0.1643
  ```

第4章

単回帰モデル

　回帰分析は統計学の手法の中でも最も広く使われる強力な道具である．回帰分析は複数の変数間に存在する関数関係を推測する．具体的には目的変数と呼ばれる変数と，説明変数と呼ばれる変数を結びつける関係式をデータを用いて決定する．回帰分析の基本原理は，単純でありながら極めて強力な最小自乗法と呼ばれる考え方である．この章では説明変数が唯一つで，変数間の関係が線形という一番簡単な場合を扱う．説明変数が複数ある場合および関係式が非線形関数である場合の一般論は，それぞれ後の章で扱う．

　　4.1　回帰分析の基礎
　　4.2　線形単回帰
　　4.3　当てはめの良さの判断
　　4.4　独立正規誤差の仮定
　　4.5　予　　　測
　　4.6　例：光学的定量データの解析
　　4.7　コ ラ ム

4.1 回帰分析の基礎

回帰分析 (regression analysis) は，**目的変数** (criterion variable) と呼ばれる変数 y と，**説明変数** (explanatory variable) [1])と呼ばれる変数 x の間の関係をとらえる統計手法である．その基本モデルは

$$y = f(x) + \epsilon \quad \text{(回帰モデル式)}$$

であり，関数 f は変数 y, x 間の本来の関係を表し，ϵ は**誤差** (error) と呼ばれる量である．x の値を決めても y は必ずしも $f(x)$ に一致せず，食い違い $y - f(x)$ が誤差[2])である．同じ x の値で実験・観測を繰り返しても，その都度 y，つまり ϵ の値が食い違うことがある．したがって，誤差項をランダムな量と考える必要が起きる．式

$$y = f(x) \quad \text{(母回帰式)}$$

を**母回帰式** (population regression equation) と呼ぶ．

実際の観測モデルは，複数の説明変数値 $x_1, x_2, \cdots, x_n$ に対応する目的変数値 $y_1, y_2, \cdots, y_n$ が対で観測されているとすると，次のように表される：

回帰モデルのデータ観測式

$$y_1 = f(x_1) + \epsilon_1$$
$$y_2 = f(x_2) + \epsilon_2$$
$$\cdots\cdots\cdots\cdots\cdots$$
$$y_n = f(x_n) + \epsilon_n$$
---

[1]) 回帰分析が多分野で使われることを反映し，文献により様々な呼び方，訳があるので注意がいる．回帰分析に限らず，専門家も，結構適当な用語・訳を使っており，混乱を招く原因になっている．用語そのものよりも該当する定義に注目してほしい．説明変数は**独立変数** (independent variable) とも呼ばれる．目的変数は**従属変数** (dependent variable) とも呼ばれる．regressor, regressand とそれぞれ呼ばれることもある．

[2]) 慣例で誤差と呼ぶが，文字通りの実験・観測誤差とは限らない．平均からのランダムなズレを意味する．平均身長が 170cm の場合，身長 173cm との差 3cm は決して誤差ではない．

4.1 回帰分析の基礎

ここで $\{\epsilon_i\}$ は対応する誤差列である．観測式において，データ $\{(x_i, y_i)\}$ は既知であり，観測誤差 $\{\epsilon_i\}$ は未知である．関数型 f も未知であり，これを求めることが回帰分析の主な目標である．普通，話をより具体的にするために，関数はパラメータ θ を除いて概形がわかっている，$f = f_\theta$ とする．誤差についても，その確率分布に関するある程度の情報がわかっているとすることが多い．

観測式から関数 f_θ (つまり付随するパラメータ θ 値) を求める基本的な手法が**最小自乗法** (method of least squares) [3]であり，**誤差自乗和** (sum of squared errors) と呼ばれる未知パラメータ θ の関数

$$S(\theta) = \sum_{i=1}^{n}(y_i - f_\theta(x_i))^2 \quad (\text{誤差自乗和})$$

を最小にするパラメータ $\widehat{\theta}$ を真のパラメータの推定値 (**最小自乗推定量** (LSE, least squares estimator)) とする考え方である．もし θ が真のパラメータなら $S(\theta)$ は，実際，誤差の自乗和 $\sum_{i=1}^{n} \epsilon_i^2$ に一致する．最小自乗法により関数 $f_{\widehat{\theta}}$ を求めることを**当てはめ** (fitting) と呼ぶ．

説明変数が一つであるとき**単回帰モデル** (simple regression model)，説明変数が複数であるとき**重回帰モデル** (multiple regression model) と呼ぶ．さらに関数 $f_\theta(x)$ が θ の線形関数であるとき**線形回帰モデル** (linear regression model) と呼ぶ．それ以外を総称して**非線形回帰モデル** (nonlinear regression model) と呼ぶ．最小自乗推定量の善し悪しを議論するには，関数型と誤差分布について具体的な仮定をおく必要がある．

---

[3] square は「自乗，二乗，平方，2乗」と様々に訳される．本来「最小自乗法，最小二乗法」と書かれていたが，文部科学省が「2乗」で統一したため，「最小2乗法」という書き方が主流になってきたようである．それにともない読み方も「じじょう」から「にじょう」と変わってきている．同じ混乱は「自乗和，平方和」にも見られる．用語よりも定義そのものを確認する慎重さが必要となる．

4.2 線形単回帰

以下では，最も単純な回帰モデルである線形単回帰モデルを考える．関数は 1 変数の線形関数 (直線) であり，モデルは

$$y = \alpha x + \beta + \epsilon, \quad \boldsymbol{\theta} = (\alpha, \beta) \quad (線形回帰モデル)$$

となる．α は直線の傾き，β はその y 軸切片である．特に，もともと原点を通ることが期待される場合は $\beta = 0$ とする．データ観測式は

$$y_i = \alpha x_i + \beta + \epsilon_i, \quad i = 1, 2, \cdots, n$$

であり，**計画行列** (design matrix) X，パラメータベクトル $\boldsymbol{\theta}$，**誤差ベクトル** $\boldsymbol{\epsilon}$，**観測ベクトル** $\boldsymbol{y}$ をそれぞれ

$$X = \begin{bmatrix} x_1 & 1 \\ x_2 & 1 \\ \vdots & \vdots \\ x_n & 1 \end{bmatrix}, \quad \boldsymbol{\theta} = \begin{bmatrix} \alpha \\ \beta \end{bmatrix}, \quad \boldsymbol{\epsilon} = \begin{bmatrix} \epsilon_1 \\ \epsilon_2 \\ \vdots \\ \epsilon_n \end{bmatrix}, \quad \boldsymbol{y} = \begin{bmatrix} y_1 \\ y_2 \\ \vdots \\ y_n \end{bmatrix}$$

と定義すれば

$$\boldsymbol{y} = X\boldsymbol{\theta} + \boldsymbol{\epsilon}$$

と簡潔に表現される．

この行列表現を用いると，誤差の自乗和は

$$S(\boldsymbol{\theta}) = \sum_{i=1}^{n} (y_i - (\alpha x_i + \beta))^2 = (\boldsymbol{y} - X\boldsymbol{\theta})^T (\boldsymbol{y} - X\boldsymbol{\theta}) \quad (誤差自乗和)$$

と表される．したがって最小自乗推定量 $\widehat{\boldsymbol{\theta}} = (\widehat{\alpha}, \widehat{\beta})$ は次の**正規方程式** (normal equations) と呼ばれる連立方程式

線形単回帰モデルの正規方程式

$$\begin{cases} \dfrac{\partial S(\boldsymbol{\theta})}{\partial \alpha} = -2 \sum_{i=1}^{n} x_i (y_i - (\alpha x_i + \beta)) = 0 \\ \dfrac{\partial S(\boldsymbol{\theta})}{\partial \beta} = -2 \sum_{i=1}^{n} (y_i - (\alpha x_i + \beta)) = 0 \end{cases}$$

4.2 線形単回帰

の解になる．これを手際よく解くには，回帰モデル式をあらかじめ同値な式

$$y - \bar{y} = \alpha(x - \bar{x}) + (\beta - \bar{y} + \alpha\bar{x}) + \epsilon$$

と書き換え，$y_i - \bar{y}, x_i - \bar{x}$, そして $\beta - \bar{y} + \alpha\bar{x}$ を改めてそれぞれ y_i, x_i, そして β と仮に考える．すると $\bar{y} = \bar{x} = 0$ と考えてよいことになり，正規方程式は次の簡単な形になる：

$$\begin{cases} \dfrac{\partial S(\boldsymbol{\theta})}{\partial \alpha} = -\sum_{i=1}^{n} x_i y_i + \alpha \sum_{i=1}^{n} x_i^2 + n\beta = 0 \\ \dfrac{\partial S(\boldsymbol{\theta})}{\partial \beta} = -\sum_{i=1}^{n} (y_i - (\alpha x_i + \beta)) = n\beta = 0 \end{cases}$$

これより $\widehat{\beta} = 0$ そして $\widehat{\alpha} = \sum_{i=1}^{n} x_i y_i \Big/ \sum_{i=1}^{n} x_i^2$ であり，本来の α, β で表せば，結局次のようになる：

線形単回帰モデルの最小自乗推定量

$$\widehat{\alpha} = \frac{\sum_{i=1}^{n}(x_i - \bar{x})(y_i - \bar{y})}{\sum_{i=1}^{n}(x_i - \bar{x})^2} = \frac{S_{xy}}{S_x^2} = \frac{S_y}{S_x} C_{xy} \quad (\text{傾きの推定量})$$

$$\widehat{\beta} = \bar{y} - \widehat{\alpha}\bar{x} \quad\quad\quad\quad\quad\quad\quad\quad\quad\quad\quad (y\text{軸切片の推定量})$$

最小自乗推定値を用いた当てはめ直線

$$y = \widehat{\alpha}x + \widehat{\beta} \quad (\text{標本回帰直線})$$

を**標本回帰直線** (sample regression line) と呼ぶ．これは誤差自乗和を最小にするという意味で，データに最もよく当てはまる直線である．標本回帰直線の $x = x_i$ における値

$$\widehat{y_i} = \widehat{\alpha}x_i + \widehat{\beta} \quad (i = 1, 2, \cdots, n) \quad (\text{目的変数の推定値})$$

は誤差を取り除いた「真の目的変数の値」$\alpha x_i + \beta$ の推定値と考えられる．また，量

$$\widehat{\epsilon_i} = y_i - \widehat{y_i} \quad (i = 1, 2, \cdots, n) \quad (\text{残差})$$

は「真の誤差」ϵ_i の予測値[4]と考えられ，**残差** (residual) と呼ばれる．

---
[4] 「推定量・値」という用語は，主に非確率的な値を推定する際に使われる．一方，残差 $\widehat{\epsilon_i}$ は本来確率的な値 ϵ_i を推定するから特に「予測量・値」と呼ぶ．

4.3 当てはめの良さの判断

何らかの理論的根拠がある場合を除き，データへの直線の当てはめは，ともかくある直線を当てはめるならどれが一番よいかを示すだけである．そもそも直線でよかったのか，またはうまく当てはまったかどうかは別個に判断する必要がある．直線回帰の当てはめの善し悪しを判断する最も単純で，常に勧められる簡単な方法は，対データ $\{(x_i, y_i)\}$ の散布図に標本回帰直線を重ねて描いて見ることである．しばしば使われる，より客観的な尺度として**決定係数** (coefficient of determination) がある．

簡単な計算から次の平方和に関する恒等式が得られる:

$$\sum_{i=1}^{n}(y_i - \bar{y})^2 = \sum_{i=1}^{n}(\widehat{y_i} - \bar{y})^2 + \sum_{i=1}^{n}\widehat{\epsilon_i}^2 \tag{4.1}$$

この恒等式の左辺 S_0 は**平均からの平方和**，右辺の第 1 項 S_1 は**回帰による平方和**，第 2 項 S_2 は**回帰よりの平方和**と呼ばれる．S_0 と S_1 を n で割れば，それぞれ目的変数と，その予測値の標本分散になる．標本回帰式 $y_i = \widehat{\alpha}x_i + \widehat{\beta}$ を仮定すると，目的変数の見かけ上のバラツキ S_0 は式 $\widehat{\alpha}x_i + \widehat{\beta}$ によって合理的に説明できる[5]バラツキ S_1 と，それでも依然として説明しきれない残差のバラツキ S_2 に分解できることになる．回帰よりの平方和は，実は $S(\widehat{\theta})$ に一致する．目的変数の見かけ上のバラツキのうち，回帰式で合理的に説明できる部分が多ければ多いほど，当てはめがうまくいったということができる．そこで決定係数を

$$R^2 \equiv \frac{S_1}{S_0} = 1 - \frac{S_2}{S_0} \quad \text{(決定係数)}$$

と定義すれば，決定係数が 1 に近ければ近いほど当てはめが良好[6](直線関係で

---

[5] つまり，説明変数が $x_1, \cdots, x_n$ と変わるから，目的変数が $\widehat{\alpha}x_1 + \widehat{\beta}, \cdots, \widehat{\alpha}x_n + \widehat{\beta}$ 分だけ変わる．

[6] 決定係数は慣用で **R^2 値**と呼ばれる．しばしば 100 倍した％値で表す．一般的にいって，決定係数が 80％を超えれば，散布図を見ても確かにうまく直線が引けたと思えることが多い．もちろん，それはデータそのものが，最初からかなり直線状に並んでいるということの別の表現である．特に 100％ならば，常に $y_i = \widehat{y_i}$ であり，データは標本回帰直線の上に完全に乗っていることになる．決定係数が 70％未満では，直線回帰の善し悪しはかなり微妙になる．

4.3 当てはめの良さの判断

説明できる割合が大きい) と判断できる．関係 (4.1) より常に $0 \leq R^2 \leq 1$ に注意しよう．

回帰による平方和 S_1 は関係

$$S_1 = \sum_{i=1}^n (\widehat{y_i} - \bar{y})^2 = \widehat{\alpha}^2 S_x^2 = \left(\frac{S_{xy}}{S_x}\right)^2 \tag{4.2}$$

から求めることができる．式 (4.2) を考慮すると，結局

$$R^2 = \frac{S_1}{S_0} = \frac{S_{xy}^2}{S_x^2 S_y^2} = C_{xy}^2 \tag{4.3}$$

であり，決定係数は標本相関係数 C_{xy} の自乗にほかならないことがわかる．このことは，標本相関係数が対データ $\{(x_i, y_i)\}$ の直線的関係の目安とされることの，別の解釈を与えている．また

$$\widehat{\alpha} = \frac{S_{xy}}{S_x^2} = \frac{S_y}{S_x} C_{xy}$$

であるから，回帰直線の傾きの符号は，標本相関係数 C_{xy} のそれと一致することもわかる．

4.4 独立正規誤差の仮定

　回帰係数に関する詳しい議論をするには，誤差の確率分布について，何らかの仮定を設ける必要がある．普通，誤差の母集団平均 $\boldsymbol{E}\{\epsilon_i\}$ は一定値 0，母集団分散 $\sigma^2 = \mathrm{Var}\{\epsilon_i\}$ も一定値，そして誤差は互いに無相関，と仮定する．これは，各誤差が同一の条件で，互いに影響を受けずに発生するという仮定に相当する．このとき，線形回帰モデルを**ガウス・マルコフモデル** (Gauss-Markov model) と呼ぶことがある．母集団平均が一定値であるが $\neq 0$ ならば，回帰式を $y = \alpha x + (\beta + \mu) + (\epsilon_i - \mu)$ と書き換えて $\epsilon_i - \mu$ を改めて誤差と考えればよい．

　しばしば暗黙のうちに仮定される標準的仮定は，次の条件である：

> **線形単回帰モデルの誤差分布の標準的仮定**
> 誤差 $\{\epsilon_i\}$ は互いに独立で，同一の正規分布 $\mathrm{N}(0, \sigma^2)$ に従う．

　この条件が本当に成り立つかどうかは，決して自明でなく，個々のケースで慎重な吟味が必要になる．もし条件が成り立たなければ，以下の議論は参考か，せいぜい近似に留まる．データごとに検討すべき点は次のようになる：

- **誤差は正規分布に従うのか？**　文字通りの「観測誤差」や身長等，普通正規分布によく従うデータが多いのは事実であるが，世間で思われているほど多いわけではない．
- **誤差の平均・分散 μ, σ^2 は一定か？**　例えば，実験ごとに測定機器のずれが，変化していくことはよくある．子供と大人の身長では当然平均・分散は異なる．
- **誤差は互いに独立か？**　独立とは，各誤差の発生メカニズム間に「一切関係がない」ことを意味し，強い仮定である．例えば，一連の実験では，それまでの実験が引き続く実験に影響を及ぼさないように，毎回試験管をよく洗い，測定器具の調整をする必要がある．

　標準的仮定のもとで，$y_i = \alpha x_i + \beta + \epsilon$ は互いに独立で，平均が一般に異なる正規分布 $\mathrm{N}(\alpha x_i + \beta, \sigma^2)$ に従うことになる．以下では，標準的仮定のもとで，推定，検定を行う際に必要になる基本的事実をまとめる．

4.4 独立正規誤差の仮定

4.4.1 母集団分散・平均の推定量

簡単な計算から，母回帰係数と標本回帰係数の差 (推定誤差) は

$$\widehat{\beta} - \beta = \bar{\epsilon} - \frac{\bar{x}}{nS_x^2} \times \sum_{i=1}^{n}(x_i - \bar{x})\epsilon_i$$

$$\widehat{\alpha} - \alpha = \frac{1}{nS_x^2} \times \sum_{i=1}^{n}(x_i - \bar{x})\epsilon_i$$

となる．いずれも誤差 $\{\epsilon_i\}$ の線形結合であり，不偏性 $\boldsymbol{E}\{\widehat{\beta}\} = \beta, \boldsymbol{E}\{\widehat{\alpha}\} = \alpha$ がわかる．また，観測誤差が小さければ，当然推定誤差も小さくなるが，観測誤差がある程度大きくても，データ数の増加とともに，正負・大小打ち消しあって，推定誤差そのものは誤差そのものに比べて，相対的に小さくなる．

また

$$\widehat{\sigma}^2 \equiv \frac{1}{n-2}\sum \widehat{\epsilon_i}^2 \quad (\text{分散の不偏推定量})$$

は真の誤差分散 σ^2 の不偏推定値である．つまり $\boldsymbol{E}\{\widehat{\sigma}^2\} = \sigma^2$ となる．

4.4.2 傾き $\widehat{\alpha}$ の分布

標準的仮定のもとで，量

$$t_\alpha = (\widehat{\alpha} - \alpha)\frac{nS_x}{\widehat{\sigma}}$$

は自由度 $n-2$ の t 分布 t_{n-2} に従う．この事実を用いて，α の信頼区間と，帰無仮説「$\alpha = 0$」の検定を行うことができる．

p を信頼係数とする．γ を t_{n-2} 分布の上側 $100 \times ((1-p)/2)$%点とすると，確率 p で不等式 $|t_\alpha| \leq \gamma$ が[7]成り立つ．この不等式を書き換えれば，次の信頼係数 p の α の信頼区間が得られる：

$$\widehat{\alpha} \pm \gamma \times \frac{\widehat{\sigma}}{\sqrt{\sum_{i=1}^{n}(x_i - \bar{x})^2}} \quad (\alpha \text{ の信頼区間})$$

この区間が0を含まなければ「$\alpha = 0$」らしくない．つまり，帰無仮説「$\alpha = 0$」の有意水準 $1-p$ の検定が得られる：

---

[7] t 分布の密度関数は原点対称であることを注意．

$$\left|\frac{\widehat{\alpha}\sqrt{\sum_{i=1}^{n}(x_i-\bar{x})^2}}{\widehat{\sigma}}\right| \geq \gamma \quad (\text{帰無仮説 } \alpha=0 \text{ の棄却域})$$

回帰直線の傾き α が 0 であれば，説明変数が変化しても，そのせいで目的変数は変化しないことになる．つまり x を説明変数に用いることは，無意味という結論になる．逆に帰無仮説が棄却されても，それがそのまま直線への当てはめの良さを意味するわけではない．

4.4.3 y 軸切片 $\widehat{\beta}$ の分布

標準的仮定のもとで，量

$$t_\beta = (\widehat{\beta}-\beta) \Big/ \widehat{\sigma}\frac{\sqrt{\sum_{i=1}^{n}x_i^2}}{nS_x}$$

はやはり t 分布 t_{n-2} に従う．この事実を用いて，β の信頼区間と，帰無仮説「$\beta=0$」の検定を，上と同様に行うことができる．$\beta=0$ ならば回帰直線は原点を通り，目的変数と説明変数は，比例することになる．

4.5 予 測

いったん回帰直線が求まれば,任意の説明変数の値 x' における目的変数の値 y を **予測量** (predictor)

$$\widehat{y} = \widehat{\alpha} x' + \widehat{\beta} \quad (予測量)$$

で **予測** (prediction) することができる.これは,誤差を含んだ値 $y = \alpha x' + \beta + \epsilon$ を予測するものであるが,誤差そのものは予測不能であるため,結局 $\alpha x' + \beta$ を (不偏) 推定する量になっている.

回帰分析を行う理由が,変数間に存在する関係を求めることではなく,予測を行うためであることが多い.変数間に関数関係があるかどうか大いに疑わしくとも,回帰分析の結果,説明変数が目的変数を見かけ上うまく説明できていれば,予測値にはそれなりの意味がある.もちろん,これは推定した回帰関係が,予測したい説明変数の値 x' においても,依然として成り立っていることが大前提である.

予測値は推定された回帰係数を用いているから,それ自身ランダムな値で,必ず **予測誤差** (prediction error) を含む.その程度は,母集団分散

$$\mathrm{Var}(\widehat{y}) = \frac{\sigma^2}{n} + \frac{(x' - \bar{x})^2 \sigma^2}{n S_x^2} \quad (予測誤差分散)$$

で見積もられる.この分散値は $x' = \bar{x}$ で最小値 σ^2/n を取り,それから離れるほど大きくなる[8]ことを注意しよう.予測誤差以前の問題として,推定された回帰関係は,あくまでデータが取られた範囲で妥当性を持つもので,そこから大きく離れた範囲でも成り立つ保証はないことを銘記すべきである.例えば,データが取られた狭い範囲で,母回帰曲線を直線とみなすことが妥当であっても,より広い範囲では,直線からのずれが無視できなくなる.

予測値の標準偏差の推定値としては,予測誤差分散式中の σ をその推定値 $\widehat{\sigma}$ で置き換えた

---

[8] つまり,予測値に信頼がおけなくなる.これが「来年のことをいうと,鬼が笑う」という諺の統計学的解釈である.

$$\frac{\widehat{\sigma}^2}{n} + \frac{(x'-\bar{x})^2 \widehat{\sigma}^2}{nS_x^2} \quad \text{(予測値の誤差分散推定値)}$$

が用いられる．

また，真値 $\alpha x' + \beta$ の $100p\%$ 信頼区間は，t 分布 t_{n-2} の上側 $100((1-p)/2)\%$ 点 γ を用いて

$$\widehat{y} \pm \gamma \widehat{\sigma} \sqrt{1 + \frac{1}{n} + \frac{(x'-\bar{x})^2}{nS_x^2}} \quad \text{(予測値の信頼区間)}$$

となる．

4.6 例：光学的定量データの解析

この節ではホルムアルデヒドの光学的定量データ[9]を解析する．
R で単回帰を行う標準的手順は以下のようになる：

(1) データフレーム Formaldehyde[10]を読み込む．
(2) データの散布図 (図 4.1) を描く．
(3) 回帰を行い，結果をリスト fm に格納．
(4) さらに abline で回帰直線を散布図に上書き (図 4.1)．
(5) 回帰分析結果の要約を表示する．
(6) 四つの診断図をまとめて描くために作図パラメータを par 関数で変更 (一つの画面を 4 分割 mfrow=c(2,2) し，上下左右の間隔を指定 oma=c(0,0,1.1,0) すると同時に，現在の作図パラメータを変数 opar に退逃する)．
(7) 回帰分析の詳細を吟味する 4 種類の診断図 (図 4.2) を一度に描く．
(8) 作図パラメータを元に戻す．

― R なら (16)：ホルムアルデヒド定量データの単回帰 ―

```
> data(Formaldehyde)    # ホルムアルデヒドデータを読み込み
> Formaldehyde          # その内容 (データ数 6)
  carb optden           # 変数ラベル
1 0.1  0.086            # 2 変数, 6 データ
2 0.3  0.269
3 0.5  0.446
4 0.6  0.538
```

---

[9] 炭水化物中のホルムアルデヒド (フォルマリン) 量を，クロム酸と濃硫酸を加えた結果生ずる紫色を分光計で読みとり，定量する標準カーブを求めるために行われた実験による．R の組込みデータ Formaldehyde は二つの変数「炭水化物量 carb」と「光学密度 optden」からなる六つの観測値のデータフレームである．**データフレーム** (data frame) とは，複数の変数の組からなるデータを行列風に並べたもので，各変数には普通わかりやすい名前をつけておく (237 ページ参照)．

[10] このデータは R の base パッケージ中にある．他のライブラリー中のデータを利用するには，まずそのライブラリーを library 関数で読み込み，attach 関数で成分名で参照できるようにする．例えば library(mva); data(ability.cov); attach(ability.cov).

```
5  0.7  0.626
6  0.9  0.782
> plot(optden ~ carb, data=Formaldehyde) # 散布図を描く
> fm <- lm(optden ~ carb, data = Formaldehyde)
> abline(fm)              # 推定回帰直線を上書き
> summary(fm)             # 回帰結果要約出力
> opar <- par(mfrow = c(2, 2), oma = c(0, 0, 1.1, 0))
> plot(fm)                # 4 種類の回帰診断図を描く
> par(opar)
```

以下は回帰分析要約 summary(fm) の出力である：

```
Call:
lm(formula = optden ~ carb, data = Formaldehyde)
Residuals:
        1         2         3         4         5         6
-0.006714  0.001029  0.002771  0.007143  0.007514 -0.011743
Coefficients:
             Estimate  Std. Error  t value  Pr(>|t|)
(Intercept) 0.005086   0.007834    0.649    0.552
carb        0.876286   0.013535   64.744   3.41e-07 ***
---
Signif. codes:  0 '***' 0.001 '**' 0.01 '*' 0.05 '.' 0.1 ' ' 1
Residual standard error: 0.008649 on 4 degrees of freedom
Multiple R-Squared: 0.999,    Adjusted R-squared: 0.9988
F-statistic:  4192 on 1 and 4 DF,  p-value: 3.409e-07
```

回帰結果 fm の要約 summary(fm) は次のような意味を持つ：

(1) Call は lm 関数の呼び出し式の記録 (目的変数 optden, 説明変数 carb, 切片付きの線形回帰, データ Formaldehyde).

(2) Residual は各データに対する残差 $y_i - \widehat{y}_i$.

(3) Coefficients は回帰係数に関する情報. t,p 値から帰無仮説 $\alpha = 0$ からの有意な差が明白である. つまり, 図 4.1 から明らかであるが carb の変化は optden の変化を伴う. 一方, 帰無仮説 $\beta = 0$ からの有意な差はなく, 0 である可能性がある. これは carb がゼロなら optden もゼロとな

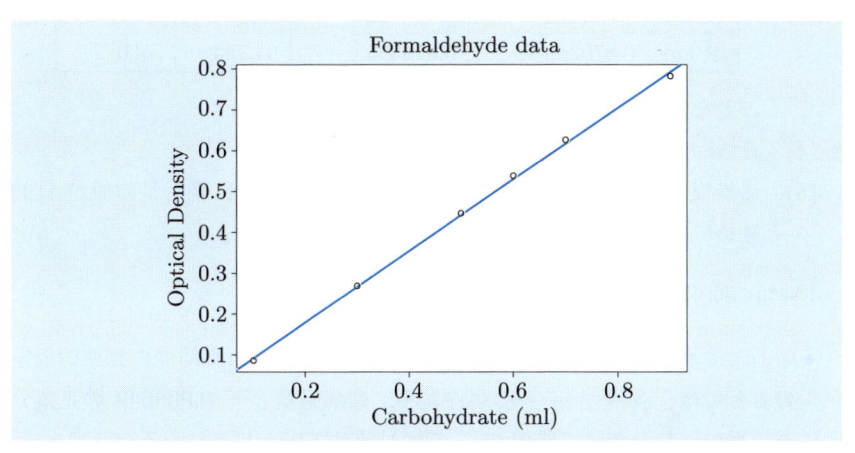

4.6 例：光学的定量データの解析　　　　　　　　　　　　**117**

図 4.1　ホルムアルデヒド定量データの散布図と回帰直線．

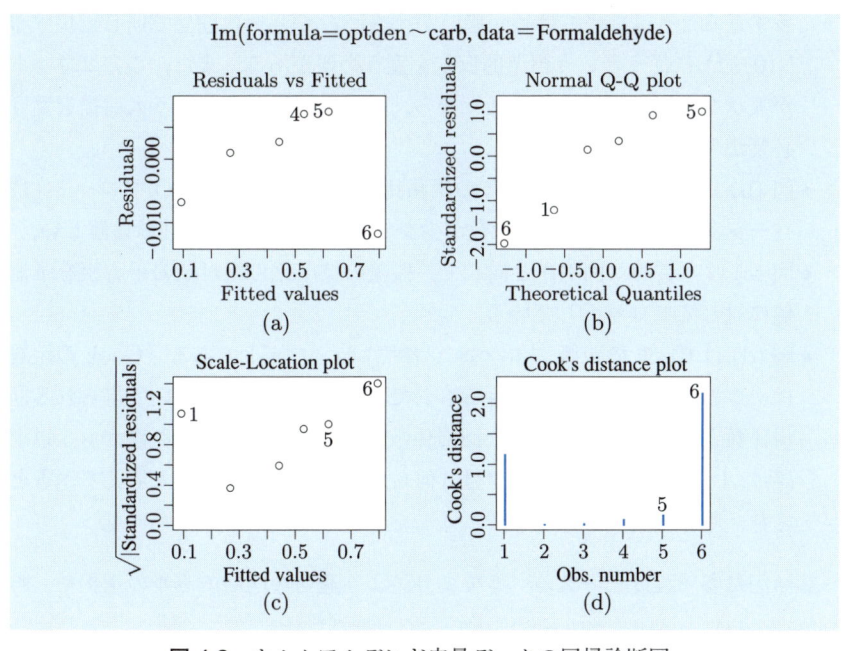

図 4.2　ホルムアルデヒド定量データの回帰診断図．

	最小自乗推定値	標準偏差推定値	対応 t 値	その p 値
切片 β	0.005086	0.007834	0.649	0.552
傾き α	0.876286	0.013535	64.744	3.41e-7

ることを意味し，むしろ期待通りといえる．

(4) $R^2 = 0.999$ であり当てはめは良好である．

(5) 帰無仮説 $\alpha = 0$ のもとで $F_{1,4}$ 分布に従うはずの F 統計量の値が 4192 と極めて大きく，有意な差があることが再び確認できる．

4 種類の回帰診断図 (図 4.2) の意味は次の通りである：

- 図 (a) は予測値対残差 $(\widehat{y_i}, y_i - \widehat{y_i})$ の散布図である．単回帰の標準的仮定のもとでは，各残差 $y_i - \widehat{y_i}$ は平均 0，標準偏差 $\widehat{\sigma} = 0.008649$ の正規分布に従い，したがって確率 95% で絶対値は $1.96\widehat{\sigma}$ 以下になるべきである．この範囲を越えているデータ番号が示されている．範囲を越えるデータが多すぎるときは，当てはめが悪いか，誤差 ϵ_i が互いに独立で同じ正規分布 $N(0, \sigma^2)$ に従うという標準的仮定を疑う必要がある．また，このプロットが弧状などの規則性を示すようなら，線形な回帰関数という大前提を疑う必要がある．
- 図 (b) は，標準化された残差の累積比率に対する正規 Q-Q プロット (17 ページ参照) である，データ数が少なすぎるので正規性の判断は難しい．
- 図 (c) は本質的に図 (b) と同じで，残差の標準化の絶対値の平方根を予測値に対してプロットしている．
- 図 (d) は Cook の距離 (143 ページ参照) のプロットである．Cook の距離は一つのデータの影響度を計るもので，一つのデータを除いて得られる回帰係数と，全データを用いた回帰係数の食い違いを計る．距離が 0.5 以上 (特に 1 以上) ならそのデータは「何らかの意味で特異」[11]と考えるべきとされ，吟味を要する．

診断図は参考程度と考えるべきであり，より適切な回帰モデルの選択や，吟

---

[11] この例ではデータ数が少ないため，両端の二つのデータを取り除くと，直線の当てはめが困難になることを意味し，データが異常という意味ではない．

4.6 例：光学的定量データの解析

味を要する一部データの存在を示唆する．このデータは単回帰の当てはまりはよいが，データ数が少なく，診断図から得られる情報は限られている．

次のRコードは区間 $[0.2, 0.8]$ を 0.05 刻みで分割した各点 x_0 での $\alpha x_0 + \beta$ の推定値 $\widehat{\alpha} x_0 + \widehat{\beta}$ (真ん中)，その 99%信頼区間 (の上下端)，そして値 $y = \alpha x_0 + \beta + \epsilon_0$ (ϵ_0 は点 x_0 で混入する誤差) の予測値の 99%信頼区間 (の上下端) をプロット (図 4.3) するものである．誤差が混入する分，予測値の信頼区間は推定値の予測区間より常に広くなる．例えば $x_0 = 0.25$ での 95%信頼区間がほしければ，次のようにする．

――――― ● **R なら (17)**：推定値・予測値の信頼区間 ● ―――――

```
> new <- data.frame(carb=0.25)
                # 推定値とその信頼区間の両端値
> predict(fm, new, interval="confidence", level=0.95)
          fit       lwr       upr
[1,] 0.2241571 0.2101387 0.2381756
                # 推定値と予測値の信頼区間の両端値
> predict(fm, new, interval="predict", level=0.95)
          fit       lwr       upr
[1,] 0.2241571 0.1963520 0.2519622
```

――――― ● **R なら (18)**：推定値・予測値の信頼区間のプロット ● ―――――

```
> data(Formaldehyde)
> attach(Formaldehyde) # データを変数名で参照するため
# 推定・予測地点を指定 (区間 [0.2, 0.8] を 0.05 刻み)
> new <- data.frame(carb = seq(0.2, 0.8, 0.05))
> d <- lm(optden ~ carb, data=Formaldehyde)
                # 99%予測区間 dp を計算
> dp <- predict(d, new, interval="prediction", level=0.99)
                # 99%信頼区間 dc を計算
> dc <- predict(d, new, interval="confidence", level=0.99)
        # 推定値, その信頼区間, 予測値の信頼区間を同時にプロット
> matplot(new$carb,cbind(dp, dc), lty=1, col=c("black","black",
         "black","black","blue","blue"), type="l")
```

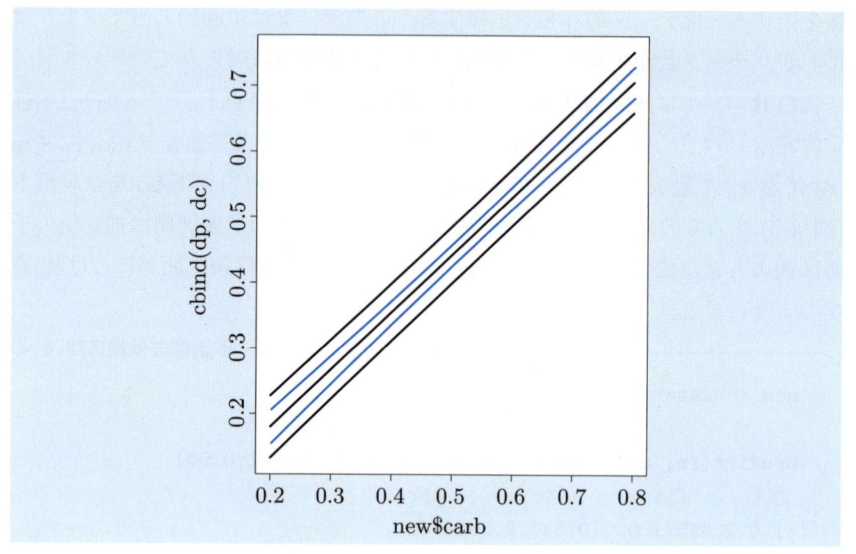

図 4.3 ホルムアルデヒド定量データの 99%信頼区間 (上より 2,4 番目の直線) と予測区間 (上より 1,5 番目，実際は直線でない)．真中は標本回帰直線．

4.7 コラム

4.7.1 相関関係と因果関係

民族学者によれば，昔のあるアフリカの小国の王様の重要な役目は，夜明け前に今日も太陽が登るように祈ることだったそうである．効果はあらたかであり，お祈りの後には必ず太陽が登った．回帰分析の結果を解釈する際には，この話が決して笑い話ではなくなる．目的変数 y に説明変数 x の 1 次式がうまく当てはまった場合[12]，我々は y と x の間には「因果関係」がある，つまり原因 x が結果 y を決定すると解釈したくなる．もともとそうした因果関係を期待して解析を行った場合はなおさらである．しかし回帰分析，そして相関係数は，二つの変数の間に数値的に密接な関連があるという「相関関係」を示唆するだけであることを忘れてはいけない．それが因果関係かどうかは，統計的結論ではなく解釈の問題となる．よくある例として，x, y が未知の共通の原因 z の二つの結果であり，したがって強い相関を持つ場合があげられる．統計学者 Yule は，時間とともに観測される時系列データ間に，しばしば無意味な高い相関が観測されることを注意し，1875 年から 1920 年に至る時期の大英帝国の年出生率と，アメリカの銑鉄の年生産高との相関係数は -0.98 であることを例にあげている．これは単に両者がともにその時期直線状だったという意味に過ぎない．

4.7.2 天文学者ガウス

大数学者 C.F. ガウス (1777–1855) は 1794 年に最小自乗法のアイデアを思いついたといわれる．ただし，公表はフランス人数学者ルジャンドルが先で，最小自乗法という名前も彼に負う．両者の間には，アイデアの先取権をめぐり抗争が起きた．ガウス自身は，これを誰でも気がつく程度のものと考えていたらしい．

1801 年の元旦に，イタリアの天文学者ピアツァが，火星と木星との間にかねてから存在が予想されていた小惑星の第 1 号を発見した．ピアツァは 2 月 11 日までの 42 日間，この天体セレスを観測したが，その後見失ってしまった．彼の観測記録を入手したガウスは膨大な計算を行い，失われた惑星の軌道を推測した．同じ年の大晦日に，彼の予想したまさにその位置でセレスが再発見され喝采を浴びた．天体力学の教えるところにより，セレスの軌道は太陽を一焦点とする空間中のある楕円になるはずで，いくつかの軌道の観測データがあれば決定可能である．

---

[12] こうした場合 x を y で説明しても同程度の当てはまりが得られることを注意しよう．

しかしながらピアツァのデータは，せいぜい角度で分程度の精度でしかなかった．他の何人かのライバルが挫折した中，ガウスは最小自乗法を武器に，低い観測精度を克服することに成功した．翌年第 2 の小惑星パラス (同じ年に発見された新元素はこれに因んでパラジウムと命名された) が発見された際も，ガウスは請われてその軌道の決定を行った．彼は終生ゲッチンゲン大学の付属天文台の所長を勤めた天文学者でもあった．

　ガウスは後年，政府の委嘱で，ドイツの最初の本格的土地測量を自ら陣頭指揮した．彼はドイツの伊能忠敬 (1745–1818) でもあった．彼は，測量誤差を相殺する秘術として最小自乗法を利用し，後に土木測量法に関する著書を著している．彼はまた，最小自乗法と観測誤差との関連についても，深い理論的考察を行い，正規分布に従う誤差という仮定の重要さを明らかにした．現在，正規分布がガウス分布と呼ばれるのは，これによる．ガウスの偉業を称え，ドイツの 10 マルク紙幣の表にはガウスの肖像，そしてガウス (正規) 分布のグラフとその定義式 $(2\pi\sigma^2)^{-1/2} \exp(-(x-\mu)^2/(2\sigma^2))$，そして裏面には彼が指揮した三角測量の地図と，測量器具がデザインされている．世界広しといえども，数式とそのグラフがデザインされている紙幣はこれだけであろう．ユーロ通貨導入に伴い，消え去るのは残念である．

図 4.4　ドイツの 10 マルク札．

4章の問題

- [ ] **1** 線形単回帰モデルに対する,傾きと切片の最小自乗推定量の公式を導け.

- [ ] **2** 原点を通ることを仮定した線形単回帰モデル $y = \alpha x + \epsilon$ に対する,傾きの最小自乗推定量は,

$$\widehat{\alpha} = \sum_{i=1}^{n} x_i y_i \bigg/ \sum_{i=1}^{n} x_i^2$$

であることを示せ.

- [ ] **3** 平方和に関する恒等式 (4.1) を証明せよ.

- [ ] **4** 回帰よりの平方和が,誤差平方和の最小値 $S(\widehat{\theta})$ に一致することを証明せよ.

- [ ] **5** (1) 関係式 (4.2) を証明せよ.
  (2) 関係式 (4.3) を証明せよ.

- [ ] **6** 身近なデータを用い,散布図と回帰直線を重ねて描いてみよ.また残差プロットを描いてみよ.

- [ ] **7** ともに時間に対して直線状である二つのデータは,高い相関を持つことを説明せよ.

第5章

重回帰分析

　回帰分析の理論は，複数の説明変数を考えることにより，飛躍的に応用範囲が広まる．しかしながら，そのためには行列理論の利用が最初から不可欠になる．必要とされる計算には，最初から信頼のできる統計計算プログラムの利用が欠かせない．この本では，実際の解析はRなどの統計解析システムを使うことを前提として書かれているため，重回帰分析について詳しく説明する．Rを使えば，必要な行列計算などは全て背後で自動的に行われるため，解析手順の詳細を使用者が知る必要はないことを強調しておきたい．必要なのは，何をしているのか，そして解析結果をいかに解釈するか，という点である．重回帰分析では多数考えられる説明変数から，不要な変数を取り除きできるだけ簡単な式を導く，変数選択と呼ばれる吟味が欠かせない．

> 5.1　線形重回帰モデル
> 5.2　正規線形重回帰モデル
> 5.3　AICによるモデル・変数選択
> 5.4　回帰診断
> 5.5　コ　ラ　ム

5.1 線形重回帰モデル

一つの目的変数 y に影響を与えそうな説明変数が複数,$x_1,\cdots,x_p$,ある場合には,母回帰式は $y=f(x_1,\cdots,x_p)$ の形になり,対応する回帰モデルは**重回帰モデル**と呼ばれる.特に f が線形関数の場合

$$y = \theta_1 x_1 + \theta_2 x_2 + \cdots + \theta_p x_p + \epsilon \quad \text{(線形重回帰モデル)}$$

が重要で,**線形重回帰モデル**と呼ばれる.実際のデータの構造は

---- **線形重回帰モデルのデータ観測式** ----

$$y_1 = \theta_1 x_{11} + \theta_2 x_{12} + \cdots + \theta_p x_{1p} + \epsilon_1$$
$$y_2 = \theta_1 x_{21} + \theta_2 x_{22} + \cdots + \theta_p x_{2p} + \epsilon_2$$
$$\cdots\cdots\cdots\cdots\cdots\cdots\cdots\cdots\cdots\cdots\cdots\cdots$$
$$y_n = \theta_1 x_{n1} + \theta_2 x_{n2} + \cdots + \theta_p x_{np} + \epsilon_n$$

となる.ここで $\{\epsilon_i\}$ は対応する誤差列である.$y_i, x_{i1}, x_{i2}, \cdots, x_{ip}$ は i 番目の観測における,目的変数と説明変数の組であり既知である.観測誤差 $\{\epsilon_i\}$ は未知である.母回帰係数 $\boldsymbol{\theta} = (\theta_1, \theta_2, \cdots, \theta_p)^T$ も未知であり,これを求めることが重回帰分析の主な目標である.形式的に $x_{11} = x_{21} = \cdots = x_{n1} = 1$ とおけば,θ_1 は定数項のパラメータになる.

このモデルは**計画行列** X,**パラメータベクトル** $\boldsymbol{\theta}$,をそれぞれ

$$X = \begin{bmatrix} x_{11} & x_{12} & \cdots & x_{1p} \\ x_{21} & x_{22} & \cdots & x_{2p} \\ \vdots & \vdots & \ddots & \vdots \\ x_{n1} & x_{n2} & \cdots & x_{np} \end{bmatrix}, \quad \boldsymbol{\theta} = \begin{bmatrix} \theta_1 \\ \theta_2 \\ \vdots \\ \theta_p \end{bmatrix}$$

と定義すれば,線形単回帰モデルの場合と全く同じ式

$$\boldsymbol{y} = X\boldsymbol{\theta} + \boldsymbol{\epsilon} \quad \text{(線形重回帰モデル式)}$$

で簡潔に表現される.ここで,**誤差ベクトル** $\boldsymbol{\epsilon}$,**観測ベクトル** $\boldsymbol{y}$ は線形単回帰モデルの場合の式 (4.2) と同じ意味を持つ.

母回帰係数 $\boldsymbol{\theta} = (\theta_1, \theta_2, \cdots, \theta_p)^T$ の推定は,最小自乗法の考え方から,誤差自乗和

5.1 線形重回帰モデル

$$S(\boldsymbol{\theta}) = \sum_{i=1}^{n}(y_i - \{\theta_1 x_{i1} + \cdots + \theta_p x_{ip}\})^2 = (\boldsymbol{y} - X\boldsymbol{\theta})^T(\boldsymbol{y} - X\boldsymbol{\theta})$$

を最小にする $\widehat{\boldsymbol{\theta}} = (\widehat{\theta}_1, \widehat{\theta}_2, \cdots, \widehat{\theta}_p)^T$ であり,正規方程式

$$\frac{\partial S(\boldsymbol{\theta})}{\partial \boldsymbol{\theta}} = \boldsymbol{0} = \begin{bmatrix} 0 \\ 0 \\ \vdots \\ 0 \end{bmatrix} \quad (\text{正規方程式})$$

の解[1]になる.

誤差の自乗和を展開すれば $\boldsymbol{y}^T\boldsymbol{y} - 2\boldsymbol{y}^T X\boldsymbol{\theta} + \boldsymbol{\theta}^T X^T X\boldsymbol{\theta}$ となり,正規方程式は整理すれば $X^T X\boldsymbol{\theta} = X^T \boldsymbol{y}$ となることがわかる.これを解けば最小自乗推定量[2]

$$\widehat{\boldsymbol{\theta}} = (X^T X)^{-1} X^T \boldsymbol{y} \quad (\text{最小自乗推定量})$$

が求まる.**ハット行列** (hat matrix) H を対称行列 $X(X^T X)^{-1} X^T$ と定義し,I を n 次元単位行列とすれば,次の関連公式が得られる:

$$\widehat{\boldsymbol{y}} = X\widehat{\boldsymbol{\theta}} = H\boldsymbol{y} \quad (\text{予測値ベクトル})$$
$$\widehat{\boldsymbol{\epsilon}} = \boldsymbol{y} - \widehat{\boldsymbol{y}} = (I - H)\boldsymbol{y} \quad (\text{残差ベクトル})$$
$$S(\widehat{\boldsymbol{\theta}}) = \widehat{\boldsymbol{\epsilon}}^T \widehat{\boldsymbol{\epsilon}} = \boldsymbol{y}^T (I - H)(I - H)\boldsymbol{y} = \boldsymbol{y}^T (I - H)\boldsymbol{y} \quad (\text{残差の自乗和})$$

---

[1] $\partial S(\boldsymbol{\theta})/\partial \boldsymbol{\theta}$ はグラディエント (偏微分関数) ベクトル $(\partial S(\boldsymbol{\theta})/\partial \theta_1, \cdots, \partial S(\boldsymbol{\theta})/\partial \theta_p)^T$ である.

[2] 条件の悪い場合 $X^T X$ は正則にならず,この公式は使えないが,解そのものは存在する.X の二つの列が同一になる場合,つまり同じ説明変数が複数存在する場合が例である.

5.2 正規線形重回帰モデル

以下では，誤差 $\{\epsilon_i\}$ が互いに独立で，同じ平均 0, 同じ分散 σ^2 を持つ正規分布 $N(0, \sigma^2)$ に従うという標準的仮定をおく．このとき，対数尤度は

$$L(\boldsymbol{\theta}, \sigma^2) = -\frac{1}{2\sigma^2}(\boldsymbol{y} - X\boldsymbol{\theta})^T(\boldsymbol{y} - X\boldsymbol{\theta}) - \frac{n}{2}\log(2\pi\sigma^2) \quad (\text{正規対数尤度})$$

であり，これを最大化するパラメータである最尤推定量は次のようになる：

$$\widehat{\boldsymbol{\theta}} = (X^T X)^{-1} X^T \boldsymbol{y}, \quad \widehat{\sigma}^2 = \frac{1}{n}\widehat{\boldsymbol{\epsilon}}^T \widehat{\boldsymbol{\epsilon}}. \quad (\text{最尤推定量})$$

標準的仮定のもとでは $\widehat{\boldsymbol{\theta}}$ は多変量正規分布 $N(\boldsymbol{\theta}, (X^T X)^{-1}\sigma^2)$ に従うことが導かれ，これよりいくつかの事実が導かれる．最小自乗推定量の母集団平均は $\boldsymbol{E}\{\widehat{\boldsymbol{\theta}}\} = \boldsymbol{\theta}$ であり，不偏推定量である．母集団共分散行列 $\text{Var}\{\widehat{\boldsymbol{\theta}}\}$ は $(X^T X)^{-1}$ の σ^2 倍となる．特に

$$\text{Var}\{\widehat{\theta}_i\} = (X^T X)^{-1}_{ii} \sigma^2$$

となる．残差の自乗和の母集団平均は

$$\boldsymbol{E}\{\widehat{\boldsymbol{\epsilon}}^T \widehat{\boldsymbol{\epsilon}}\} = (n-p)\sigma^2$$

であり，これより誤差分散の最尤推定量は不偏ではないことがわかり

$$\widehat{\sigma}^2 = \frac{1}{n-p}\widehat{\boldsymbol{\epsilon}}^T \widehat{\boldsymbol{\epsilon}} \quad (\text{誤差分散の不偏推定量})$$

が誤差分散 σ^2 の不偏推定量となり，普通これを σ^2 の推定値に用いる．

重回帰の理論の議論には行列の利用が不可欠であり，最小自乗推定量に関する一般的な議論が完成されている．しかしながら，R などの統計システムを使う限り，行列演算などの詳細は全てプログラムが引き受けてくれることに注意する．

5.3 AICによるモデル・変数選択

　回帰式を推定し，それを予測に用いる際，式が簡単になるにこしたことはない．一般には，想定されるモデルのタイプ (線形・非線形モデルなど)，およびそれに含まれる説明変数の組合せ (以下では両者を含めてモデルと呼ぶことにする) はいろいろ考えられる．最小自乗法は与えられたモデルタイプと説明変数群に対して，最適なパラメータを探す．モデルのタイプが見当はずれならば，無意味な結果になる可能性がある．同一のモデルタイプでも，無意味な変数を加えると，見かけ上当てはめがよくなることがある．ただし，これは当てはめに用いたデータに対してのみ成り立つことであり，他の同種データに推定回帰式を用いた場合 (予測) には，かえって悪い結果をもたらしかねない．また，**多重共線性** (multi-colinearity) と呼ばれる，説明変数同士に強い相関が存在する場合，一部の変数で他の変数を代表させることにより，十分良い当てはめを得ることができることもある．モデルの当てはまりを検討する際によく使われるのが決定係数 (R^2 値) であり，単回帰の場合と全く同じ式 (108 ページ参照) で定義される．しかしながら，決定係数は無意味な説明変数を増やしてもわずかにせよ増加するという，困った性質を持つ．そのため，説明変数の数 p で調整した**自由度調整済み決定係数**

$$R^2_{\mathrm{adj}} = 1 - \frac{S_2/(n-p+1)}{S_0/(n-1)} \quad \text{(自由度調整済み決定係数)}$$

を使うことが好ましい．R^2_{adj} の値が大きいモデルほど，データへの良い当てはまりを示すとされる．一般に $R^2_{\mathrm{adj}} \leq R^2$ となる．

　モデル選択の手法は，自由度調整済み決定係数以外にも様々なものが提案されているが，代表的なものの一つが **AIC 法** (AIC method) である．AIC 法は AIC (Akaike's Information Criterion, 赤池情報量規準) [3]と呼ばれる，データとモデルの当てはめの良さを測る統計量を用いる：

$$\begin{aligned} \mathrm{AIC} = &\ 2 \times (\text{モデルパラメータ数}) \\ &- 2\log(\text{尤度関数の最大値}) \quad \text{(AIC 統計量)} \end{aligned}$$

---

[3] AIC 法は赤池弘次氏による．統計学に対する日本の最大の貢献の一つである．

AIC 統計量の値が小さいほど良いモデルとされる．AIC 統計量は，簡単にいえば，尤度が大きいモデルほどよいという「**最尤原理**」(maximum likelihood principle) と，パラメータ数が少ない (つまり簡単な) モデルほどよいという「**ケチの原理**」(principle of parsimony) の間でバランスを取る．変数とモデルタイプの選択という，本来相異なる二つの問題を統一的に処理できる点で使いやすい．さらに，AIC 法は第 7 章で紹介する非線形回帰問題でも，全く同じように使えるという意味で汎用性がある．

独立正規誤差という標準的仮定の場合[4]は，

$$\mathrm{AIC} = 2(p+1) + n\log\hat{\sigma}^2 + n + n\log(2\pi)$$

となる．ここで，誤差分散の推定量は回帰分析で標準の推定量 $\hat{\epsilon}^T\hat{\epsilon}/(n-p)$ ではなく，最尤推定量 $\hat{\epsilon}^T\hat{\epsilon}/n$ を使うことを注意しよう．

可能な説明変数が p 個ある線形重回帰モデルにおいて，最適なモデル (説明変数の組合せ) を選択するには，一切使わない (つまり定数項のみ) 場合を含め，全部で 2^p 通りの組合せを比較することになるが，p が大きいときは莫大な数になる．一つの実際的な方法は，データの性質から必ず含めるべき変数以外の変数を，一つずつ増減しながら当てはめの良さを AIC 統計量で追跡して行き，あらかじめ回数を決めておいた繰り返しの中で一番良いものを選ぶことである．関数 step はこれを実行する R の関数である．結果として，必ずしも全ての可能性を調べるとは限らないことを注意する．

例1 swiss データの解析 (I)

example(step) で実行される例の一つを吟味してみる．これは 6 個の変数を持つ組込みデータセット swiss を解析している．このデータは 19 世紀末のフランス語圏スイス 47 地域の社会的指標で，各変数は，Fertility(出生率)，Examination (軍事テストで最高点を取った被徴兵者の割合)，Catholic (カトリック教徒の割合)，Infant.Mortality (1 歳未満の幼児死亡率)，Agricalture (農業従事者)，Education (被徴兵者の小学校以上の学歴) という名前が付けられている．出生率が他の変数にどう関係するかに興味がある．

---

[4] パラメータ数が p ではなく $p+1$ となっているのは，誤差分散パラメータ σ^2 を加えているからである．

5.3 AIC によるモデル・変数選択

簡単のために,最初に変数名を先頭 2 文字に置き換えて解析する.

「Fe ~ .」は母回帰式を指定する R の**モデル公式** (model formula) と呼ばれるものの例で,ここでは目的変数を Fe に取り,その他の 5 変数全てを説明変数と取った線形重回帰式を表す (Fe ~ Ag + Ex + Ed + Ca + In が正式の書き方).決定係数から見る限り,全体としての当てはめはこの種のデータとしては,結構高い.対応 p 値から,変数 Ex はゼロであってもおかしくない(なくてもよい)ことが示唆されている.

変数選択実行結果の最初の表は,出発点の 5 変数モデルから変数を一つ取り去ったモデルの AIC 値を計算している.変数 Ex を取り去った場合だけ,AIC 値が下るので,これが次のステップの出発モデルになる.最後の表は,この 4 変数モデルからさらに各変数を一つ取り去ったモデルの AIC 値を示している.いずれも AIC 値を上昇させているので,Ex を除く 4 変数が最適という結果になった.この例では,繰り返しは 1 回で終了し,変数を増加させるステップは現れなかった.結果は p 値からすでに予想された通りになった.step 関数の返り値は,最適当てはめモデルに関する情報を含んでおり,summary 関数で一覧できる.

──●R なら (19):変数選択関数 step の実行例 I●──

```
> data(swiss)   # データフレーム読み込み.変数名を短く変更
> colnames(swiss) <- c("Fe", "Ag", "Ex", "Ed", "Ca", "In")
# 目的変数を Fe とし,それ以外全てを説明変数に用いた線形重回帰
> lm1 <- lm(Fe ~ ., data = swiss)
> summary(lm1)             # その要約出力
Call:
lm(formula = Fe ~ ., data = swiss)
Residuals:                 # 残差の 5 数要約
     Min      1Q  Median      3Q     Max
-15.2743 -5.2617  0.5032  4.1198 15.3213
Coefficients:              # 係数の最小自乗推定値と対応 t 値など
             Estimate Std. Error t value Pr(>|t|)
(Intercept)  66.91518   10.70604   6.250 1.91e-07 ***
Ag           -0.17211    0.07030  -2.448  0.01873 *
Ex           -0.25801    0.25388  -1.016  0.31546
```

```
Ed              -0.87094    0.18303   -4.758  2.43e-05 ***
Ca               0.10412    0.03526    2.953  0.00519 **
In               1.07705    0.38172    2.822  0.00734 **
---
Signif. codes:  0 '***' 0.001 '**' 0.01 '*' 0.05 '.' 0.1 ' ' 1
Residual standard error: 7.165 on 41 degrees of freedom
Multiple R-Squared: 0.7067, Adjusted R-squared: 0.671
F-statistic: 19.76 on 5 and 41 DF,  p-value: 5.594e-10
> slm1 <- step(lm1)        # 変数選択実行
Start:  AIC= 190.69        # 初期値モデル (全変数) とその AIC 値
 Fe ~ Ag + Ex + Ed + Ca + In

        Df Sum of Sq    RSS    AIC
- Ex     1       53.0 2158.1  189.9
<none>                2105.0  190.7
- Ag     1      307.7 2412.8  195.1
- In     1      408.8 2513.8  197.0
- Ca     1      447.7 2552.8  197.8
- Ed     1     1162.6 3267.6  209.4
Step:  AIC= 189.86         # 最終選択モデル (4 変数) とその AIC 値
 Fe ~ Ag + Ed + Ca + In

        Df Sum of Sq    RSS    AIC
<none>                2158.1  189.9
- Ag     1      264.2 2422.2  193.3
- In     1      409.8 2567.9  196.0
- Ca     1      956.6 3114.6  205.1
- Ed     1     2250.0 4408.0  221.4

> summary(slm1)            # 最終選択モデルの要約
Call:           # 選択された回帰式
lm(formula = Fe ~ Ag + Ed + Ca + In, data = swiss)
Residuals:                 # 残差の 5 数要約
     Min      1Q  Median      3Q     Max
-14.6765 -6.0522  0.7514  3.1664 16.1422
Coefficients:              # 回帰係数の最小自乗推定値など
            Estimate Std. Error t value Pr(>|t|)
(Intercept) 62.10131    9.60489   6.466 8.49e-08 ***
Ag          -0.15462    0.06819  -2.267  0.02857 *
```

```
Ed           -0.98026     0.14814    -6.617   5.14e-08 ***
Ca            0.12467     0.02889     4.315   9.50e-05 ***
In            1.07844     0.38187     2.824   0.00722 **
---
Signif. codes:  0 '***' 0.001 '**' 0.01 '*' 0.05 '.' 0.1 ' ' 1
Residual standard error: 7.168 on 42 degrees of freedom
Multiple R-Squared: 0.6993,  Adjusted R-squared: 0.6707
F-statistic: 24.42 on 4 and 42 DF,  p-value: 1.717e-10
```

わずかな差であるが，決定係数は5変数モデルのほうがよいことを注意しよう．変数が多いことによる，当てはめの見かけの向上を示している．一方，パラメータ数が少ないものの，自由度調整済み決定係数は4変数モデルのほうがわずかによい．変数 Ex は単独では，出生率に影響を与えないことがわかったが，以下の解析が示すように，これは他の変数と組合せると，出生率に関連を持つことがわかる． □

例2 swiss データの解析 (II)

より複雑な例をあげる．二つの説明変数 x, y の積 z ($z_i = x_i y_i$) を新しい説明変数と考えて，**2次の交互作用項**と呼ぶ．これは x, y 単独では説明できず，二つの変数の値の組合せによってはじめて発現する効果と考えられる．R ではこれを Ed:Ca といった省略記号で表す．Ed:Ca と Ca:Ed は同じものである．以下の解析では swiss データを，2次の交互作用項まで含めた15個の説明変数から変数選択する．可能な全ての組合せは $2^{15} = 32768$ 通りにもなり，総当たりで最適な組合せを求めることは難しい．

関数 lm 中のモデル公式 Fe ~ .^2 はデータに含まれる Fe 以外の全ての変数と，その2次の交互作用項全てを説明変数に取ることを指示する (これは，「R なら (21)」(2/3) 中のモデル公式 Fe ~ (Ag + Ex + Ed + Ca + In)^2 と，さらには Fe ~ Ag+Ex+Ed+Ca+In+Ag:Ex+Ag:Ed+···+Ca:In と同じ意味になる)．例えば，t 値から，交互作用 Ag:In, Ex:Ed が無視できない可能性[5]が

---

[5] 対応するパラメータの推定値の符号を考慮すると，就農人口と乳児死亡率の高さ (低さ) が出生率を相乗効果的に上 (下) げる．軍隊試験成績と学歴の高さ (低さ) が出生率を相乗効果的に下 (上) げる．

見て取れる．交互作用項を考慮した分，決定係数およびその自由度調整値は相当上昇した．

● **R なら (20)：変数選択関数 step の実行例 II (1/3)** ●

```
> d1 <- lm(Fe ~ .^2, swiss)    # 2次交互作用モデルによる線形重回帰
> summary(d1)                  # 線形重回帰の要約
Call:
lm(formula = Fe ~ .^2, data = swiss)
Residuals:
    Min      1Q  Median      3Q     Max
-8.7639 -3.8868 -0.6802  3.1378 14.1008
Coefficients:                  # 回帰係数推定値と対応 p 値など
              Estimate Std. Error t value Pr(>|t|)
(Intercept) 253.976152  67.997212   3.735 0.000758 ***
Ag           -2.108672   0.701629  -3.005 0.005217 **
Ex           -5.580744   2.750103  -2.029 0.051090 .
Ed           -3.470890   2.683773  -1.293 0.205466
Ca           -0.176930   0.406530  -0.435 0.666418
In           -5.957482   3.089631  -1.928 0.063031 .
Ag:Ex         0.021373   0.013775   1.552 0.130915
Ag:Ed         0.019060   0.015229   1.252 0.220094
Ag:Ca         0.002626   0.002850   0.922 0.363870
Ag:In         0.063698   0.029808   2.137 0.040602 *
Ex:Ed         0.075174   0.036345   2.068 0.047035 *
Ex:Ca        -0.001533   0.010785  -0.142 0.887908
Ex:In         0.171015   0.129065   1.325 0.194846
Ed:Ca        -0.007132   0.010176  -0.701 0.488650
Ed:In         0.033586   0.124199   0.270 0.788632
Ca:In         0.009919   0.016170   0.613 0.544086
---
Signif. codes:  0 '***' 0.001 '**' 0.01 '*' 0.05 '.' 0.1 ' ' 1
Residual standard error: 6.474 on 31 degrees of freedom
Multiple R-Squared: 0.819,  Adjusted R-squared: 0.7314
F-statistic: 9.352 on 15 and 31 DF,  p-value: 1.077e-07
```

5.3 AIC によるモデル・変数選択

● **R なら (21)：変数選択関数 step の実行例 II (2/3)** ●

```
> d2 <- step(d1)          # 2 次の交互作用項を含めた変数選択実行
Start:  AIC= 188.01       # d1 が初期値モデル
 Fe ~ (Ag + Ex + Ed + Ca + In)^2 # 2 次交互作用モデル
         Df Sum of Sq    RSS     AIC
- Ex:Ca   1       0.85  1299.99  186.04
- Ed:In   1       3.06  1302.21  186.12
- Ca:In   1      15.77  1314.92  186.57
- Ed:Ca   1      20.58  1319.73  186.75
- Ag:Ca   1      35.59  1334.74  187.28
<none>                  1299.15  188.01
- Ag:Ed   1      65.64  1364.79  188.32
- Ex:In   1      73.58  1372.73  188.60
- Ag:Ex   1     100.89  1400.04  189.52
- Ex:Ed   1     179.29  1478.44  192.08
- Ag:In   1     191.37  1490.52  192.47
     ................   # 途中 3 ステップ分省略
Step:  AIC= 182.03        # 最終ステップ結果
 Fe ~ Ag + Ex + Ed + Ca + In +  # 選択されたモデル式
         Ag:Ex + Ag:Ed + Ag:In + Ex:Ed + Ex:In + Ed:Ca
         Df Sum of Sq    RSS     AIC
<none>                  1356.35  182.03
- Ag:Ed   1      74.98  1431.32  182.56
- Ag:Ex   1      99.70  1456.05  183.37
- Ex:Ed   1     174.62  1530.96  185.72
- Ed:Ca   1     216.63  1572.97  187.00
- Ag:In   1     271.06  1627.41  188.60
- Ex:In   1     272.91  1629.26  188.65
```

モデル d1 を初期値モデルとする step による変数選択は，4 ステップで終了し，計 5 種類の交互作用項を含むモデルが最適とされた．AIC 値は初期値モデルの 188.01 から 182.03 まで減少した．これはまた，2 次交互作用項を考えない場合の最適モデルの値 189.86 よりも低いが，AIC 統計量は説明変数の数 (つまりモデルパラメータの数) を増やせば，その 2 倍分必ず上昇するから，それを補って余りある最大尤度の上昇があったということを意味し，決して自明のことではないことを注意する．

● **R なら (22)：変数選択関数 step の実行例 II (3/3)** ●

```
> summary(d2)              # 最適モデルの要約を表示
Call:
lm(formula = Fe ~ Ag + Ex + Ed + Ca + In + Ag:Ex + Ag:Ed +
    Ag:In + Ex:Ed + Ex:In + Ed:Ca, data = swiss)
Residuals:
    Min      1Q  Median      3Q     Max
-9.6080 -3.6647 -0.5637  2.9216 13.7363
Coefficients:
             Estimate Std. Error  t value Pr(>|t|)
(Intercept) 225.910055  52.457566    4.307 0.000128 ***
Ag           -1.906654   0.562824   -3.388 0.001756 **
Ex           -5.120204   1.578305   -3.244 0.002593 **
Ed           -2.473498   1.202766   -2.057 0.047249 *
Ca            0.211157   0.054180    3.897 0.000420 ***
In           -5.269347   2.287270   -2.304 0.027292 *
Ag:Ex         0.014880   0.009277    1.604 0.117706
Ag:Ed         0.019081   0.013718    1.391 0.173013
Ag:In         0.063530   0.024021    2.645 0.012158 *
Ex:Ed         0.063891   0.030098    2.123 0.040925 *
Ex:In         0.172194   0.064887    2.654 0.011891 *
Ed:Ca        -0.012381   0.005237   -2.364 0.023741 *
---
Signif. codes:  0 '***' 0.001 '**' 0.01 '*' 0.05 '.' 0.1 ' ' 1
Residual standard error: 6.225 on 35 degrees of freedom
Multiple R-Squared: 0.811,   Adjusted R-squared: 0.7517
F-statistic: 13.66 on 11 and 35 DF,  p-value: 1.283e-09
```

　交互作用項を入れない場合は選ばれなかった変数 Ex が，今回は選ばれていることが目立つ．これは，Ex は交互作用項 Ag:Ex, Ex:In と適当に組合せることではじめて出生率に関連を持つようになる，と解釈すべきであろう．また，交互作用項 Ag:Ex, Ag:Ed は対応 p 値だけから個別に判断すると，ゼロである (つまり出生率と関連がない) 可能性があることになることを注意しよう．AIC 統計量は個々の説明変数だけに留まらない，全体的な効果をとらえている．

5.4 回帰診断

回帰モデル式の妥当性や，誤差に関する仮定の正当性のチェックは，重要であるとともに，一番困難な作業である．以下では，そうした診断用の道具を簡単に紹介する．

5.4.1 残差プロットと正規 Q-Q プロット

独立・同一正規誤差という標準的仮定の是非を確認する基礎が，残差のプロットと正規 Q-Q プロットである．回帰結果の plot 関数が既定で表示する 4 種類の回帰診断図 (図 4.2 参照) の (a) のグラフは残差プロット，(b) は正規 Q-Q プロットである．図 5.1 に，swiss データの交互作用なしモデル，2, 3 次交互作用モデルの残差プロットと Q-Q プロットを示す．交互作用なしモデルでは，残差が全体に大きめで，正規性も疑わしい．一方，交互作用モデルでは問題はないように見える．

● R なら (23)：回帰診断 (残差プロットと正規 Q-Q プロット) ●

```
> data(swiss)                     # 再び swiss データを使用
> d <- lm(Fertility ~ ., data=swiss)  # 交互作用項なしモデル
> plot.lm(d, which=1)             # 残差プロット
> abline(h=0)                     # 比較用に x 軸を重ね描き
> plot.lm(d, which=2)             # 正規 Q-Q プロット
            # 残差プロットを直接描く. resid(d2) は残差のベクトル
> plot(resid(d2))
> abline(h=0)        # 比較用に x 軸を重ね描き
> qqnorm(resid(d2))  # 残差の正規 Q-Q プロットを直接描く
> qqline(resid(d2))  # 比較用に予想正規分布に相当する直線を重ね描き
```

5.4.2 影響力の大きなデータのチェック ──梃子比

データの説明変数のパターンが，当てはめ回帰式に対する，ある特定の目的変数の値の影響 (influence) を強調することがある．H を回帰モデル式のハット行列とすると，残差ベクトルは $\hat{\epsilon} = (I - H)y$ と表される．各誤差が等分散性 $\text{Var}\{\epsilon\} = \sigma^2 I$ という仮定が正しければ，残差ベクトルの分散共分散行列は $\text{Var}\{(I - H)\hat{\epsilon}\} = (I - H)\sigma^2$ となる．特に誤差が互いに独立であっても，残

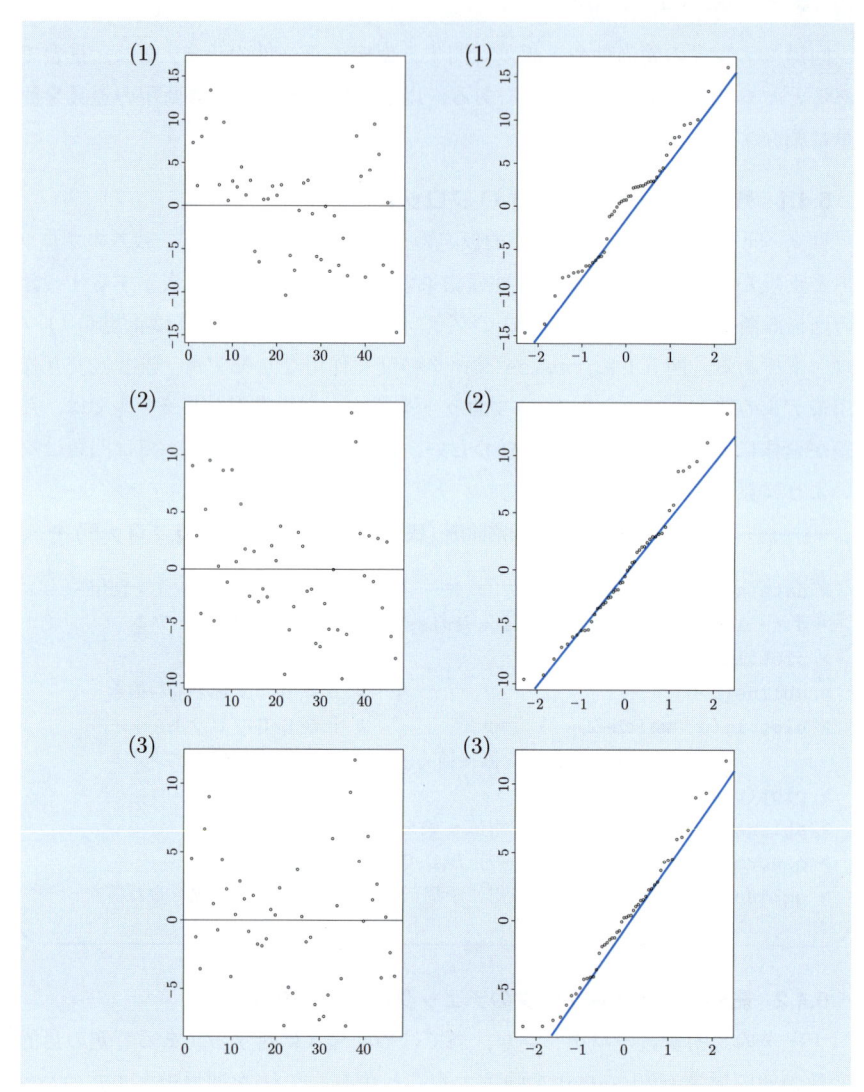

図 5.1 swiss データの回帰分析結果 (変数選択による最適モデル) の残差プロット (左) と Q-Q プロット (右). 上から, (1) 交互作用項なしモデル, (2) 2 次交互作用モデル, (3) 3 次交互作用モデル.

5.4 回帰診断

差は一般に互いに相関を持つようになる．行列 H の第 (i,i) 成分を h_i とおくと，個々の残差の推定値の分散は $\mathrm{Var}\{\hat{\epsilon}_i\} = (1-h_i)\sigma^2$ となる．これより，h_i が 1 に近ければ $\mathrm{Var}\{\hat{\epsilon}_i\}$ は本来の分散値 σ^2 よりも小さくなり，$\hat{y}_i \simeq y_i$ となることが予想される．値 $\{h_i\}$ を**梃子比**（てこひ，leverage）と呼ぶ．つまり，予測式は他のデータよりも，i 番目のデータにより「近付く」ようになる．このことは $H = [h_{ij}]$ とすれば関係 (127 ページの予測値ベクトル公式)

$$\hat{y}_i = h_i y_i + \sum_{j \neq i} h_{ij} y_j$$

が成り立つことから，梃子比 h_i が大きなデータ番号 i に対しては，説明変数 y_i の値がその分増幅されて予測値 $\hat{y}_i$ に反映する (梃子比の名前のいわれ) ことからも了解される．さらに h_i は，x_i のその中心 $\bar{x}$ からのある種の距離に関係しており，極端な x_i の値は対応する梃子比を大きくする傾向がある．

一般的性質として，全ての i で

$$h_i \leq 1, \quad \sum_i h_i = p$$

(ここで p は説明変数の数で，もし定数項があれば，それを含めた数である)，$h_i \geq 1/n$ が成り立つので，h_i の「平均的な値」は $(p+1)/n$ と見積もることができ，例えば $2(p+1)/n$ より大きな h_i は「特異」と判断できる．実践的見地からは，$0.2 < h_i \leq 0.5$ ならば「対応データは危険」，そして $0.5 < h_i$ ならば「対応データは解析からは除外」することが提案されている．ただし，梃子比が大きいことだけをもって，対応する y_i が外れ値であると判断することは困難である．間違いなくいえることは，梃子比が大きめで，したがって予測誤差の分散が小さいはずなのに，実際の残差 $y_i - \hat{y}_i$ が他に比べて大きめならば，そのデータ y_i は「挙動不審」ということである．

例えば，R の基本パッケージの組込みデータである「Anscombe の四つ組データ」は，全く同じ線形回帰式を与える，全く雰囲気の異なる 4 種類の教訓用 (人工) データであるが，次の図 5.2 の左下 (第 3 データ) から，明らかに第 3 データは外れ値と判断すべきであるが，その梃子比は 0.236 であり，一方，同じかそれ以上の比を持つ第 6, 8, 11 番目のデータ (梃子比はそれぞれ 0.318, 0.318, 0.236) は問題があるとは見えない．また同じ図の左下の第 4 データでは，梃子比は第 8 データを除き全て 0.1 であるが，第 8 データの梃子比は可能な最大値 1

を持つ．実際第 8 データ (一番左端のデータ) に当てはめ式が振り回される (影響が大) ことは，図から明らかであろう．ただし，だからといって必ずしも第 8 データが外れ値であると即断できない．ちなみに，Anscombe の第 1, 2, 3 データは説明変数が全く同じであり，したがって全く同じ梃子比を持つことを注意しておこう．

R で梃子値を吟味するコードは，例えば以下のようになる．この例では，梃子比が大きめのデータは 2 つであった．

●**R なら (24)：回帰診断 (梃子比の吟味)**●

```
> data(swiss)                         # 再び swiss データを使用
> d1 <- lm(Fertility ~ ., data=swiss) # 交互作用項無しのモデル
> d2 <- step(d1)                      # 変数選択
> X <- model.matrix(d2)               # モデルの計画行列
> lev <- hat(X)          # 梃子比ベクトル (ハット行列の対角成分)
> cx <- 2*sum(lev)/dim(swiss)[1]      # 警戒水準値 2*5/47 を計算
> cx
[1] 0.2127660
> names(lev) <- rownames(swiss)       # 梃子比に地域名を対応させる
> lev[lev > cx]                       # 要注意データを表示
   La Vallee V. De Geneve             # その地域名
    0.3181944      0.4554370          # その梃子比
> plot(lev)                           # 梃子比ベクトルのプロット
> abline(h=cx)                        # 警戒水準線を重ね描き
```

5.4.3 残差のバラツキの一様性のチェック——スチューデント化残差

スチューデント化残差 (studentized residual) とは次式で定義される量である：

$$r_i = \frac{\widehat{\epsilon}_i}{\widehat{\sigma}\sqrt{1-h_i}} \quad (\text{スチューデント化残差})$$

標準的仮定のもとでは $\mathrm{Var}\{r_i\} = 1$ となる．したがって，スチューデント化残差は母集団分散が全て 1 の量になるはずなので，残差そのものを見るより異常を発見しやすい．スチューデント化残差のプロットに，絶対値が 2 より大きな値が多かったり，一定の増加傾向等のパターンが見られれば，誤差の分散が一定

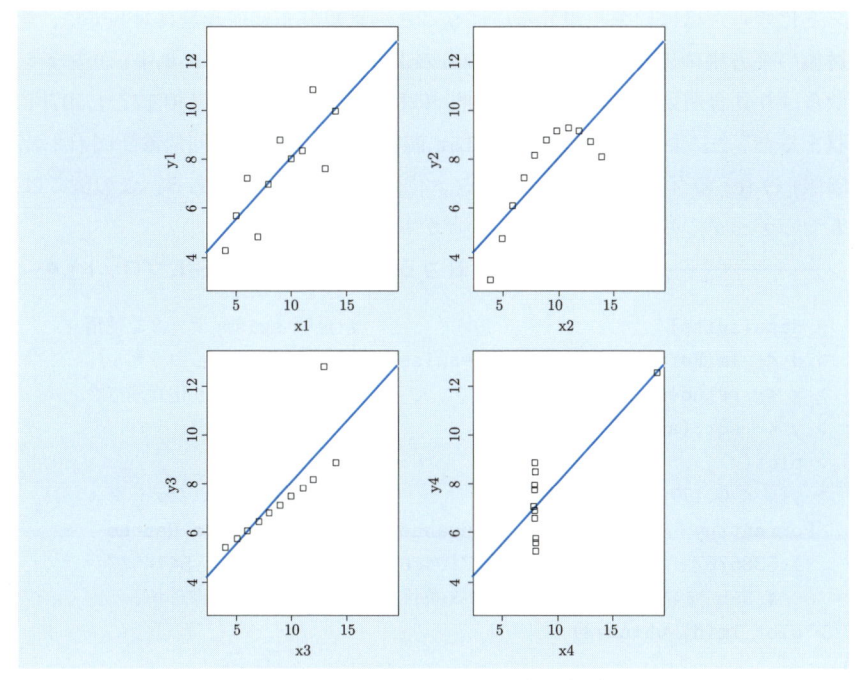

5.4 回帰診断

図 5.2 Anscombe の四つ組データの回帰分析結果のプロット

という仮定が疑わしくなる．スチューデント化残差のプロットを描く R コードは以下のようになる．この例では $|r_i| > 2$ となるデータの割合は $3/47 = 0.064$ であり，多すぎるわけではない．

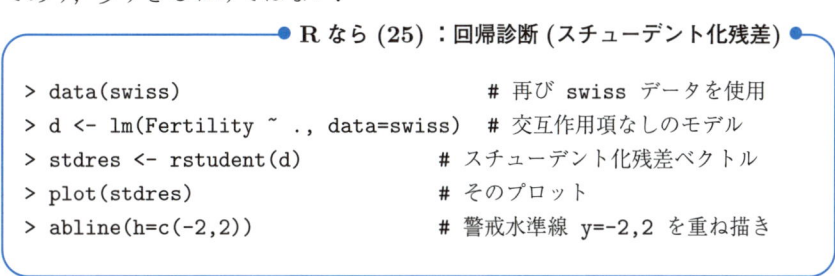

───────────── ● **R なら (25)：回帰診断 (スチューデント化残差)** ● ─────────────

```
> data(swiss)                        # 再び swiss データを使用
> d <- lm(Fertility ~ ., data=swiss)  # 交互作用項なしのモデル
> stdres <- rstudent(d)              # スチューデント化残差ベクトル
> plot(stdres)                       # そのプロット
> abline(h=c(-2,2))                  # 警戒水準線 y=-2,2 を重ね描き
```

5.4.4 残差のバラツキの一様性のチェック ── S-L プロット

S-L プロット (Scale-Location plot) はスチューデント化残差の絶対値の平方根のプロットである．平方根を取る理由は，標準的仮定のもとではスチューデ

ント化残差がほぼ標準正規分布に従うこと，正規分布に従う量に対しては，絶対値の平方根のほうが，絶対値そのものより歪み (原点近くに集中) が少なく，散らばり具合が見やすい (図 5.3 参照，ほぼ 95% の確率で区間 $[0.177, 1.497]$ に収まる) ことによる．回帰結果の plot 関数による 4 種類の回帰診断図 (図 4.2 参照) の (c) のグラフはスチューデント化残差のプロットである．この例では，五つのデータの残差が普通でないことがわかる．

● R なら (26)：回帰診断 (S-L プロット) ●

```
> data(swiss)                          # 再び swiss データを使用
> d <- lm(Fertility ~ ., data=swiss)   # 交互作用項なしのモデル
> x <- rstudent(d)                     # スチューデント化残差ベクトル
> y <- sqrt(abs(x))                    # 絶対値の平方根
> plot(y)                              # S-L プロット
> y[y < 0.177 | y > 1.497]             # 通常範囲を外れたデータ
  Porrentruy    Grandson    Lausanne    Sierre Rive Gauche
   1.5385767   0.1229343   0.1710486   1.5637221   1.5474077
    # S-L プロットは plot.lm の 3 番目の図としてただちに得られる
> plot.lm(d, which=3)
```

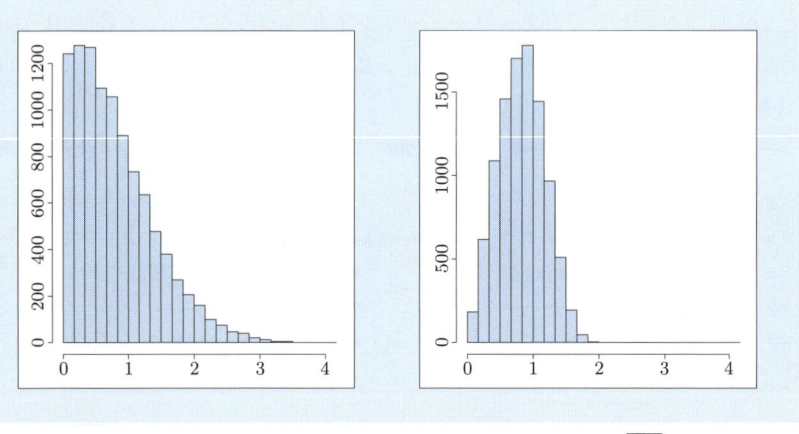

図 5.3 標準正規に従う乱数 x_i の絶対値 $|x_i|$ (左) とその平方根 $\sqrt{|x_i|}$ (右) のヒストグラム．右のほうが歪みが少ないことに注意．

5.4.5 個々のデータの影響度のチェック ——Cook の距離

一つのデータが，推定された回帰モデルパラメータに大きく影響を与えることがある．i 番目のデータを除いて回帰分析を行い，得られた推定回帰係数を $\widehat{\boldsymbol{\theta}}_{(i)}$ とすると，全データを用いた推定パラメータ $\widehat{\boldsymbol{\theta}}$ との食い違いが i 番目のデータの回帰推定への「影響」を表すと考えられる．**Cook の距離** (Cook's distance) を

$$\begin{aligned}
D_i &= \frac{(\widehat{\boldsymbol{\theta}} - \widehat{\boldsymbol{\theta}}_{(i)})^T (X^T X)(\widehat{\boldsymbol{\theta}} - \widehat{\boldsymbol{\theta}}_{(i)})}{p\widehat{\sigma}^2} \\
&= \frac{(\widehat{\boldsymbol{y}} - \widehat{\boldsymbol{y}}_{(i)})^T (\widehat{\boldsymbol{y}} - \widehat{\boldsymbol{y}}_{(i)})}{p\widehat{\sigma}^2} \\
&= \frac{1}{p} r_i^2 \frac{h_i}{1-h_i} \quad \text{(Cook の距離)}
\end{aligned}$$

と定義する．ここで $\widehat{\boldsymbol{y}}_{(i)} = X^T \widehat{\boldsymbol{\theta}}_{(i)}$ はパラメータ $\widehat{\boldsymbol{\theta}}_{(i)}$ を用いたデータの予測値である．Cook の距離が 0.5 を越えるとそのデータは「影響力が大きめ」とされ，1 を越えるなら「特異に大きな影響力」を持つとされる．ただし，図 4.2 の例のように，影響力が大きいことはただちにそのデータが異常ということを意味するものではない．回帰結果の `plot` 関数が既定で表示する 4 種類の回帰診断図 4.2(d) のグラフは Cook の距離のプロットである．以下の R コードは Cook の距離をプロットする．この例では，影響力が特に大きなデータはない．

──────● R なら (27)：回帰診断 (Cook の距離のプロット) ●──────

```
> data(swiss)                        # 再び swiss データを使用
> d <- lm(Fertility ~ ., data=swiss) # 交互作用項なしのモデル
> cook <- cooks.distance(d)          # Cook の距離のベクトル
> cook[cook > 0.5]                   # 大きすぎるデータはない
named numeric(0)
> plot(cook)                         # Cook の距離のプロット
 # Cook の距離のプロットは plot.lm の 4 番目の図としてただちに得られる
> plot.lm(d, which=4)
```

5.5 コラム

5.5.1 基礎物理定数の決定法

それまでの最も精度の高い測定値を基に，国際度量衡局[6]から 1986 年に公表された基礎物理定数値[7]は，前回 1973 年の公表値に比べ不確かさが 1 桁以上減少する一方，値それ自身は不確かさよりも 1 桁以上大きく変わった．その原因は

(1) 光の速さ c の測定が高精度になり測定値から定数 (精度 10^{-8} 以内) に格上げされた，

(2) 基礎定数の一層精密な測定が行われ，しかもそれが前回用いた値と食い違った，

(3) 量子ホール効果の発見と，それを用いた測定法の登場，

(4) 従来，ボルトは標準電池の起電力で定義されてきたが，ジョゼフソン効果を用いた測定により，標準電池の起電力が一定の割合で経年変化することがわかってきた，

ことによる．物理定数の測定値はその精度が統計的に 1 標準偏差 (1σ，実際は標本標準偏差による推定値) で与えられている A 形と，それ以外の方法で与えられている B 形に分けられ，B 形のデータは A 形に換算できるもの以外は重視されず対象から外される (つまりバラツキがわからないような実験データは，科学的に無意味)．次に σ の逆数を重みとして重み付き平均を取る (精度が高いデータほど重視する)．特に，二つの測定値が互いに大きいほうの σ の 4 倍以上離れている場合は，報告を再調査の上，精度の悪いほうの測定値は捨てられた．

様々な物理定数から，互いに独立な 5 個の定数が未知パラメータ x_1, x_2, x_3, x_4, x_5 として選ばれた．次に測定精度が 10^{-7} 台の物理定数 12 個 $y_1, \cdots, y_{12}$ をこのパラメータと説明変数 (測定精度が 10^{-8} 以上の物理定数) $c_1, \cdots, c_9$ の組合せで表現し目的変数とした (これらの定数の具体的意味は省略する，必ずしもおなじみのものとは限らない)．その関係式 (つまり母回帰式) は

---

[6] BIPM(Bureau International des Pois et Mesures). パリに本部を置く国際機関で，度量衡の総元締め．国際キログラム原器などを保管している．主な任務は，各種計測単位の国際標準系 (SI) の管理，決定．

[7] 森村正直著「基礎物理定数が変わった」,『数学セミナー』 (87 年 10 月号).

$$y_1 = c_1 x_1, \qquad y_2 = c_2 x_2/x_1, \qquad y_3 = c_3 x_2,$$
$$y_4 = c_4 x_3^2 x_1/x_2^2, \qquad y_5 = c_5 x_3^2/x_1, \qquad y_6 = c_6 x_3^2 x_2/x_1^2,$$
$$y_7 = x_4, \qquad y_8 = c_7 x_3 x_4/x_2^2, \qquad y_9 = c_8/(x_1 x_3),$$
$$y_{10} = x_3, \qquad y_{11} = x_5, \qquad y_{12} = c_9 x_3^2 x_5.$$

$y_1, \cdots, y_{12}$ に対する 38 個の測定値がデータとして用いられた．さらに x_i を 10^{-5} 程度以上の精度を持つ蓋然値 x_{0i} と偏差 θ_i の和で表し，偏差が蓋然値に比べ小さいことを利用し，上の非線形方程式を推定すべきパラメータ $\theta_1, \cdots, \theta_5$ の線形方程式で近似した．例えば

$$\begin{aligned}
y_2 &= \frac{c_2 x_2}{x_1} \\
&= \frac{c_2(x_{02} + \theta_2)}{x_{01} + \theta_1} \\
&= \frac{c_2 x_{02}}{x_{01}} \times \frac{1 + \theta_2/x_{02}}{1 + \theta_1/x_{01}} \\
&\approx \frac{c_2 x_{02}}{x_{01}} \times (1 + \theta_2/x_{02})(1 - \theta_1/x_{01}) \\
&\approx \frac{c_2 x_{02}}{x_{01}} \times (1 - \theta_1/x_{01} + \theta_2/x_{02}).
\end{aligned}$$

次に，各データの分散の自乗の逆数を重みとした，**重み付き最小自乗法** (method of wieghted least squares) で解を得た．結果から得られる重み付き残差の自乗和が，自由度 $38-5$ からかけ離れているかどうかが検討され，残差自乗和を過度に大きくしているデータについては，報告論文を検討の上，疑問のある 16 個のデータは最終調整に用いられなかった．最終結果の一部を紹介する：

基礎定数例	1973 年推奨値	1986 年推奨値	単位
プランク定数	6.626176	6.6260755	10^{-34} Js
陽子質量	1.6726485	1.6726231	10^{-27} kg

なお，国際度量衡局は 2002 年に，最新の基礎物理定数値を同様の方法で決定公開した．例えば，上の二つの定数に関する推奨値はそれぞれ，6.6260693, 1.67262171 で，それぞれ 0.0000011, 0.00000029 が誤差範囲とされている．

5章の問題

☐ **1** 定数ベクトル $\boldsymbol{a}$, 対称定数行列 A に対し，次の関係を証明せよ．
(1) $\dfrac{\partial(\boldsymbol{a}^T\boldsymbol{\theta})}{\partial \boldsymbol{\theta}} = \dfrac{\partial(\boldsymbol{\theta}^T\boldsymbol{a})}{\partial \boldsymbol{\theta}} = \boldsymbol{a}$
(2) $\dfrac{\partial(\boldsymbol{\theta}^T A\boldsymbol{\theta})}{\partial \boldsymbol{\theta}} = 2A\boldsymbol{\theta}$

これを用い，正規方程式 $\partial S(\boldsymbol{\theta})/\partial \boldsymbol{\theta} = \boldsymbol{0}$ が $(X^T X)\boldsymbol{\theta} = X^T \boldsymbol{y}$ となることを示せ．

☐ **2** 確率ベクトル $X = (X_1, X_2, \cdots, X_n)^T$ と，n 次正方行列 A に対し次の関係を証明せよ．
(1) $\boldsymbol{E}\{AX\} = A\boldsymbol{E}\{X\}$
(2) $\mathrm{Var}(X) = \boldsymbol{E}\{(X - \boldsymbol{E}\{X\})(X - \boldsymbol{E}\{X\})^T\}$
(3) $\mathrm{Var}(AX) = A\mathrm{Var}\{X\}A^T$

確率ベクトル・行列の平均値は，それぞれ各成分の平均値からなるベクトル・行列を意味する．

☐ **3** 正規対数尤度 $L(\boldsymbol{\theta}, \sigma^2)$ をパラメータ $(\boldsymbol{\theta}, \sigma^2)$ について最大化することにより，最尤推定量を求めよ．また対数尤度の最大値を求めよ．
[ヒント：σ をパラメータと考えると正規方程式がややこしくなる．σ^2 自身をパラメータと考え，例えば s と置き換えると見通しがよくなる．]

☐ **4** `swiss` データの交互作用項を考えた解析結果において，最終的に選ばれた (選ばれなかった) 説明変数が，なぜ出生率に関連を持つか (持たないか) 解釈を試みよ．対応パラメータ推定値の符号および大きさを考慮せよ．出生率への寄与は，パラメータ値と説明変数値の積であるから，パラメータ推定値が大きければ関係がその分大とただちには結論できないことを注意しよう．各パラメータ推定値の精度 (バラツキの大小) の目安である標準偏差推定値から，何が結論できるか．

☐ **5** R の組込みデータ `stackloss` はアンモニアの酸化による硝酸の製造プラントにおける 21 日分のデータである．目的変数 `stack.loss` は二酸化窒素として失われる投入アンモニアの量，`Air.Flow` はプラントの送風量であり工場の稼働率に比例，`Water.Temp` は冷却水の温度，そして `Acid.Conc` は吸収液中の硝酸濃度である．このデータに対し，重回帰分析と変数選択を行い，アンモニア損失が何で決まるかを検討せよ．

第6章

分散分析

　農作物の品種による収穫量の違い，製造過程での触媒の差による部品の硬度の違い，用いる薬による血圧降下の度合いなど，観測値に影響を及ぼすと思われる**因子** (factor：因子は，また**要因**とも呼ばれる) に注目して，その因子が実際に観測値に影響を及ぼすのか，そうであればどの程度の影響が生じるかという解析がしばしば行われる．また，同じ薬でも朝と夜でその効果が異なるかもしれない場合には，薬の種類と投薬時期という二つの因子を同時に考えてその観測値への影響を測る．薬の種類や投薬時間などを各因子の**水準** (level) と呼ぶ．この章では，いろいろな因子の水準の違いによる影響を推測するための手法である**分散分析** (analysis of variance, ANOVA) について学ぶ．分散分析法でも，「同一の正規分布に従う互いに独立な誤差」という仮定が大前提であり，もしこの仮定が怪しいときは，解析結果はせいぜい近似に留まり，参考と割り切ることになる．

> 6.1　コンクリートの水分含有量の1元配置
> 6.2　子供の靴の磨耗度：2元配置データの解析
> 6.3　交互作用のある5元配置モデルの解析
> 6.4　コ ラ ム

6.1 コンクリートの水分含有量の1元配置

砂と石灰，水などを混ぜてコンクリートを作る際に，砂の成分組成の違いにより，水セメント比 (コンクリート主成分に対する水分含有量の千分率) に違いが生じるか否かを調べる試験を行ったデータを解析する．水セメント比が大きすぎるとコンクリートの劣化速度が速くなるため，水セメント比が小さい砂を見つけたい．この実験では，5種類の砂を用いたコンクリートを48時間高湿度の中に置き，充分に水分を含ませた後，水セメント比を6回ずつ測定した．結果は表 6.1 となった．ここでは，砂を因子とみなし，砂の種類を水準とする．一つの因子の水準の違いによって観測値 (水セメント比) に差が生じるか否かを見るデータ解析の手法を **1元配置の分散分析** (one-way ANOVA) と呼ぶ．

表 6.1 砂の種類によるコンクリートの水セメント比の違い (単位：千分率).

砂の種類 (水準)		1	2	3	4	5
繰返し	1	551	595	639	417	563
	2	457	580	615	449	631
	3	450	508	511	517	522
	4	731	583	573	438	613
	5	499	633	648	415	656
	6	632	517	677	555	679

まず，このデータ[1]を R にデータフレームとして取り込んで，データを図示してみよう．砂 (aggregate) の種類を水準 1,··· ,5 と表し，各水準ごとの水セメント比 (moisture) を表 6.2 のようにファイル `moisture.txt` に記述しておく．237 ページのように R の関数 `read.table` を用いてデータを `concrete` という名前のデータフレームとして R に読み込む．データフレーム `concrete` は目的変数 `concrete$moisture` と説明変数 `concrete$aggregate` を持つが，この説明変数は砂の種類を表す因子である．R では，

```
> concrete$aggregate <- factor(concrete$aggregate)
```

---

[1] http://www.itl.nist.gov/div898/education/datasets.htm を参照．

6.1 コンクリートの水分含有量の1元配置

表 6.2 入力データファイルの形式.

	moisture	aggregate
1	551	1
2	457	1
3	450	1
4	731	1
5	499	1
6	632	1
7	595	2
	(途中省略)	
28	613	5
29	656	5
30	679	5

と入力して, 説明変数 aggregate が因子であると宣言[2])しておく.

これらのデータを R の命令 plot(concrete) でプロットしてみると, 図 6.1 のようになる. 目で見る限りでは, 4 番目の砂の水セメント比が小さいように見える. 以下, 実際にこれらの水準 (砂の種類) 間に有意な差があるか否かを調べ, かつ各水準ごとの水セメント比の信頼区間を求めてみよう.

水準数 $k = 5$ の各水準 i における $n = 6$ 回ずつの実験の観測値を $y_{i1}, \cdots, y_{in}$, 水準 i の砂の水セメント比 (の真値) を μ_i とし, これに誤差が加わって実際の観測値

$$y_{ij} = \mu_i + \epsilon_{ij} \quad \text{(1 元配置の分散分析モデル)}$$

が得られると仮定する. ただし, 各実験の誤差は独立でいずれも平均 0, 分散 σ^2 の正規分布に従うとする. 各 μ_i は水準 i に対する**主効果** (main effect) と呼ば

---

[2]) 因子の水準番号 $1, \cdots, 5$ は単なる類別を表し, 本来の意味の数値データではない. 実際, これを例えば A, B, C, D, E と書いてもかまわない. factor 関数で因子であると宣言しておかないと, 水準番号 1, 2, 3, 4, 5 が文字通りの数値データとして扱われてしまう. また, 因子と宣言する限り, 水準が文字 A, B, C, D, E で与えられていても, 以下の解析は全く同様に行える. このように, 因子と呼ばれる類別・順序尺度データが説明変数として登場することが, 分散分析が単なる回帰分析と異なる最大の特徴である.

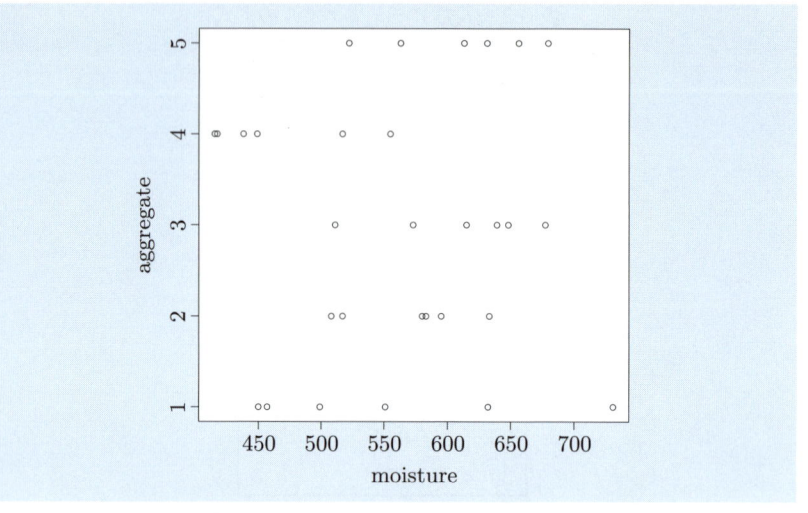

図 6.1 各水準ごとのコンクリートの水セメント比.

れ,これらは未知母数である.ここで,$\boldsymbol{y} = (y_{11}, y_{12}, \cdots, y_{kn})^T$ を kn 個の全観測値を一列に並べたベクトルとし,$\boldsymbol{\mu} = (\mu_1, \cdots, \mu_k)^T$ を主効果のベクトル,$\boldsymbol{\epsilon} = (\epsilon_{11}, \epsilon_{12}, \cdots, \epsilon_{kn})^T$ を誤差ベクトルとする.$kn \times k$ (計画) 行列 $X = [x_{li}]$ を

$$x_{li} = \begin{cases} 1 & l \text{ 番目の実験が水準 } i \text{ で行われたとき} \\ 0 & \text{そうでないとき} \end{cases}$$

と定義すると

$$X^T = \begin{bmatrix} 1 & 1 & 1 & 1 & 1 & 1 & 0 & \cdots & 0 & 0 & 0 & 0 & 0 \\ 0 & 0 & 0 & 0 & 0 & 0 & 1 & \cdots & 0 & 0 & 0 & 0 & 0 \\ & & & & & & & \vdots & & & & & \\ 0 & 0 & 0 & 0 & 0 & 0 & 0 & \cdots & 1 & 1 & 1 & 1 & 1 \end{bmatrix}$$

となり,1 元配置の分散分析用の線形回帰モデル

$$\boldsymbol{y} = X\boldsymbol{\mu} + \boldsymbol{\epsilon}$$

が得られる.

ここで,

$$\overline{y}_{i\cdot} = \frac{1}{n}\sum_{j=1}^{n} y_{ij}, \quad \overline{y}_{\cdot\cdot} = \frac{1}{kn}\sum_{i=1}^{k}\sum_{j=1}^{n} y_{ij}$$

6.1 コンクリートの水分含有量の 1 元配置

とおき，各水準の主効果 μ_i の推定を行ってみる．第 5 章で得られたように $\boldsymbol{\mu}$ の最小自乗推定量は

$$\widehat{\boldsymbol{\mu}} = (X^T X)^{-1} X^T \boldsymbol{y}$$

となるが，1 元配置の場合 $X^T X = nI$ となり，したがって，各主効果 μ_i の最小自乗推定量は $\widehat{\mu}_i = \dfrac{1}{n}\sum_{j=1}^{n} y_{ij} = \overline{y}_{i\cdot}$ となる．各水準での観測値の算術平均が μ_i の最小自乗推定量となるという結論は直観的には明らかであろう．また，その分散は $\mathrm{Var}(\widehat{\mu}_i) = \sigma^2/n$ となり，σ^2 にその不偏推定量

$$\widehat{\sigma}^2 = \frac{1}{nk-k} \sum_{i=1}^{k} \sum_{j=1}^{n} (y_{ij} - \overline{y}_{i\cdot})^2$$

を代入すると $\widehat{\mu}_i$ の分散の推定量が得られる．

ところで，**全平方和** (total sum of squares) は，

$$\sum_{i=1}^{k}\sum_{j=1}^{n}(y_{ij}-\overline{y}_{\cdot\cdot})^2 = \sum_{i=1}^{k}\sum_{j=1}^{n}(y_{ij}-\overline{y}_{i\cdot})^2 + \sum_{i=1}^{k}\sum_{j=1}^{n}(\overline{y}_{i\cdot}-\overline{y}_{\cdot\cdot})^2 \quad (6.1)$$

と書け，右辺の第 1 項は**残差平方和** (residual sum of squares)，あるいは**級内変動**と呼ばれ，第 2 項は，因子 aggregate に関する平方和，あるいは**級間変動**と呼ばれる．もし，因子の間に差がなければ帰無仮説「$\mathrm{H}: \mu_1 = \mu_2 = \cdots = \mu_k$」が成り立つはずであり，各水準での観測値の算術平均 $\widehat{\mu}_i = \overline{y}_{i\cdot}$ も i によらず似た値となり，帰無仮説 H の元では，因子に関する平方和 (級間変動) は比較的小さな値となることが多いであろう．

ここで，分散分析を行うための R の関数 aov を用いて計算を行ってみると次の囲み内の表[3]のようになる．この表は**分散分析表** (ANOVA table) と呼ばれる慣用的な結果の要約法であり，上記の平方和の値は Sum Sq の欄に記されている．

―――― ● R なら (28)：コンクリートデータの分散分析表 ● ――――
```
> summary(aov(moisture ~ aggregate, data=concrete))
            Df Sum Sq Mean Sq F value   Pr(>F)
aggregate    4  85356   21339  4.3015 0.008752 **
Residuals   25 124020    4961
```

――――
[3] 同じ表は，関数 anova(lm(moisture ~ aggregate, data=concrete)) でも得られる．

```
---
Signif. codes:  0 '***' 0.001 '**' 0.01 '*' 0.05 '.' 0.1 ' ' 1
```

行列を用いると式 (6.1) は

$$\boldsymbol{y}^T \left(I_{nk} - \frac{1}{nk} J_{nk} \right) \boldsymbol{y} = \boldsymbol{y}^T \left(I_{nk} - \frac{1}{n} B \right) \boldsymbol{y} + \boldsymbol{y}^T \left(\frac{1}{n} B - \frac{1}{nk} J_{nk} \right) \boldsymbol{y}$$

と 2 次形式を用いて表すこともできる.ただし I_m は $m \times m$ の単位行列,J_m は全ての要素が 1 である $m \times m$ 行列である.また $B = I_k \otimes J_n$ であり,$\otimes$ は行列のクロネッカー積[4]である.このことを用いると,帰無仮説のもとでは $\chi_1^2 = $ (級間変動)$/\sigma^2$ は,自由度 $k-1$ のカイ自乗分布に従い,一方 $\chi_2^2 = $ (残差平方和)$/\sigma^2$ は帰無仮説の真偽によらず,自由度 $k(n-1)$ のカイ自乗分布に従い,さらに χ_1^2 と χ_2^2 は独立であることを示すことができる(証明は,多変量解析,分散分析,実験計画法などの書物を参照されたい).したがって

$$F = \frac{\chi_1^2/(k-1)}{\chi_2^2/k(n-1)} = \frac{k(n-1) \sum_{i=1}^{k} \sum_{j=1}^{n} (\overline{y}_{i\cdot} - \overline{y}_{\cdot\cdot})^2}{(k-1) \sum_{i=1}^{k} \sum_{j=1}^{n} (y_{ij} - \overline{y}_{i\cdot})^2}$$

は自由度対 $(k-1, k(n-1))$ の F 分布に従う.この F 値は上の分散分析表では $P\{F > 4.3015\} = 0.008752$ となっており,帰無仮説が真であると仮定すると,表 6.1 のデータが得られる確率 (p 値) は 1% 未満であることがわかり,したがって水準 (砂の種類) 間に差があるといってよいであろう (有意水準 1% で水準間に有意な差があるという).R の aov 関数では,求められた p 値が,0.1 以下,0.05 以下,0.01 以下,0.001 以下のそれぞれに応じて記号 ., *, **, *** が付されている.なお σ^2 の不偏推定量は分散分析表の残差の平均平方和欄 Mean Sq. に記されており,$\widehat{\sigma}^2 = 4961$ である.

次に,各主効果の区間推定を行ってみる.R でこの計算を行うには,関数 lm を用いるとよい.R では,$\mu_1, \cdots, \mu_k$ の推定値ではなく,

$$\mu = \mu_1,\ \alpha_2 = \mu_2 - \mu_1,\ \cdots,\ \alpha_k = \mu_k - \mu_1$$

とおいて,第 1 水準の主効果 $\mu = \mu_1$ を基準値として,第 i 水準の主効果 μ_i と

---

[4] $a \times b$ 行列 $A = [a_{ij}]$ と,$c \times d$ 行列 B の**クロネッカー積** (Kronecker product) とは i, j 番目のブロックが $a_{ij}B$ であるような $ac \times bd$ 行列を意味する.

6.1 コンクリートの水分含有量の1元配置

基準値の差 (**対比** (contrast) と呼ぶ) を推定している．

●──── R なら (29) ：各効果の推定値と標準偏差 ●───

```
> summary(lm(moisture ~ aggregate, data=concrete))
Call:
lm(formula = moisture ~ aggregate, data = concrete)
Residuals:
    Min      1Q  Median      3Q     Max 
-103.333 -49.667   3.417  43.375 177.667 
Coefficients:
            Estimate Std. Error t value Pr(>|t|)
(Intercept)  553.33      28.75  19.244   <2e-16 ***
aggregate2    16.00      40.66   0.393   0.6973
aggregate3    57.17      40.66   1.406   0.1721
aggregate4   -88.17      40.66  -2.168   0.0399 *
aggregate5    57.33      40.66   1.410   0.1709
---
Signif. codes:  0 '***' 0.001 '**' 0.01 '*' 0.05 '.' 0.1 ' ' 1

Residual standard error: 70.43 on 25 degrees of freedom
Multiple R-Squared: 0.4077,     Adjusted R-squared: 0.3129 
F-statistic: 4.302 on 4 and 25 DF,  p-value: 0.008752
```

上の囲み内の表では $\mu, \alpha_2, \cdots, \alpha_5$ の推定値はそれぞれ intercept, aggregate2, $\cdots$, aggregate5 の Estimate 欄に得られている．また，第 5 章 の結果から，

$$\mathrm{Var}(\widehat{\boldsymbol{\mu}}) = \sigma^2 (X^T X)^{-1} = \frac{\sigma^2}{n} I$$

であり，$\widehat{\mu}_i$ は互いに無相関で，いずれも同じ分散 σ^2/n を持つことがわかる．よって

$$\mathrm{Var}(\widehat{\alpha}_i) = \mathrm{Var}(\widehat{\mu}_i - \widehat{\mu}_1) = \mathrm{Var}(\widehat{\mu}_i) + \mathrm{Var}(\widehat{\mu}_1) = \frac{2}{n}\sigma^2$$
$$\simeq 4961 \times \frac{2}{6} = 1653.67$$

であり，$\widehat{\alpha}_i$ の標準偏差 (Std. Err.) は $\sqrt{1653.67} = 40.66$ となり，関数 lm の

出力と aov の出力の整合性も確認できる.

ここで,
$$U = \frac{\widehat{\alpha}_i - \alpha_i}{\sqrt{\text{Var}(\widehat{\alpha}_i)}} = \frac{\widehat{\alpha}_i - \alpha_i}{\sqrt{2\sigma^2/n}}$$
が標準正規分布に従うことと χ_2^2 が自由度 $k(n-1)$ のカイ自乗分布に従うことより

$$T = \frac{U}{\sqrt{\chi_2^2/k(n-1)}} = \frac{\widehat{\alpha}_i - \alpha_i}{\sqrt{2\widehat{\sigma}^2/n}} \tag{6.2}$$

が自由度 $k(n-1)$ の t 分布に従う.したがって「H : $\alpha_i = 0$」か否か,すなわち,第 1 水準と第 i 水準の砂の水セメント比に差があるか否かを検定するには,H が真という仮定のもとで,前ページの表の t 値および p 値を見ればよい.その結果,第 4 水準の砂の水分含有量が第 1 水準の砂に比べて少ない (5% で有意) ことがわかる.その他の砂は,第 1 水準のものと比べて顕著な差が見られない.また,同じ表より,各効果の信頼区間を求めることもできる.例えば,式 (6.2) の T は t 分布に従うので,R の t 分布のクォンタイル関数 qt を用いた計算

```
> qt(0.025, 25)   # 自由度 25 の t 分布の 2.5% 点
[1] -2.059539
```

により $\boldsymbol{P}\{|T| \leq 2.06\} \simeq 0.95$ であることがわかる.$|T| \leq 2.06$ に式 (6.2) を代入して,α_i について解くと

$$\widehat{\alpha}_i - 2.06\sqrt{\frac{2\widehat{\sigma}^2}{n}} \leq \alpha_i \leq \widehat{\alpha}_i + 2.06\sqrt{\frac{2\widehat{\sigma}^2}{n}}$$

よって -88.17 ± 48.35 が α_4 の 95%信頼区間となる.

6.2 子供の靴の磨耗度：2元配置データの解析

Box, Hunter & Hunter[5]は分散分析および実験計画法の教科書として知られているが，このテキストの 97–101 ページに，子供の靴の靴底の材質の磨耗度の実験データ[6]がある．子供靴のメーカが，靴底の材質 M と子供 B の二つの因子と靴底の磨耗度との関係について実験を行ったそのデータが表 6.3 である．二つの因子について分散分析を行う手法を **2元配置の分散分析** (two-way ANOVA) と呼ぶ．靴底の材質は 2 種類 ($s=2$ 水準)，被験者である子供は 10 人 ($t=10$ 水準) であり，これらの $st\ (=20)$ 通りの全ての水準組合せについて実験を行った．実験の目的は，靴底の材質による磨耗度の差を測ることにあり，子供による差を見ることは重要ではない．

表 6.3 子供靴の磨耗度の測定値．

	磨耗度 (wear)	材質 (M) (material)	子供 (B) (boy)		磨耗度 (wear)	材質 (M) (material)	子供 (B) (boy)
1	13.2	1	1	11	6.6	1	6
2	14.0	2	1	12	6.4	2	6
3	8.2	1	2	13	9.5	1	7
4	8.8	2	2	14	9.8	2	7
5	10.9	1	3	15	10.8	1	8
6	11.2	2	3	16	11.3	2	8
7	14.3	1	4	17	8.8	1	9
8	14.2	2	4	18	9.3	2	9
9	10.7	1	5	19	13.3	1	10
10	11.8	2	5	20	13.6	2	10

なぜならば，靴メーカはどちらの材質を用いるべきかを決定したいのであり，靴を購入するのは，実験を行った子供とは別の一般の購入者であるからである．このようにその効果の推定には興味がないが，観測値が得られる環境の影響を除くために導入せざるを得ない因子を**ブロック因子** (block factor) と呼ぶ．

---

[5] Box, Hunter & Hunter "Statistics for Experimenters", Wiley (1978).
[6] http://www.itl.nist.gov/div898/education/dex/boxshoes.dat から入手できる．

このデータを 6.1 節と同様に R のデータフレーム boyshoes として取り込み，説明変数 boyshoes$material と boyshoes$boy を次のように因子として指定しておく．

```
> boyshoes <- read.table("boyshoes.txt")
> boyshoes$material <- factor(boyshoes$material)
> boyshoes$boy <- factor(boyshoes$boy)
```

y_{ij} を，因子 M (material) を第 i 水準で，因子 B (boy) を第 j 水準で実験した際の観測値とすると次の **2 元配置の分散分析モデル**

$$y_{ij} = \mu + \alpha_i + \beta_j + \epsilon_{ij} \tag{6.3}$$

が得られる．ただし誤差 ϵ_{ij} は各実験ごとに独立で，いずれも平均 0, 分散 σ^2 の正規分布に従うとする．

このとき α_i, β_j は因子 M, B をそれぞれ水準 i, j で実験したときの主効果であり，磨耗度 y が一般平均 μ と各主効果および誤差 ϵ の和として表されている．このとき，このモデルは一般平均と各主効果を合わせて全部で $1 + s + t = 13$ 個の未知パラメータ (母数) を持つが，これらのパラメータには無駄がある．実際，因子 M の主効果について，例えば，$\sum_{i=1}^{s} \alpha_i = 0$ と仮定してよい．なぜならば，もし，$\sum_{i=1}^{s} \alpha_i = a$ であれば，$\alpha_i = \alpha_i - a/s, \mu = \mu + a/s$ とおき直せば，$\sum_{i=1}^{s} \alpha_i = 0$ を満たすようにパラメータを書き直すことができるからである．同様に因子 B の主効果についても $\sum_{j=1}^{t} \beta_j = 0$ と仮定する．また，適当な線形変換を用いてパラメータの推定量が無相関になるようにする方法もある．さらに，第 1 水準の主効果を $\alpha_1 = 0$ と仮定して，α_i を因子 M の第 1 水準との差とみなす方法もある．R の lm 関数では，各因子の第 1 水準の主効果を 0 と仮定している．したがって，いずれにしても $\alpha_1, \cdots, \alpha_s$ の中で自由に決められるパラメータ (母数) は $s-1$ 個である．同様に，$\beta_1 = 0$ と仮定してもよい．したがって，このモデルの自由パラメータ数は $1 + (s-1) + (t-1) = s + t - 1 = 11$ である．

6.1 節と同様に各効果の最小自乗推定量を求めると，

6.2 子供の靴の磨耗度:2元配置データの解析

$$\widehat{\mu} = \bar{y} = \frac{1}{st}\sum_{i=1}^{s}\sum_{j=1}^{t} y_{ij}$$

$$\widehat{\alpha}_i = \frac{1}{t}\sum_{j=1}^{t} y_{ij} - \bar{y}, \quad \widehat{\beta}_j = \frac{1}{s}\sum_{i=1}^{s} y_{ij} - \bar{y}$$

となる.また,各実験の誤差の推定量である残差は,

$$\widehat{\epsilon}_{ij} = y_{ij} - \widehat{\mu} - \widehat{\alpha}_i - \widehat{\beta}_j$$

である.これらを用いると全平方和 $S^2 = \sum_i\sum_j (y_{ij} - \bar{y})^2$ は

$$S^2 = \sum_i\sum_j (y_{ij} - \bar{y})^2 = \sum_i\sum_j \widehat{\alpha}_i^2 + \sum_i\sum_j \widehat{\beta}_j^2 + \sum_i\sum_j \widehat{\epsilon}_{ij}^2 \quad (6.4)$$

と書けることがわかる.この式において,右辺の第 1 項,第 2 項はそれぞれ因子 M と B に関する平方和であり,これらは M 間平方和,B 間平方和と呼ばれる.また,第 3 項は**残差平方和** (residual sum of squares) である.

例えば要因 M の主効果が観測値に影響を及ぼすならば M 間平方和 $\sum_i\sum_j \widehat{\alpha}_i^2$ が大きい値をとるであろう.

$\epsilon_1, \cdots, \epsilon_n$ が互いに独立でいずれも正規分布 $N(0, \sigma^2)$ に従うとすると,

$$\chi_e^2 = \frac{1}{\sigma^2}\sum_i\sum_j \widehat{\epsilon}_{ij}^2$$

は自由度 $(s-1)(t-1)$ のカイ自乗分布に従うことが知られており,カイ自乗分布の期待値はその自由度であるから,χ_e^2 に $\sigma^2/\{(s-1)(t-1)\}$ をかけると σ^2 の不偏推定量

$$\widehat{\sigma}^2 = \frac{\sigma^2}{(s-1)(t-1)}\chi_e^2 = \frac{1}{(s-1)(t-1)}\sum_i\sum_j \widehat{\epsilon}_{ij}^2$$

を得る.

また,M が観測値に影響を及ぼさない,すなわち,$\alpha_1 = \cdots = \alpha_s = 0$ と仮定すると

$$\chi_M^2 = \frac{1}{\sigma^2}\sum_i\sum_j \widehat{\alpha}_i^2$$

は残差平方和と独立で,自由度 $s-1$ のカイ自乗分布に従う.このことから,

$$F_M = \frac{\chi_M^2/(s-1)}{\chi_e^2/((s-1)(t-1))}$$

とおくと，F_M は $\alpha_1 = \cdots = \alpha_s = 0$ の仮定のもとで自由度対 $(s-1, (s-1) \times (t-1))$ の F 分布に従うことがわかる．

この事実を用いると，因子 M が観測値に影響を及ぼすか否か検定することができる．実際，$\alpha_1 = \cdots = \alpha_s = 0$ であれば χ_M^2 も小さい値になり，したがって，F_M が大きな値となれば $\alpha_1 = \cdots = \alpha_s = 0$ が成り立たない，すなわち，因子 M は観測値に影響を及ぼすことがわかる．したがって，この仮説検定の手順は下記のようになる．

観測値から計算された F_M の値を f_M とし，F 分布を用いて求めた p 値 $p_M = \boldsymbol{P}\{F_M \geq f_M\}$ が小さい値になれば，帰無仮説「H : $\alpha_1 = \cdots = \alpha_s = 0$」のもとでは，起こりにくい観測値が得られていることになり，したがって帰無仮説 H が棄却される．

同様に帰無仮説「H : $\beta_1 = \cdots = \beta_t = 0$」のもとで

$$F_B = \frac{\chi_B^2/(t-1)}{\chi_e^2/((s-1)(t-1))}$$

が自由度対 $(t-1, (s-1)(t-1))$ の F 分布に従うことを用いると，因子 B の主効果の有無の仮説検定を行うことができる．

前節と同様に R の aov 関数で分散分析を行うと次の分散分析表が得られ，材質 M (material)，子供 B (boy) のいずれの因子も F 値が大きく，対応する p 値も 1%を下回り，いずれの因子についても有意な差があることがわかる．

● **R なら (30)**： aov 関数の出力結果 ●

```
> summary(aov(wear ~ material + boy, data=boyshoes))
            Df  Sum Sq Mean Sq F value   Pr(>F)
material     1   0.841   0.841  11.215 0.008539 **
boy          9 110.490  12.277 163.811 6.871e-09 ***
Residuals    9   0.675   0.075
---
Signif. codes:  0 '***' 0.001 '**' 0.01 '*' 0.05 '.' 0.1 ' ' 1
```

6.2 子供の靴の磨耗度：2元配置データの解析　　　**159**

　各主効果の推定値と標準偏差は次の囲み内の表に与えられている．この結果を見ると子供による磨耗度の差が大きいことがわかるが，我々は子供による差ではなく材質による磨耗度の差に興味がある．材質による差は子供による差ほど大きくはないが，帰無仮説「$\mathrm{H}:\alpha_2=0$」が有意水準1%で棄却され，材質2の磨耗度が高いことがわかる．

　回帰モデル(6.3)のもとでは，各因子についてその主効果が最大となる水準を用いれば，磨耗度が最も大きくなることになるが，子供1には材質1の靴を与えたほうが磨耗度が低いが，子供2には材質2の靴のほうが磨耗度が低くなるというようなことが起こるかもしれない．このような二つの因子の組合せによる相乗効果，相殺効果を考慮するためにモデルに**2因子交互作用** (interaction effect) と呼ばれる効果が導入 (次節を参照) されることがあり，交互作用効果の解析が分散分析の分野では重要である．

●**R なら (31)：lm 関数の出力結果**●

```
> summary(lm(wear ~ material + boy, data=boyshoes))
Call:
lm(formula = wear ~ material + boy, data = boyshoes)
Residuals:
       Min         1Q     Median         3Q        Max
-3.450e-01 -6.500e-02 -3.469e-17  6.500e-02  3.450e-01
Coefficients:
            Estimate Std. Error t value Pr(>|t|)
(Intercept) 13.3950     0.2030  65.977 2.13e-13 ***
material2    0.4100     0.1224   3.349  0.00854 **
boy2        -5.1000     0.2738 -18.629 1.70e-08 ***
boy3        -2.5500     0.2738  -9.315 6.44e-06 ***
boy4         0.6500     0.2738   2.374  0.04161 *
boy5        -2.3500     0.2738  -8.584 1.26e-05 ***
boy6        -7.1000     0.2738 -25.935 9.08e-10 ***
boy7        -3.9500     0.2738 -14.429 1.58e-07 ***
boy8        -2.5500     0.2738  -9.315 6.44e-06 ***
boy9        -4.5000     0.2738 -16.620 4.61e-08 ***
boy10       -0.1500     0.2738  -0.548  0.59707
---
Signif. codes:  0 '***' 0.001 '**' 0.01 '*' 0.05 '.' 0.1 ' ' 1
```

```
Residual standard error: 0.2738 on 9 degrees of freedom
Multiple R-Squared: 0.994,     Adjusted R-squared: 0.9873
F-statistic: 148.6 on 10 and 9 DF,  p-value: 9.502e-09
```

しかし,本節のモデルに交互作用効果を導入するとパラメータ数が増えるために残差がいずれもゼロとなり,F検定によりモデルの適合性を検定したり,各効果の推定値の標準誤差を推定することができなくなる.交互作用効果を導入したモデルについて分散分析を行うには,各水準組合せについて複数回ずつ繰り返して観測値を得る必要がある.このような2元配置を**反復のある2元配置**と呼ぶ.

6.3 交互作用のある5元配置モデルの解析

6.3.1 交互作用のある5元配置モデルの分散分析

やはり Box, Hunter & Hunter (1978) にある化学反応速度に関するデータ (表 6.4) を解析してみよう.供給速度 (feed rate, F),触媒 (catalyst, C),攪拌速度 (agitation, A),温度 (temperature, T),濃度 (concentration, N) の五つの因子をいずれも 2 水準 ±1 にとり,ある化学反応速度 y (単位 %) を測定した結果である.五つの因子 F, C, A, T, N がいずれも 2 水準であるから,全ての水準組合せを考えると $2^5 = 32$ 通りの実験が行われることになるが,ここではその半分の 16 通りの水準組合せに対するデータ[7])が紹介されている.

表 6.4 化学反応速度の一部実施要因実験.

	y	F	C	A	T	N	実験順序
1	56	−1	−1	−1	−1	1	17
2	53	1	−1	−1	−1	−1	2
3	63	−1	1	−1	−1	−1	3
4	65	1	1	−1	−1	1	20
5	53	−1	−1	1	−1	−1	5
6	55	1	−1	1	−1	1	22
7	67	−1	1	1	−1	1	23
8	61	1	1	1	−1	−1	8
9	69	−1	−1	−1	1	−1	9
10	45	1	−1	−1	1	1	26
11	78	−1	1	−1	1	1	27
12	93	1	1	−1	1	−1	12
13	49	−1	−1	1	1	1	29
14	60	1	−1	1	1	−1	14
15	95	−1	1	1	1	−1	15
16	82	1	1	1	1	1	32

このような実験は**一部実施要因実験** (fractional factorial experiment) と呼ばれ,2^{5-1} 実験と略記される.実験を行う水準の選び方によって,推定や検定

---

[7]) このデータも,前節同様に NIST のウェブページから入手できる.

の精度に差が生ずるため，水準組合せの最適な選び方を研究する実験計画法と呼ばれる分野が発展してきたが，本書では実験計画法[8]について触れることはしない．表の最後の欄に実験順序という項目があるが，これは実験を行った順序を表す番号であり，実験の順序による系統的誤差をなくすために，実験順序をランダムにすることが多い．ここでは，32回の完全実験の実験結果から16個を抽出して，一部実施要因実験として表にしているようである．この場合，完全実験を行うことも容易であるが，実際の生産現場では，因子の数は数十に及ぶことも少なくない．さらに各水準は3水準以上とされることが多いため，実験回数は3の数十乗以上となり，一部実施要因実験が不可欠になる．

表6.4の五つの因子 F, C, A, T, N を次のように因子と宣言しておく（実験順序は因子に含めない）．

```
> reacted$F <- factor(reacted$F)
> reacted$C <- factor(reacted$C)
> reacted$A <- factor(reacted$A)
> reacted$T <- factor(reacted$T)
> reacted$N <- factor(reacted$N)
```

このデータに対する **5元配置の分散分析モデル**は，

$$y_{ijklm} = \mu + f_i + c_j + a_k + t_l + n_m + \epsilon_{ijklm} \qquad (6.5)$$

と書ける．ただし f_i, c_j, a_k, t_l, n_m は，各因子をそれぞれ第 i, j, k, l, m 水準で実験したときの主効果であり，ϵ_{ijklm} は前節までと同様に，互いに独立でいずれも正規分布 $N(0, \sigma^2)$ に従う誤差と仮定する．6.2節と同様に，一般平均および各主効果の推定量は

$$\widehat{\mu} = \frac{1}{16} \sum_{i,j,k,l,m} y_{ijklm} = \bar{y}_{.....}$$

$$\widehat{f}_i = \frac{1}{8} \sum_{j,k,l,m} y_{ijklm} - \widehat{\mu} = \bar{y}_{i....} - \bar{y}_{.....}$$

$$\widehat{c}_j = \frac{1}{8} \sum_{i,k,l,m} y_{ijklm} - \widehat{\mu} = \bar{y}_{.j...} - \bar{y}_{.....}$$

---

[8] 鷲尾泰俊著「実験計画法入門」，日本規格協会 (1997)．一般向け解説としては，例えば中村義作著「よくわかる実験計画法」，近代科学社 (1997)，がある．

6.3 交互作用のある 5 元配置モデルの解析

$$\widehat{a}_k = \frac{1}{8} \sum_{i,j,l,m} y_{ijklm} - \widehat{\mu} = \bar{y}_{..k..} - \bar{y}_{.....}$$

$$\widehat{t}_l = \frac{1}{8} \sum_{i,j,k,m} y_{ijklm} - \widehat{\mu} = \bar{y}_{...l.} - \bar{y}_{.....}$$

$$\widehat{n}_m = \frac{1}{8} \sum_{i,j,k,l} y_{ijklm} - \widehat{\mu} = \bar{y}_{....m} - \bar{y}_{.....}$$

となる.また,各実験の残差は

$$\widehat{\epsilon}_{ijklm} = y_{ijklm} - \widehat{\mu} - \widehat{f}_i - \widehat{c}_j - \widehat{a}_k - \widehat{t}_l - \widehat{n}_m$$

であり,全平方和は

$$\sum_{i,j,k,l,m} (y_{ijklm} - \bar{y}_{.....})^2 = \sum_{i,j,k,l,m} \widehat{f}_i^{\,2} + \sum_{i,j,k,l,m} \widehat{c}_j^{\,2} + \sum_{i,j,k,l,m} \widehat{a}_k^{\,2}$$
$$+ \sum_{i,j,k,l,m} \widehat{t}_l^{\,2} + \sum_{i,j,k,l,m} \widehat{n}_m^{\,2} + \sum_{i,j,k,l,m} \widehat{\epsilon}_{ijklm}^{\,2}$$

と書ける.右辺の各項をそれぞれ,F 間平方和,C 間平方和,A 間平方和,T 間平方和,N 間平方和,残差平方和と呼ぶ.これらの平方和を誤差の分散 σ^2 で割るとそれらは独立で,それぞれ,自由度 1, 1, 1, 1, 1, 10 のカイ自乗分布に従う.よって

$$F = \frac{(各因子間平方和)/1}{(残差平方和)/10}$$

は自由度対 (1, 10) の F 分布に従う.このことを用いて各因子の主効果の検定を行うと,以下のようになり,触媒 C と温度 T が有意な因子であることがわかる.したがって,有意な因子触媒 C と温度 T のみに注目して他の因子を無視すると,C と T の四つの水準組合せ $(1,1), (-1,1), (1,-1), (-1,-1)$ について 4 回ずつ反復して実験を行った,2 元配置のモデルとみなすことができる.

● R なら (32):2^{5-1} 化学反応速度実験の分散分析表 I ●

```
> summary(aov(y ~ F + C + A + T + N, data = reacted))
          Df   Sum Sq  Mean Sq  F value  Pr(>F)
      F    1    16.00    16.00   0.1823  0.678421
      C    1  1681.00  1681.00  19.1567  0.001384 **
```

```
            A    1  3.131e-30 3.131e-30 3.568e-32 1.000000
            T    1    600.25    600.25    6.8405 0.025799 *
            N    1    156.25    156.25    1.7806 0.211660
Residuals       10    877.50     87.75
---
Signif. codes:  0 '***' 0.001 '**' 0.01 '*' 0.05 '.' 0.1 ' ' 1
```

　回帰モデル (6.5) のもとでは，有意な各因子 C, T についてその主効果が最大となる水準を用いれば，反応速度が最も大きくなることになるが，例えば，触媒のある水準と温度ある水準の組合せでは，相乗効果のために反応速度が促進され，それらの主効果の和より速くなったり，あるいは逆に相殺効果のために反応速度が抑制されるようなことが起こるかもしれない．このような二つの因子の組合せによる相乗効果，相殺効果を考慮するためには，モデルに 2 因子交互作用効果項を導入する．

　観測値の添え字を付け直して，次のモデルを考えてみよう．

$$y_{jlh} = \mu + c_j + t_l + (ct)_{jl} + \epsilon_{jlh} \quad (\text{交互作用のある 2 元配置モデル}) \quad (6.6)$$

ただし y_{jlh} は因子 C を第 j 水準で，因子 T を第 l 水準で実験した h 番目の観測値である．また $(ct)_{jl}$ は因子 C と T の 2 因子交互作用効果の項である．

　2 因子交互作用効果についても，主効果と同様に

$$\sum_{j=1}^{2} (ct)_{jl} = \sum_{l=1}^{2} (ct)_{jl} = 0 \quad (6.7)$$

と仮定して母数の無駄をなくす．あるいは，任意の j, l に対して $(ct)_{1l} = (ct)_{j1} = 0$ と仮定しておいてもよい．したがって一般に，それぞれ s 水準，t 水準を持つ二つの因子の 2 因子交互作用に関する自由パラメータ数は $(s-1) \times (t-1)$ 個である．このモデル (6.6) の 2 因子交互作用効果 $(ct)_{jl}$ の場合は，自由パラメータは $(s-1) \times (t-1) = 1$ 個である．このモデルの場合，同じ水準組合せでの反復数が $r = 4$ であり，一般平均，主効果，2 因子交互作用の各推定量は

$$\widehat{\mu} = \frac{1}{str} \sum_{j,l,h} y_{jlh} = \bar{y}_{...}$$

6.3 交互作用のある5元配置モデルの解析

$$\widehat{c}_j = \frac{1}{tr}\sum_{l,h} y_{jlh} - \widehat{\mu} = \bar{y}_{j\cdot\cdot} - \bar{y}_{\cdot\cdot\cdot}$$

$$\widehat{t}_l = \frac{1}{sr}\sum_{j,h} y_{jlh} - \widehat{\mu} = \bar{y}_{\cdot l\cdot} - \bar{y}_{\cdot\cdot\cdot}$$

$$\widehat{(ct)}_{jl} = \frac{1}{r}\sum_{h} y_{jlh} - \widehat{c}_j - \widehat{t}_l - \widehat{\mu} = \bar{y}_{jl\cdot} - \bar{y}_{j\cdot\cdot} - \bar{y}_{\cdot l\cdot} + \bar{y}_{\cdot\cdot\cdot}$$

となる．また，各実験の残差は

$$\widehat{\epsilon}_{jlh} = y_{jlh} - \widehat{\mu} - \widehat{c}_j - \widehat{t}_l - \widehat{(ct)}_{jl}$$

であり，全平方和は

$$\sum_{j,l,h}(y_{jlh} - \bar{y}_{\cdot\cdot\cdot})^2 = \sum_{j,l,h}\widehat{c}_j^2 + \sum_{j,l,h}\widehat{t}_l^2 + \sum_{j,l,h}\widehat{(ct)}_{jl}^2 + \sum_{j,l,h}\widehat{\epsilon}_{jlh}^2$$

となる．右辺の各項をそれぞれ，C間平方和，T間平方和，CT間交互作用平方和，残差平方和という．前節までと同様に

$$F_C = \frac{(\text{C間平方和})/(s-1)}{(\text{残差平方和})/(r-1)st}$$

$$F_T = \frac{(\text{T間平方和})/(t-1)}{(\text{残差平方和})/(r-1)st}$$

$$F_{CT} = \frac{(\text{CT間交互作用平方和})/(s-1)(t-1)}{(\text{残差平方和})/(r-1)st}$$

がそれぞれ自由度対 $(s-1,(r-1)st)$, $(t-1,(r-1)st)$, $((s-1)(t-1),(r-1)st)$ のF分布に従うことを用いて主効果，交互作用効果のF検定を行うことができる．

このことからわかるように，交互作用効果を導入したモデルについて分散分析を行うには，反復数 r が2以上，すなわち同じ水準組合せで2回以上実験を行わないと残差平方和の自由度が0となる．$r=1$ のときは，観測値が一般平均，主効果，交互作用効果で一意に表され，残差が全てゼロとなるため，F検定ができない．言い換えれば，推定を行いたい自由パラメータ数 $1+(s-1)+(t-1)+(s-1)(t-1) = st$ より実験回数 rst が多くなければならない．モデル (6.6) の自由パラメータ数は $1+(s-1)+(t-1)+(s-1)(t-1) = 4$ であり，実験回数は16であるから，主効果，交互作用効果などの有意性検定が可能である．実際にRで検定を行ってみると次の分散分析表のようになり，触媒C，温度Tの主効果と2因子交互作用は，いずれもp値が1%以下になり，

1%有意であることがわかる.

● R なら (33)：2^{5-1} 化学反応速度実験の分散分析表 II ●

```
> summary(aov(y ~ C + T + C*T, data = reacted))
            Df  Sum Sq Mean Sq F value    Pr(>F)
C            1 1681.00 1681.00 34.3353 7.721e-05 ***
T            1  600.25  600.25 12.2604  0.004370 **
C:T          1  462.25  462.25  9.4417  0.009668 **
Residuals   12  587.50   48.96
---
Signif. codes:  0 '***' 0.001 '**' 0.01 '*' 0.05 '.' 0.1 ' ' 1
```

また，各効果の推定を行ってみると次ページの R 出力のようになり，触媒 1 と温度 1 の 2 因子交互作用が正の大きな値 21.50 を持ち，これらの水準組合せに相乗効果が見られる．一方，触媒因子 C と温度因子 T の主効果はその p 値から有意であるとはみなせず，一見主効果はないが，交互作用が大きいデータのように見える．しかし，一方，上の分散分析表では，C 間平方和，T 間平方和ともに，交互作用に関する平方和 C:T より大きな変動を持っており，全変動を説明する重要な因子であることを示唆している．この矛盾は何によるのであろうか？ 実は，パラメータの無駄をなくすために R では，第 1 水準の主効果，交互作用効果を 0 としており，そのことが，一見矛盾と見える結果をもたらしているのである．実際，次ページの R の出力では，各推定量が

$$\hat{\mu} = 54.250, \quad \hat{c}_{-1} = 0, \quad \hat{c}_1 = 9.750, \quad \hat{t}_{-1} = 0, \quad \hat{t}_1 = 1.500,$$

$$\widehat{(ct)}_{-1,-1} = 0, \quad \widehat{(ct)}_{1,-1} = 0, \quad \widehat{(ct)}_{-1,1} = 0, \quad \widehat{(ct)}_{1,1} = 21.500$$

となっているが，方程式

$$\mu + c_{-1} + t_{-1} + (ct)_{-1,-1} = 54.250$$

$$\mu + c_1 + t_{-1} + (ct)_{1,-1} = 54.250 + 9.750$$

$$\mu + c_{-1} + t_1 + (ct)_{-1,1} = 54.250 + 1.500$$

$$\mu + c_1 + t_1 + (ct)_{1,1} = 54.250 + 9.750 + 1.500 + 21.500$$

を式 (6.7) と $c_{-1} + c_1 = 0, t_{-1} + t_1 = 0$ を満たすという条件を用いて解くと

$$\hat{\mu} = 65.250, \quad \hat{c}_{-1} = -10.250, \quad \hat{c}_1 = 10.250,$$

$$\hat{t}_{-1} = -6.125, \quad \hat{t}_1 = 6.125,$$

6.3 交互作用のある 5 元配置モデルの解析

$$\widehat{(ct)}_{-1,-1} = 5.375, \quad \widehat{(ct)}_{1,-1} = -5.375,$$
$$\widehat{(ct)}_{-1,1} = -5.375, \quad \widehat{(ct)}_{1,1} = 5.375$$

となり

$$\sum_{s=1}^{4} \sum_{j=\pm 1} \sum_{l=\pm 1} \widehat{c}_j = (10.250)^2 \times 16 = 1681.00$$

となるので，分散分析表の C 間平方和と一致している．他の平方和についても同様である．したがって，この場合には主効果が有意な値を持つことになり，R の lm 関数あるいは coef 関数の出力で 2 因子交互作用だけがあるように見えても，主効果がないと考えてはいけないことを注意しておこう．

R なら (34)：2^{5-1} 化学反応速度実験の係数の推定

```
> summary(lm(y ~ C + T + C*T, data = reacted)) # y ~ (C+T)^2 も可
Call:
lm(formula = y ~ C + T + C*T, data = reacted)
Residuals:
    Min      1Q  Median      3Q     Max
-10.750  -3.500  -0.125   3.312  13.250
Coefficients:
            Estimate Std. Error t value Pr(>|t|)
(Intercept)   54.250      3.499  15.507 2.66e-09 ***
C1             9.750      4.948   1.971  0.07228 .
T1             1.500      4.948   0.303  0.76695
C1:T1         21.500      6.997   3.073  0.00967 **
---
Signif. codes:  0 '***' 0.001 '**' 0.01 '*' 0.05 '.' 0.1 ' ' 1

Residual standard error: 6.997 on 12 degrees of freedom
Multiple R-Squared: 0.8236,     Adjusted R-squared: 0.7795
F-statistic: 18.68 on 3 and 12 DF,  p-value: 8.133e-05
```

6.3.2 交互作用のある 5 元配置モデルの AIC による解析

これまでの分散分析表による解析で得られた因子 C, T そして交互作用 C*T を用いた線形モデルの当てはめは，自由度調整済み決定係数 R^2_{adj} の値 0.7795 からもわかるように，決して十分とはいえない．これは何らかの重要な効果を

見逃している可能性があることを示唆しているかもしれない．そこで，最初の5元配置のモデルに戻り，全ての主効果と全ての二つの因子間の交互作用効果があると仮定してRを用いて分散分析を行うと，次の分散分析表が得られる．

Rなら (35)：交互作用効果を考慮した5元配置の分散分析表

```
# 5因子間の全ての交互作用を考慮したモデルの分散分析結果
> summary(aov(y~(F+C+A+T+N)^2, data=reacted))
            Df    Sum Sq   Mean Sq
F            1     16.00     16.00
C            1   1681.00   1681.00
A            1 3.131e-30 3.131e-30
T            1    600.25    600.25
N            1    156.25    156.25
F:C          1      9.00      9.00
F:A          1      1.00      1.00
F:T          1      2.25      2.25
F:N          1      6.25      6.25
C:A          1      9.00      9.00
C:T          1    462.25    462.25
C:N          1      6.25      6.25
A:T          1      0.25      0.25
A:N          1     20.25     20.25
T:N          1    361.00    361.00
```

この結果には残差 Residuals の項が欠けている．これは，一般平均，主効果，交互作用効果の自由パラメータが合計 $1+5+10=16$ 個あり，実験回数も16回のため，残差が0のモデルが当てはめられたためである．この場合には，有意性検定を行うことができないが，平方和 Sum Sq. あるいは平均平方和 Mean Sq. を比較すると，前節での交互作用のある2元配置のモデルに現れている効果以外にも，因子Nの主効果と2因子交互作用 T*N が，変動（平方和）を説明する重要な要因となっている可能性があることがわかる．ここで，これらの効果をモデルに含めるのがよいか否かを検討してみよう．

分散分析モデルも因子という特殊な説明変数を含むが，線形重回帰モデルには違いなく，第5章で用いた当てはめ手法がやはり使えることを注意しよう．実際，次のようなRによる，線形モデル当てはめ関数 lm と，AIC法による変数

6.3 交互作用のある5元配置モデルの解析

選択関数 step を用いた解析は，最適な変数選択結果が，因子 C, T, N と，2因子交互作用 C*T, T*N の組合せであるとを教えてくれる．

●——— R なら (36)：2^{5-1} 化学反応速度実験の変数選択 ———●

```
> attach(reacted)          # 因子名 F,C,A,T,N で参照できるようにする
> step(lm(y~F+C+A+T+N))                # 回帰結果から変数選択実行
> slm2 <- step(lm(y~(C+T+N)^2)) # 交互作用項を含め再度変数選択実行
> summary(slm2)                        # 変数選択後の回帰結果の要約表示
Call:
lm(formula = y ~ C + T + N + C:T + T:N) # 当てはめ回帰式
Residuals:
   Min    1Q Median    3Q   Max
-3.625 -1.187  0.125  0.750  5.375
Coefficients: # 選ばれた効果とその推定値，および検定結果
            Estimate Std. Error t value Pr(>|t|)
(Intercept)   52.625      1.623  32.423 1.84e-11 ***
C1             9.750      1.874   5.202 0.000400 ***
T1            11.000      2.295   4.792 0.000732 ***
N1             3.250      1.874   1.734 0.113561
C1:T1         21.500      2.650   8.112 1.04e-05 ***
T1:N1        -19.000      2.650  -7.169 3.04e-05 ***
---
Signif. codes:  0 '***' 0.001 '**' 0.01 '*' 0.05 '.' 0.1 ' ' 1

Residual standard error: 2.65 on 10 degrees of freedom
Multiple R-Squared: 0.9789,     Adjusted R-squared: 0.9684
F-statistic: 92.83 on 5 and 10 DF,  p-value: 4.766e-08
```

まず，全ての因子からの変数選択 step(lm(y ~ F+C+A+T+N)) により，因子 C,T,N が選ばれる．次に，因子 C, T, N と，それらの2因子交互作用からの変数選択 step(lm(y ~ (C+T+N)^2)) により，最終的に因子 C, T, N と，それらの2因子交互作用項 C*T, T*N が選ばれる．最後に，選ばれた因子とそれらの2因子交互作用項を用いた線形モデルの当てはめを行う．R^2_{adj} 値の値は 0.9684 と飛躍的に上がった．

この最終モデルの分散分析表を求めてみると次のようになる．因子 N の主効果は，因子 T と N の交互作用効果より観測値に及ぼす影響が小さいが，やはり

有意な因子であろう．

● R なら (37)：2^{5-1} 化学反応速度実験の最終モデル ●

```
> summary(aov(y ~ C+T+N+C*T+T*N, data = reacted))
            Df  Sum Sq Mean Sq F value    Pr(>F)
C            1 1681.00 1681.00 239.288 2.600e-08 ***
T            1  600.25  600.25  85.445 3.253e-06 ***
N            1  156.25  156.25  22.242 0.0008212 ***
C:T          1  462.25  462.25  65.801 1.043e-05 ***
T:N          1  361.00  361.00  51.388 3.037e-05 ***
Residuals   10   70.25    7.03
---
Signif. codes:  0 '***' 0.001 '**' 0.01 '*' 0.05 '.' 0.1 ' ' 1
```

6.4 コ ラ ム

6.4.1 畑で生まれた工学技術

R.A. フィッシャー (1890-1962) は現代統計学の創始者として，今なお大きな影響を持つ大天才である．子供のころから弱視で，本からでなく教師の話を耳で聞き学習したと伝えられる．そのせいか，その著作の叙述は幾何学的・直観的で理解しにくいといわれ，生涯多くの挫折・論争を招いた．自営農家を含む様々な職を経た後，世界屈指の農業試験場であるロザムステッド農業試験場に就職 (1919–33) すると，蓄積された膨大な農業実験データの解析に取り組み，分散分析，実験計画法等，その後農学以上に工学で必須となった実験実施・解析法を次々に提案していった．また，推定・検定理論でも多くの重要な貢献をし，特に最尤推定法のアイデアは彼の名前を不朽のものにしている．

また，ダーウィンの進化論とゴルトンの提唱した優生学の考えに触発され，学生時代から遺伝学に関心を持ち続け，遺伝統計学の基礎を確立し，メンデルと並び称される．このため，フィッシャーは統計関係者の間では「遺伝学もついでに研究した大統計学者」として，そして遺伝学関係者の間では「統計学もついでに研究した大遺伝学者」として現在記憶されている．

6.4.2 タグチメソッド

1979 年サミット参加のために訪日したカーター大統領は，当時低価格・高品質の日本車の輸入増加で深刻な打撃を受けていたアメリカ自動車産業ビッグスリーの会長を同行し，米国車の輸入促進をアピールした．これは，戦後の国内産業再建に邁進してきた産業界に大きな驚きと感慨をもたらすものであった．

敗戦で灰燼と化した日本の製造業は，低価格の粗悪品の製造・輸出[9]で露しのぎをする時期が長く続き，「安かろう悪かろう」の日本製品のイメージが定着することになった．日本産業の復興を期する産業人は戦事アメリカ軍需産業の秘密兵器であった**統計的品質管理** (statistical quality control) 手法の存在を知るや，これこそが資源のない日本産業を立て直す切札と気づき，その導入と実践に邁進した．統計的品質管理は，戦時米国軍需産業を支えた女性などの未熟練労働者による製品の品質を要求水準に保つために考案された手法で，その基本は，製品の品質は統計的にばらつくものと割り切り，品質の平均値と標準偏差を監視・制

---

[9] 戦後しばらくの間 (1945–51)，こうした製品には Made in Occupied Japan (連合軍占領下日本製) の銘が記され，現在ではそれが逆に骨董価値を高めているのは皮肉である．したたかな日本商人は，Made in USA (大分県宇佐市製) というインチキまがいの銘を記したという，冗談のような話が伝わる．

御しようとする (**3 シグマ法**) であった．具体的には，品質が正規分布に従うとした上で，一定数のロットごとに品質の平均値 μ と標準偏差 σ を推定し，範囲 $\hat{\mu} \pm 3\hat{\sigma}$ 内に要求品質があればよし，さもなければ問題ありとして，製造ラインや作業工程をチェックし，問題点を突き止めるというものであった．つまり全体として約 99.7%の歩留まりでよしと割り切る考え方であった．100%の品質を要求することは，コストと時間の飛躍的な増大を招き，結局かけ声倒れ，不良品の隠蔽に終るという醒めた哲学が背景にあった．

当時来日し，品質管理技術の指導にあたった米国統計学者デミングなどに学んだ，日本の産業界は，やがてアメリカも予想しなかったようなやり方で，品質管理の思想を生産現場に徹底することに成功し，品質の飛躍的向上を達成した．日本における品質管理は末端作業員の意識改革という点で，本家アメリカとは大きく異なったものとなり，やがて **TQC** (Total Quality Control) や **ZD 運動** (Zero Defect 運動) と呼ばれる日本独自の手法を生み出し，日本製品の品質とコスト削減に，飛躍的な向上をもたらすことになった．

カーター大統領の訪日と前後し，アメリカはなぜ日本が低コスト・高品質の車を生産できるか密かに調査を行い，その秘密がタグチメソッドにあると結論した．**タグチメソッド** (Taguchi method) は統計学者田口玄一氏が提唱した**品質工学** (quality engineering) の中心となる手法で，実験計画法と分散分析の考えに基づき，多数の生産ファクターが，最終的な製品品質にどのように影響を及ぼすかを，最小限の実験データから定量的に把握することを可能にする，実践的な手法である．また単に品質を高めることよりも，コストなどとのバランスを重視することも特徴であった．これ以降，アメリカの自動車産業を中心にタグチメソッドが全米国的にブームとなり，アメリカ製品の高品質・低コスト化に貢献することになった．多分に精神性を重視した TQC 運動と異り，統計技術であるタグチメソッドは，異文化圏にも速やかに導入・普及が可能であったようだ．その他にもアメリカが日本から採り入れた品質管理手法としては，「改善運動」(末端労働者の品質・コスト意識改革運動)，「看板方式」(トヨタが開発した部品在庫を最小化する手法) などがあり，それらは kaizen, kanban としてアメリカの辞書にも掲載されるまでになっている．

田口玄一氏は 1997 年に米国自動車業界の発展に貢献した人物として「米国自動車殿堂」入りの表彰を受けた．これは，米国自動車産業の発展のみならず，米国経済・社会に貢献した人を表彰しているもので，フォード自動車の創業者であるヘンリー・フォード，クライスラーの元会長・リー・アイアコッカらが殿堂入りしており，日本人では，本田宗一郎氏 (元本田技研工業社長)，豊田英二氏 (元トヨタ自動車社長) に次ぎ，三人目の殿堂入りである．企業代表としてではなく，個人としての日本人受賞ははじめてといえる．

6章の問題

- **1** コンクリートの水分含有量データの第1水準の主効果 μ_1 の95%信頼区間を求めよ. コンクリートの水分含有量データの $\hat{\mu}_i$ は互いに無相関で, いずれも同じ分散 σ^2/n を持つ. このことより, 各水準の主効果 μ_i の最小自乗推定値と標準偏差を求め, それを用いて, 各主効果 μ_i の95%信頼区間を求めよ.

- **2** R の base パッケージ中のデータ PlantGrowth は, 3種類の処理 (うち一つは比較のための無処理) のもとでの植物の生育の度合を乾燥重量で測定した, それぞれ10組のデータからなるデータフレームである. これを1元配置の分散分析で解析せよ.

- **3** R のアドオンパッケージ MASS (パッケージ集 VR 中の一つ) 中の組込みデータ coop は, 試料中のある物質の濃度 Conc(g/kg) を測定した繰り返しのある総計252個のデータからなるデータフレームである. 三つの因子は, それぞれ6水準からなる研究室 Lab と検体 Spc, そして測定順序を表す3水準の Bat である. 因子 Spc と Bat はブロック因子である. このデータは, 複数の機関が共同分担して同一の測定を行う際, 機関による測定結果の違いを検証するために行われた調査[10]による. このデータを R を用いて解析した次の結果からどのような結論が導びかれるか. また, これを一部の因子を無視して解析 (例えばブロック因子 Spc を無視し summary(aov(Conc ~ Lab + Bat)) とする) した結果と比較せよ. また step 関数を用い, 2因子交互作用項まで含め解析せよ.

```
> library(MASS)     # (パッケージ MASS がすでにインストールされているとする)
> data(coop)        # データフレーム coop を読み込む
> attach(coop)      # 変数名を Conc などで参照できるようにする
> is.factor(Lab)    # 念のため Lab は因子とされているかどうかチェック
[1] TRUE            # 確かに因子である
> is.factor(Conc)   # Conc はどうか?
[1] FALSE           # これは測定値だから, 当然因子であってはならない
> coop              # coop データの中身を見る (繰り返しがあることを注意)
  Lab Spc Bat Conc
1  L1  S1  B1 0.29
2  L1  S1  B1 0.33
```

---

[10] Analytical Methods Committee, "Recommendations for the conduct and interpretation of co-operative trials", *The Analyst*, Vol. **112**, 679-686 (1987).

```
3    L1  S1  B2  0.33
  ### 途中省略 ###
250  L6  S7  B2  1.40
251  L6  S7  B3  1.50
252  L6  S7  B3  1.80
> summary(aov(Conc ~ Lab + Spc + Bat))  # 3元配置の分散分析結果の要約
           Df   Sum Sq  Mean Sq  F value   Pr(>F)
Lab         5    18.59     3.72   28.7537  <2e-16 ***
Spc         6  1485.52   247.59 1914.4654  <2e-16 ***
Bat         2     0.41     0.21    1.6022  0.2036
Residuals 238    30.78     0.13
---
Signif. codes:  0 '***' 0.001 '**' 0.01 '*' 0.05 '.' 0.1 ' ' 1
> summary(lm(Conc ~ Lab + Spc + Bat))   # 3因子変数による回帰分析結果の
要約
Call:
lm(formula = Conc ~ Lab + Spc + Bat)  # 当てはめ回帰式
Residuals:   # 推定残差の5数要約
    Min      1Q  Median      3Q     Max
-1.10754 -0.15324 -0.01790 0.13887 1.93544
  # 各因子・水準の主効果推定値と，それがゼロかどうかの帰無仮説検定結果
Coefficients:
             Estimate Std. Error t value Pr(>|t|)
(Intercept)  0.1494444  0.0847624   1.763   0.0792 .
LabL2        0.3735714  0.0784748   4.760 3.36e-06 ***
LabL3        0.0007143  0.0784748   0.009   0.9927
LabL4        0.7802381  0.0784748   9.943  < 2e-16 ***
LabL5        0.3392857  0.0784748   4.324 2.26e-05 ***
LabL6        0.4738095  0.0784748   6.038 5.96e-09 ***
SpcS2       -0.1422222  0.0847624  -1.678   0.0947 .
SpcS3        0.5688889  0.0847624   6.712 1.40e-10 ***
SpcS4        0.1338889  0.0847624   1.580   0.1155
SpcS5        7.2533333  0.0847624  85.572  < 2e-16 ***
SpcS6        1.2777778  0.0847624  15.075  < 2e-16 ***
SpcS7        0.8025000  0.0847624   9.468  < 2e-16 ***
BatB2        0.0879762  0.0554900   1.585   0.1142
BatB3        0.0040476  0.0554900   0.073   0.9419
---
Signif. codes:  0 '***' 0.001 '**' 0.01 '*' 0.05 '.' 0.1 ' ' 1

Residual standard error: 0.3596 on 238 degrees of freedom
Multiple R-Squared: 0.98,     Adjusted R-squared: 0.9789
F-statistic: 894.9 on 13 and 238 DF,  p-value: < 2.2e-16
```

第7章

非線形回帰

　母回帰式が未知パラメータの線形関数でない場合を総称して**非線形回帰** (nonlinear regression) と呼ぶ．説明変数が複数であれば，非線形重回帰分析となる．非線形回帰でも最小自乗法の考え方が基本的であるが，非線形な母回帰式に応じて個別の議論が必要となる．また，その解も厳密に求めることができず，線形方程式で近似したり，様々な最適化技法を使って数値的に求めるしかないことが多く，R などの高機能ソフトを用いない限り解析は不可能になる．この章では非線形回帰分析の理論と，R を用いた実際の解析例を紹介する．

7.1　非線形回帰の基礎
7.2　非線形回帰分析の実例
7.3　コ ラ ム

7.1 非線形回帰の基礎

例をもとに説明しよう．物理理論によれば，飽和蒸気における圧力 y と温度 x の間には $y = \alpha 10^{\beta x/(\gamma + x)}$ の関係がある．ここで定数 α, β, γ の値は未知であり実際のデータから決める必要がある．14 回の実験 (参考文献[10]) より次のデータが得られた：

x	0	10	20	30	40	50	60
y	4.14	8.52	16.31	32.18	64.62	98.76	151.13
x	70	80	85	90	95	100	105
y	224.74	341.35	423.36	522.78	674.32	782.04	920.01

i 回目の実験に際し誤差 ϵ_i が加わると考えると，回帰式は

$$y_i = \alpha 10^{\beta x_i/(\gamma + x_i)} + \epsilon_i, \quad i = 1, \cdots, 14$$

となる．誤差の自乗和を

$$S(\alpha, \beta, \gamma) = \sum_{i=1}^{14} \left(y_i - \alpha 10^{\beta x_i/(\gamma + x_i)} \right)^2$$

と定義すれば，最小自乗法の考え方から S を最も小さくする母数 $(\widehat{\alpha}, \widehat{\beta}, \widehat{\gamma})$ が真の母数 (α, β, γ) の推定値になる．具体的には正規方程式

$$\frac{\partial S}{\partial \alpha} = \frac{\partial S}{\partial \beta} = \frac{\partial S}{\partial \gamma} = 0$$

を数値的に解き，解 (5.27, 8.57, 295.0) が得られる．

非線形回帰式には簡単な変換により線形回帰式に帰着できるものがある．例えば**多項式回帰式** $y = c_0 + c_1 x + \cdots + c_m x^m$ は m 個の説明変数 $x_1 = x$, $x_2 = x^2$, $\cdots$, $x_m = x^m$ があると考えれば線形重回帰式と考えることができる．また**片対数モデル**と呼ばれる回帰式 $y = ab^x$ は線形回帰式 $\log y = \log a + (\log b)x$ になる．同様に**両対数モデル**と呼ばれる回帰式 $y = ax^b$ は線形回帰式 $\log y = \log a + b \log x$ になる．ただし，線形化したほうがよいかどうかは誤差の入り方による．回帰モデル $y = ab^x + \epsilon$ は $\log y = \log a + (\log b)x + \epsilon$ と変形はできない．むしろ，非線形回帰モデルとして解くほうが好ましい．

ある種のタイプのデータに特に当てはまりが良いことが知られている非線形回帰式がいくつか知られている．理由については理論的説明が可能なこともあれば，全く経験的事実であることもある．例えば，非線形 1 階微分方程式

7.1 非線形回帰の基礎

$$\frac{dy}{dx} = y(a - by)$$

を解き，適当な初期条件とパラメータの変換を行うことによって得られる**ロジスティック曲線**と呼ばれる関数

$$y = \frac{\gamma}{1 + \alpha \exp(-\beta x)}$$

は，時点 x における y の値が何らかの意味で「成長率」と解釈されるようなデータによく応用される．また，非線形 1 階微分方程式

$$\frac{dy}{dx} = ay \log\left(\frac{b}{y}\right)$$

を解き，適当な初期条件と母数の変換を行うことによって得られる**ゴンペルツ曲線**と呼ばれる関数

$$y = \gamma \exp\left(-\alpha \exp(-\beta x)\right)$$

は，時点 x における y の値が何らかの意味で「死亡率」と解釈されるようなデータによく応用される．

説明変数が複数 $\boldsymbol{x} = (x_1, \cdots, x_k)^T$ あるとする．また $f_{\boldsymbol{\theta}}$ は，関数形がわかっている非線形曲線であると仮定する．その母回帰モデルは，

$$y = f_{\boldsymbol{\theta}}(\boldsymbol{x}) + \epsilon \quad (\text{非線形回帰モデル})$$

となる．

実際の観測データの構造は

非線形回帰モデルのデータ観測式

$$y_1 = f_{\boldsymbol{\theta}}(\boldsymbol{x}_1) + \epsilon_1$$
$$y_2 = f_{\boldsymbol{\theta}}(\boldsymbol{x}_2) + \epsilon_2$$
$$\cdots\cdots\cdots\cdots\cdots\cdots$$
$$y_n = f_{\boldsymbol{\theta}}(\boldsymbol{x}_n) + \epsilon_n$$

となる．ここで $\{\epsilon_i\}$ は対応する誤差列 (普通，平均ゼロの互いに独立・同分布な正規分布に従うとされる) である．y_i, $\boldsymbol{x}_i = (x_{i1}, x_{i2}, \cdots, x_{ik})^T$ は i 番目の観測における目的変数と説明変数ベクトルの組であり，既知である．観測誤差 $\{\epsilon_i\}$ は未知である．p 個の母数 $\boldsymbol{\theta} = (\theta_1, \theta_2, \cdots, \theta_p)^T$ も未知である．

母数 $\boldsymbol{\theta} = (\theta_1, \theta_2, \cdots, \theta_p)^T$ の推定は誤差の自乗和

$$S(\boldsymbol{\theta}) = \sum_{i=1}^{n}(y_i - f_{\boldsymbol{\theta}}(\boldsymbol{x}_i))^2$$

を最小にする $\hat{\boldsymbol{\theta}} = (\hat{\theta}_1, \hat{\theta}_2, \cdots, \hat{\theta}_p)^T$ であり，正規方程式

$$\frac{\partial S(\boldsymbol{\theta})}{\partial \boldsymbol{\theta}} = \boldsymbol{0} = \begin{bmatrix} 0 \\ 0 \\ \vdots \\ 0 \end{bmatrix} \quad \text{(正規方程式)}$$

の解となる．ここで線形回帰と異なる点は，この式が普通解析的に解けず，数値的に解くしかないことである．

7.2 非線形回帰分析の実例

7.2.1 牧草の生産量のデータ

この節では牧草の生産量のデータを解析する．データ Ratkowsky2 は，牧草の生産量とその生育期間との関係を求めるために行われた実験から得られた，二つの変量「牧草の生産量 y」と「生育期間 x」からなる九つの観測値のデータフレームである．このデータは R の NISTnls パッケージ中にあるが，標準パッケージではない[1)]のでインターネットなどで別途入手し，自分でインストールする必要がある．このデータを利用するには，まずこのライブラリーを library 関数で library(NISTnls) と読み込んでおく．

R で非線形回帰を行う手順は以下のようになる：

(1) データフレーム Ratkowsky2 を読み込む．
(2) データの散布図 (図 7.1) を描く．
(3) 母数 (α, β, γ) の適当な初期値[2)]を定める．
(4) R の非線形回帰パッケージ nls を用い非線形回帰を行い，結果をリスト fm に格納．
(5) さらに predict で回帰曲線 (図 7.1) を描き，データ点を points で図に上書きする．
(6) 回帰分析結果の要約を表示する．

●R なら (38)：牧草生産量データの非線形回帰●

```
> data(Ratkowsky2)         # 牧草データを読み込み
> attach(Ratkowsky2)
> Ratkowsky2               # その内容 (データ数 9)
     y   x                 # 変数ラベル
1  8.93  9                 # 2 変数, 9 データ
```

[1)] R には標準で含まれるパッケージ以外に，様々な目的のために作られたアドオンパッケージと呼ばれる，世界のボランティアが作成した数百のパッケージがある．そのかなりのものが R の公式サイトである CRAN (247 ページ参照) から入手可能である．

[2)] 非線形関数の最適化には「良い初期値」の選択が欠かせないが，これはしばしば最も困難な作業になり，王道はない．適当なパラメータ値でグラフを描くなどの試行錯誤が欠かせない．

```
2 10.80 14
3 18.59 21
4 22.33 28
5 39.35 42
6 56.11 57
7 61.73 63
8 64.62 70
9 67.08 79
  # nls を用い，初期値 a=75, b=10, c=0.1 で非線形回帰実行
> fm <- nls(y ~ a/(1+b*exp(-c*x)), data = Ratkowsky2,
            trace=TRUE, start = c(a = 75, b = 10, c = 0.1))
> growtime <- seq(x[1],x[9],.5)
> newx <- data.frame(x=growtime)
  # 当てはめ母数で予測
> predicted.curve <- predict(fm, newx, type="resp")
> plot(predicted.curve ~ growtime, type="l") # 結果を作図
> points(y ~ x, pch="*", data=Ratkowsky2) # データ点を図に重ねる
> summary(fm)                              # 回帰結果要約の出力
```

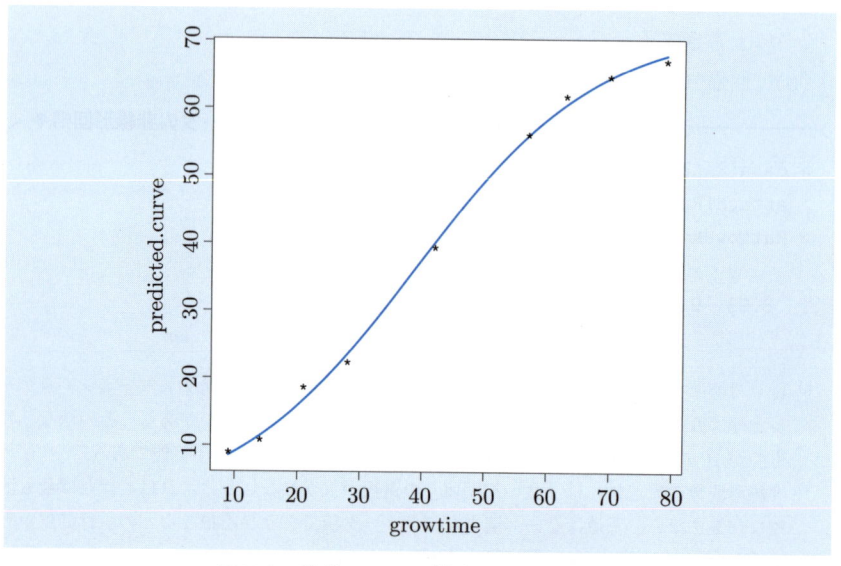

図 7.1 牧草データの散布図と回帰曲線.

また nls による最適解への収束状況の出力は，次の意味を持つ：

(1) nls においてオプション trace=TRUE を指定すると，初期値から最適解への収束状況が示される．
(2) 1 行目に初期値 (75.0, 10.0, 0.1) と，残差の自乗和が表示される．
(3) 2 行目以降に逐次近似解が表示され，最後に収束条件を満足する数値的最適解が表示される．

●R なら (39)：最適解への収束状況 nls の出力●

```
2206.495  :  75.0          10.0          0.1         # 初期値とその残差
437.3841  :  66.39326538   7.31810053   0.05003402  # 以下途中結果
29.13584  :  70.31495287  11.71796644   0.06868559
8.360901  :  72.5522305   13.2777874    0.0663481
8.05728   :  72.43887530  13.70143886   0.06738422
8.056524  :  72.46385322  13.70849234   0.06735572
8.056523  :  72.4621337   13.7093683    0.0673594
8.056523  :  72.46224427  13.70933036   0.06735919  # 収束値
```

回帰結果 fm の要約 summary(fm) は次の意味を持つ：

(1) Formula は nls 関数の呼び出し式の記録 (目的変数 y，説明変数 x，非線形回帰曲線 $y = \gamma/(1 + \alpha \exp(-\beta x))$，データ Ratkowsky2).
(2) Parameters は推定母数に関する情報．t,p 値から帰無仮説 $\alpha = 0, \beta = 0, \gamma = 0$ からの有意な差がある，つまりゼロとはみなせないことがわかる．

	最小自乗推定値	標準偏差推定値	対応 t 値	その p 値
γ	72.462244	1.734029	41.79	1.26e-8
α	13.709330	1.210468	11.33	2.84e-5
β	0.067359	0.003447	19.54	1.16e-6

(3) Residual standard error は残差の標準誤差．
(4) Correlation of Parameter Estimates は母数推定値の相関を示している．

● R なら (40)：回帰分析要約 summary(fm) の出力 ●

```
Formula: y ~ a/(1 + b * exp(-c * x))  # 非線形回帰式
Parameters: # 最小自乗推定値，その標準誤差，t 値と対応確率
    Estimate Std. Error t value Pr(>|t|)
a 72.462244   1.734029   41.79 1.26e-08 ***
b 13.709330   1.210468   11.33 2.84e-05 ***
c  0.067359   0.003447   19.54 1.16e-06 ***
---
Signif. codes:  0 '***' 0.001 '**' 0.01 '*' 0.05 '.' 0.1 ' ' 1
Residual standard error: 1.159 on 6 degrees of freedom
Correlation of Parameter Estimates:  #   推定値間の相関値
        a       b
b  -0.4555
c  -0.8389  0.8213
```

7.2.2 絶縁体故障の加速試験のデータ

この項では絶縁体の故障データ[3]を解析する．絶縁体に対して，一定時間の温度負荷を与えた加速試験を行い，その故障電圧を記録した．データ Nelson は三つの変量「絶縁体の故障電圧 y」，「温度負荷時間 x1 $(1, 2, 4, 8, 16, 32, 48, 64$ 週)」と「温度負荷量 x2 $(180, 225, 250, 275$ ℃)」からなる 128 個の観測値のデータフレームである．Nelson は，以下の仮定のもとでこのデータを解析した．

● R なら (41)：絶縁体の故障時間データの散布図 ●

```
> data(Nelson)       # データを読み込む
> attach(Nelson)     # 各変数を名前 y,x1,x2 で参照できるようにする
> Nelson
       y x1  x2
1  15.00  1 180
2  17.00  1 180
3  15.50  1 180
4  16.50  1 180
5  15.50  1 225
```

---

[3] Nelson W., Analysis of Performance-Degradation Data from Accelerated Tests, *IEEE Transactions on Reliability*, Vol.R-30, No.2, 1981, pp.149-155. このデータは R の NISTnls パッケージ中にある．

7.2 非線形回帰分析の実例

```
6    15.00  1  225
7    16.00  1  225
8    14.50  1  225
9    15.00  1  250
10   14.50  1  250
....(途中省略) ...
125   1.50  64 275
126   1.00  64 275
127   1.20  64 275
128   1.20  64 275
 # 各温度負荷量の実験番号を得る
> i180 <- x2==180
> i225 <- x2==225
> i250 <- x2==250
> i275 <- x2==275
 # グラフの枠とタイトルを まず描く
> matplot(c(0,70),c(1,19), main="Dielectric breakdown data",
  xlab="week",ylab="Log(Breakdown Strength)",log="y",type="n")
 # 各温度のデータをそれぞれ記号×,●,○,＋でプロット
> points(Nelson[i180,c(2,1)],pch=4)
> points(Nelson[i225,c(2,1)],pch=16)
> points(Nelson[i250,c(2,1)],pch=1)
> points(Nelson[i275,c(2,1)],pch=3)
> legend(0,2,legend=c("180","225","250","275 degrees Celsius")
  , pch=c(4,16,1,3))                    # 凡例の作成
```

解析の仮定：

(1) 温度負荷量と温度負荷時間の各組合せに対して，故障電圧の分布は対数正規分布に従う．

(2) 故障電圧の対数の標準偏差は一定である．

(3) 故障電圧の母中央値 (V) の対数と，温度負荷量 (T) と温度負荷時間 (t) の間には $\log_{10}(V_0/V) = t\beta \exp(\gamma/T)$ の関係がある．ここで V_0 は $t=0$ における故障電圧の中央値であり $\log_{10}(\cdot)$ は常用対数である．

上記の仮定のもとで，母回帰モデルは

第 7 章 非線形回帰

$$\log_{10}(V) = \alpha - t\beta \exp(-\gamma/(T + 273.16)) + \epsilon$$

となる．図 7.2 からも，片対数グラフ上で，温度負荷量ごとの温度負荷時間と，故障電圧の中央値が直線関係であることが理解できる．

解析の手順は「R なら (41)〜(43)」のようになる：

(1) データフレーム Nelson を読み込む．
(2) データの散布図 (図 7.2) を描く．
(3) R のパッケージ nls を用い非線形回帰を行い，結果をリスト fm に格納．
(4) さらに推定した回帰曲線を散布図に上書き (図 7.3) する．
(5) 回帰分析結果の要約を表示する．

●―― R なら (42)：最適解への収束状況の出力 ――●

```
> fm <- nls(log10(y) ~ a - b*x1*exp(-c/(x2+273.16)), data=Nelson,
          start=c(a=1.13,b=6.375e+11,c=17065),trace=T)
0.7269386 : 1.1300e+00   6.3750e+11    1.7065e+04    # 初期値
0.722269  : 1.125919e+00 2.878341e+11  1.664299e+04  # 以下途中解
0.7220003 : 1.125479e+00 2.637889e+11  1.659572e+04
0.7213283 : 1.125151e+00 2.473455e+11  1.655993e+04
0.7206689 : 1.124662e+00 2.242644e+11  1.650580e+04
0.7194283 : 1.124181e+00 2.036685e+11  1.644994e+04
0.719196  : 1.124190e+00 2.037838e+11  1.644781e+04
0.719196  : 1.124190e+00 2.037473e+11  1.644772e+04  # 収束値
```

nls による最適解への収束状況の出力は次の意味を持つ：

(1) nls において trace=TRUE を指定すると，初期値から最適解への収束状況が示される．
(2) 1 行目に初期値 $(1.13, 6.375e+11, 17065)$ と残差の自乗和が表示される．
(3) 2 行目以降近似解が表示され，最後に収束条件を満足する数値的最適解が表示されて計算が終了する．

7.2 非線形回帰分析の実例

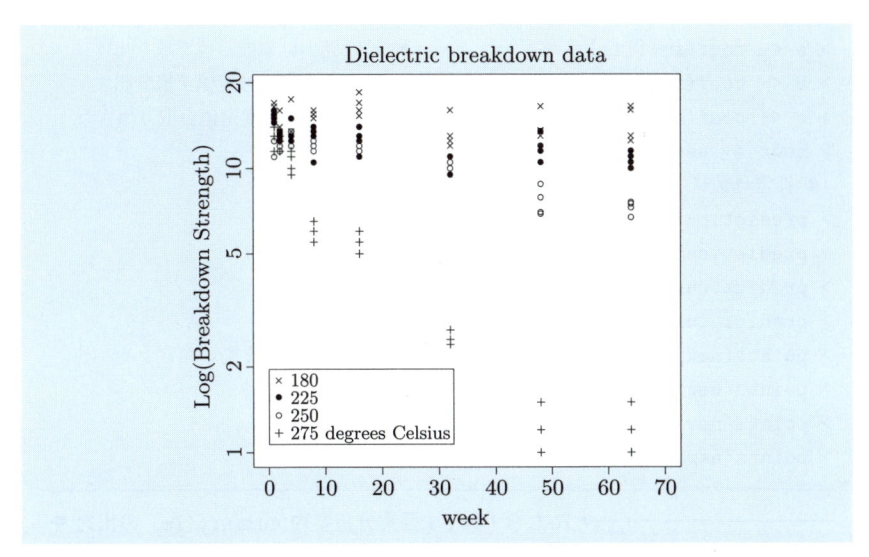

図 7.2 絶縁体データの散布図 (片対数グラフ). 温度ごとに異なった記号で区別.

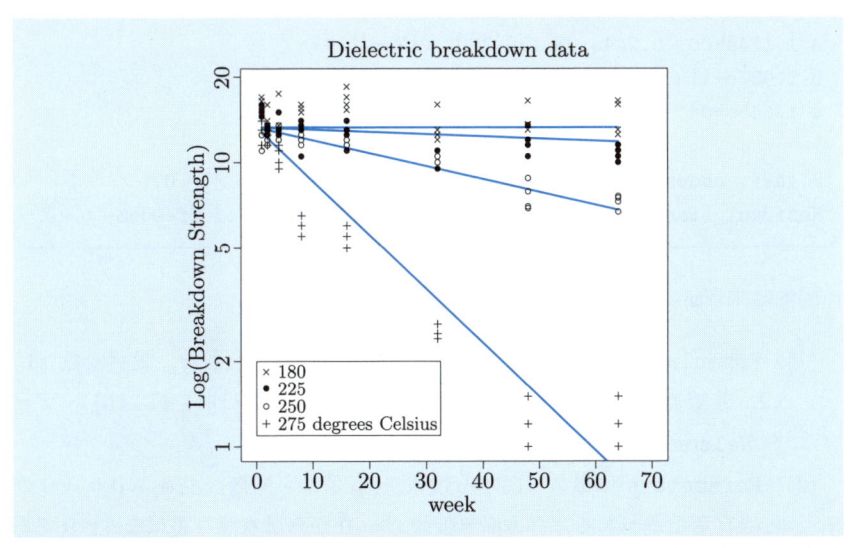

図 7.3 絶縁体データの散布図と回帰曲線 (片対数グラフ). 温度ごとの当てはめ曲線を示す.

186　　　　　　　　　　第 7 章　非線形回帰

●　**R なら (43)：回帰曲線の出力**　●

```
> a <- coef(fm)[[1]]           # αの最小自乗推定値を取り出す
> b <- coef(fm)[[2]]           # βの最小自乗推定値を取り出す
> c <- coef(fm)[[3]]           # γの最小自乗推定値を取り出す
> newx <- seq(1,64,1)
 # 推定母数による関数値計算
> predict.curve180 <- 10^(a-b*newx*exp(-c/180))
> predict.curve225 <- 10^(a-b*newx*exp(-c/225))
> predict.curve250 <- 10^(a-b*newx*exp(-c/250))
> predict.curve275 <- 10^(a-b*newx*exp(-c/275))
> points(newx, predict.curve180, type="l") # 値を図にプロット
> points(newx, predict.curve225, type="l")
> points(newx, predict.curve250, type="l")
> points(newx, predict.curve275, type="l")
```

●　**R なら (44)：回帰分析要約 summary(fm) の出力**　●

```
Formula: log10(y) ~ a - b * x1 * exp(-c/(x2 + 273.16))

Parameters:
   Estimate Std. Error t value Pr(>|t|)
a 1.124e+00  8.244e-03 136.360  <2e-16 ***
b 2.037e+11  4.227e+11   0.482   0.631
c 1.645e+04  1.137e+03  14.469  <2e-16 ***
---
Signif. codes:  0 '***' 0.001 '**' 0.01 '*' 0.05 '.' 0.1 ' ' 1
Residual standard error: 0.07585 on 125 degrees of freedom
```

回帰結果 fm の要約 summary(fm) は次の意味を持つ：

(1) Formula は nls 関数の呼び出し式の記録 (目的変数 y，説明変数 x1, x2，非線形回帰曲線 $\log_{10}(y) = \alpha - \beta x_1 \exp(-\gamma/(x_2 + 273.16))$，データ Nelson).

(2) Parameters は母数に関する情報．t,p 値から帰無仮説 $\alpha = 0, \gamma = 0$ からの有意な差がある．一方帰無仮説 $\beta = 0$ からは有意な差はなく，0 である可能性がある．

(3) Residual standard error は残差の標準誤差．

7.2 非線形回帰分析の実例

	最小自乗推定値	標準偏差推定値	対応 t 値	その p 値
α	1.124	8.244e-3	136.360	2e-16
β	2.037e+11	4.227e+11	0.482	0.631
γ	1.645e+4	1.137e+3	14.469	2e-16

　非線形回帰分析においても回帰診断は重要である．その中心は線形回帰と同様に残差の検討である．横軸に温度負荷時間を，縦軸に残差を書いた残差プロットが図 7.4 の上図である．その下に，正規 Q-Q プロットを合わせて表示している．Q-Q プロットから，残差の正規性に関する疑問が残る．この原因を検討するために，図 7.5 に各温度負荷量ごとの残差プロットと Q-Q プロットを描いた．この図で特に注目される点は，温度負荷量が 275 ℃で負荷時間が 64 週のデータの残差の挙動である (図 7.5 の下段右図．三つの残差が他と異なり正の

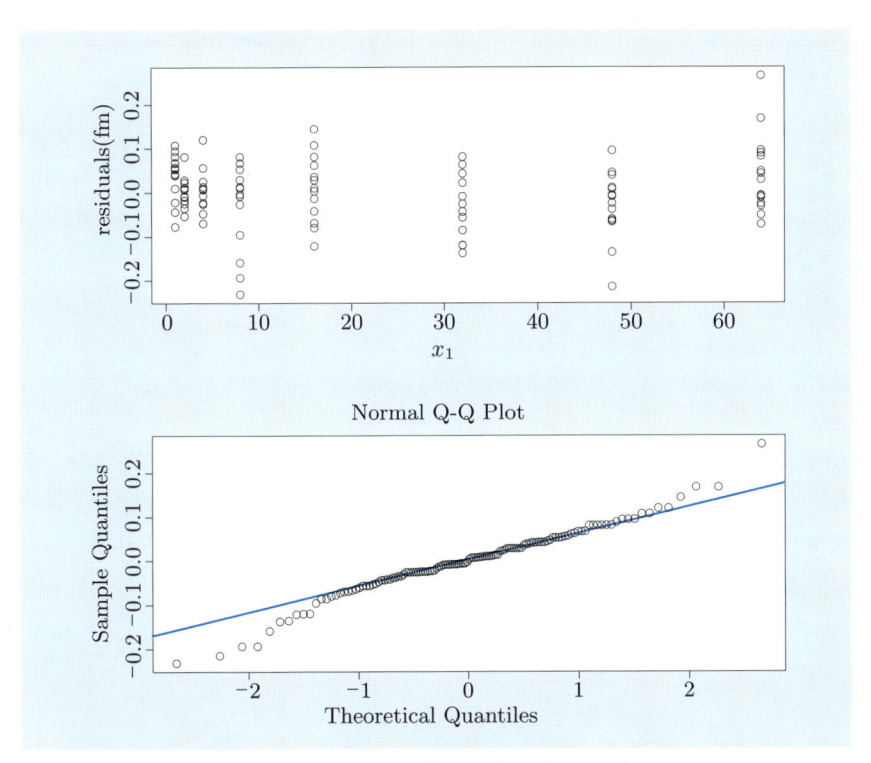

図 7.4 Nelson データの回帰分析結果の残差プロットと Q-Q プロット．

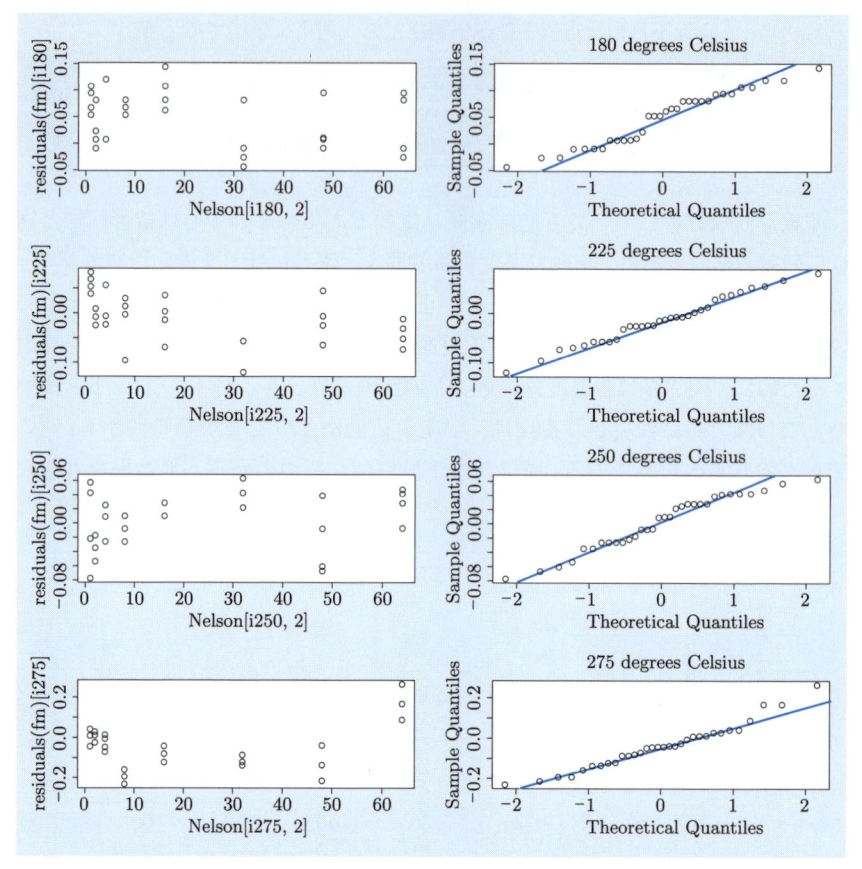

図 7.5 Nelson データの温度負荷量別の回帰分析結果の残差プロットと Q-Q プロット.

方向に大きくずれている).このことは,図 7.3 を再確認することでも認識できる.一つの判断として,温度負荷量が 275 ℃ で,かつ温度負荷時間が 64 週の四つのデータを,外れ値として解析対象から除外することが考えられる.しかし,このような判断をデータのみから行うことは一般に難しい.

7.3 コラム

7.3.1 体表面積の実験式 (BSA)

いわゆる実験式と呼ばれる公式は，理論的根拠よりは，データから直接求めた回帰式である．**BSA 式** (Body Surface Area formula) と呼ばれる，身長・体重などの容易に計測できる量から，体の総表面積を計算する式がある．表面積の測定が困難であることは容易に想像できるが，実は生物の新陳代謝量は体表面積に比例するといわれており，薬剤の投与量を決める際に，これをあらかじめ知ることが必要になる．以下は実際に使われている実験式の例である．いずれも対数を取ることにより，線形単回帰の問題に帰着することを注意しよう．ここで体表面積 A, 身長 H の単位はそれぞれ m^2, cm，体重の単位は Boyd が g, 他は kg である．Mosteller 式は Gehan-George 式の修正である．

提案者	公式	使用データ数
Boyd	$A = 0.0003207 \times H^{0.3} \times W^{0.7285 - 0.0188 \log_{10}(W)}$	197 人
Gehan-George	$A = 0.02350 \times H^{0.42246} W^{0.51456}$	401 人
Mosteller	$A = \sqrt{HW/3600}$	
Haycock	$A = 0.024265 \times H^{0.3964} W^{0.5378}$	81 人

また Lean Body Weight(余剰脂肪分を除いた骨・内蔵・筋肉などの重さの総計) を計算する次のような実験式がある：

男性　$1.10W - 128(W/H)^2$,　　女性　$1.07W - 148(W/H)^2$

インドのケララ大学の K.P. Sreekumar による次の「インド象の BSA 公式」は 2002 年度の Ig Nobel 賞[4]数学部門賞を受賞した．これも実際に象への投薬量を決めるのに使われている．

$$A = -8.245 + 6.807 \times (高さ) + 7.073 \times (前足の太さ)$$

ここで高さとは肩から前足のつけ根までの垂直距離をいう．

7.3.2 生命の基礎原理 3/4 乗則

単細胞生物から哺乳類などの高等生物に至る，広範囲の生物を測定した生物学者達[5]は，体重 W (kg) と基礎代謝量 E (ワット) の間に成り立つ普遍的関係であ

---

[4] イグ・ノーベル賞．ノーベル賞のパロディー版．最も笑える研究に対する国際賞．日本人受賞者も意外にいる．URL http://www.improb.com/ig/ig-top.html

[5] 本川達雄著「ゾウの時間ネズミの時間」，中公新書 (1994).

る 3/4 乗則 $E \propto W^{3/4}$ を実験的に見いだした．ただし比例定数は生物により異なり

恒温動物	$E = 4.1 W^{0.751}$
変温動物	$E = 0.14 W^{0.751}$
単細胞生物	$E = 0.018 W^{0.751}$

となる．指数が 1.0 より小さいことは，体重が大きいほど体重当りの基礎代謝量が小さくてすむことを意味し，北方にすむ恒温動物が大形になる一つの理由を説明している．

7.3.3 関数最適化

R の関数 optim は汎用関数最小化ルーチンであり，複数の最適化手法を選ぶことができ，適切な手法を試行錯誤で容易に探せる．複数の手法による解を比較し，解の妥当性を容易に検証できる．いずれも複数パラメータが可能で，偏微分関数ベクトルを明示的に与えたり，数値微分で計算するように指示できる．ただし，いずれも適切なパラメータ初期値や，収束条件などを手探りで探すことが欠かせない．optim で使用できる最適化手法には次のようなものがある:

Nelder-Mead 法	関数値のみ使用，頑健だが相対的に遅い (既定手法)
BFGS 法	準ニュートン法．関数値とグラディエントを使用
CG 法	共役勾配法．BFGS 法より破綻しやすいが，メモリ使用量が少なく大規模問題に適する．
L-BFGS-B 法	矩形拘束条件を持つ準ニュートン法
SANN 法	シミュレーテッドアニーリング法，関数値のみを使用，頑健であるが遅い

次はあるワイルドな関数の最小値近似値をまず SANN 法で求め，次にそれを初期値として BFGS 法で改良する手順を示す．大局的最小値を与えるパラメータ値は約 -15.81515 である (図 7.6 参照)．

```
> fw <- function (x) {10*sin(0.3*x)*sin(1.3*x^2)    # 目的関数
               + 0.00001*x^4 + 0.2*x+80}
> plot(fw,-50,50,n=1000)                            # 関数プロット
> res <- optim(50, fw, method="SANN",               # SANN 法で最小化
       control=list(maxit=20000,temp=20,parscale=20))
> res$par                                           # SANN 法による最適パラメータ値
```

```
[1] -15.81528
> res$value                         # SANN 法による最小値
[1] 67.46787
> r2 <- optim(res$par, fw, method="BFGS") # BFGS 法でさらに改良
> r2$par                            # BFGS 法による最適パラメータ値
[1] -15.81515
> r2$value                          # BFGS 法による最小値
[1] 67.46773
> points(r2$par,r2$val,pch=8,cex=2) # 解をグラフに上書き
```

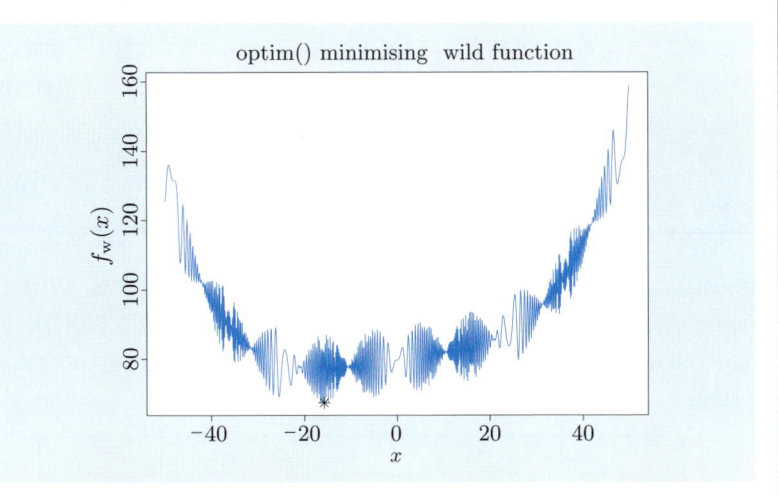

図 7.6 関数 optim の使用例. ＊印が大局的最小値の位置.

7.3.4 非線形方程式の数値的解法

最尤法や，非線形回帰問題では，非線形方程式を解く必要が起きるが，これらは (数学的センスでは) 解けないことが多い．しかしながら，統計で必要なのは無限桁正確な根 (つまり解の陽な公式) ではなく，せいぜい数桁の近似値である．非線形方程式の数値的解法の，最も強力な手法は**ニュートン・ラフソン法** (Newton-Raphson 法) であり，微分学の基本「滑らかな関数は部分的にはほとんど直線 (つまり接線) と見なせる」ことを用いる．方程式 $f(x) = 0$ の根 α を求めるとする．適当に α に近い数値 x_0 があれば，テイラー展開により

$$0 = f(\alpha) = f(x_0) + f'(x_0)(x_0 - \alpha) + \frac{1}{2}f''(\xi)(x_0 - \alpha)^2$$

となる. 仮定から $(x_0 - \alpha)^2$ は相当小さいはずだから, この式の右辺の2次項を無視可能として $f(x_0) + f'(x_0)(x_0 - \alpha) \simeq 0$ とおき解くことにより, おそらく x_0 よりも真値 α に近いであろう数 $x_1 = x_0 - f(x_0)/f'(x_0)$ を得る. x_1 は点 x_0 における f の接線が x 軸と交わる点であることを注意しよう. この手続きを繰り返し, n 番目の近似根 x_n から $n+1$ 番目の近似根 $x_{n+1} = x_n - f(x_n)/f'(x_n)$ を得る. ニュートン・ラフソン法による近似根列 x_n は, うまくいけば極めて早く真値に収束し(大雑把にいうと, 繰り返しごとに正しい桁数が倍になる), 数回の繰り返しで充分なことが多い. 実際には, 繰り返しを行いながら, 変化しなくなる桁の増加状況を見て, いつ打ち切るかを決める. その際, 比 $f(x_n)/f'(x_n)$ の計算は, できるだけ高精度に行う必要がある. たちの悪い関数や, 初期値 x_0 の取り方が適切でない場合には, 収束しないこともあり得る. 求める根が重根のときは, 収束が遅くなる. この方法は, 多変数の非線形方程式系

$$f_1(x_1, \cdots, x_n) = \cdots = f_n(x_1, \cdots, x_n) = 0$$

の根を求める際にも, 同様に有効である.

例として多項式 $f(x) = x^4 - 3x^3 + x^2 + 5x - 2$ を考えよう. $f(0)f(1) < 0$ だから $0 < x < 1$ 中に必ず(少なくとも一つ)実根を持つ. 初期値 $x_0 = 0$ としてニュートン・ラフソン法を用いると, 次表のようになる. ただし, 説明のために, 途中の計算は完全に正確に行った. 変わらなくなる桁数が, 繰り返しの度に, ほぼ倍増することを注意しよう.

n	x_n	$x_n - x_{n-1}$	$f(x_n)$
1	0.4	$0.4\cdots$	$-0.0^2 6\cdots$
2	0.40138 64818 02426 34315$\cdots$	$0.0^2 1\cdots$	$-0.0^5 3\cdots$
3	0.40138 71662 63006 95143$\cdots$	$0.0^6 6\cdots$	$-0.0^{12} 7\cdots$
4	0.40138 71662 63174 15307$\cdots$	$0.0^{12} 1\cdots$	$-0.0^{25} 4\cdots$
5	0.40138 71662 63174 15307$\cdots$	$0.0^{26} 9\cdots$	$-0.0^{51} 1\cdots$
6	0.40138 71662 63174 15307$\cdots$	$0.0^{52} 3\cdots$	$-0.0^{94} 2\cdots$

ここで, 0^{12} などは 0 が 12 個続くことを表す.

7 章の問題

☐ **1** R のパッケージ nls をロードして，その中に入っている BOD (Biochemical Oxygen Demand, 生物化学的酸素要求量) データを解析せよ．

☐ **2** 非線形回帰の最適解を数値的に求めるには，初期値が重要である場合が多い．絶縁体故障の加速試験のデータでは，各母数の初期値として $(a = 1.13, b = 6.375\mathrm{e}{+}11, c = 17065)$ を用いた．その導出の理由を考察せよ．

☐ **3** 絶縁体故障の加速試験のデータにおいて，温度負荷量が 275 ℃でかつ温度負荷時間が 64 週のデータを除いて，再分析せよ．

第8章

シミュレーション

統計的データ解析では確率モデルが重要な役割を果たす．すでにこれまでの章で，いくつかの確率モデルについて解説してきた．狭義の意味での確率モデルは，第2章で述べた確率分布に対しての各種のモデルである．また，これらのモデルに基づいて，回帰モデル，分散分析モデルのようにやや複雑なモデルについても述べてきた．この章では，確率モデルの振る舞いを知る上で重要なシミュレーション技法について解説する．

- 8.1 シミュレーションとは
- 8.2 誕生日のパラドックス
- 8.3 フィーリングカップル
- 8.4 Rに用意されている乱数
- 8.5 ビュフォンの針問題
- 8.6 中心極限定理
- 8.7 ポアソン分布と事故の問題
- 8.8 ソーティングと計算の複雑性
- 8.9 コ ラ ム

8.1 シミュレーションとは

シミュレーション (simulation) の日本語訳は**模擬実験**であり，現実世界の性質を調べるために，人工的な類似物で，実験あるいは観測を行うことである．類似物はシミュレータと呼ばれ，モデルとも呼ばれる．シミュレータとしては，飛行訓練用のフライトシミュレータ，自動車の運転シミュレータ，重化学工業におけるパイロットプラント，風洞実験や水槽実験の設備などがあげられる．これらはいずれも，低コストの小さなモデルで現実の現象をなるべく忠実に再現しようとするものである．確率モデルの問題では，乱数を用いた計算機シミュレーションが主流で，これを特に**モンテカルロ法** (Monte Carlo Method) という．第2次世界大戦中，アメリカは原爆開発プロジェクトのマンハッタン計画に多くの学者を動員したが，J. von Neuman と S.M. Ulam が率いる数学・物理学者の研究チームがこの方法を開発したといわれている．特に，この研究グループの N.C. Metropolis などが創始したメトロポリス法が起源である．メトロポリス法は原爆開発プロジェクトの産物として一部に「呪われたアルゴリズム」と評されることもあるが，その後物理学で必須のアルゴリズムとなり，現在では科学・工学分野における 10 大アルゴリズムの一つとされている．メトロポリスは計算機乱数を用いたこのアルゴリズムによる計算技術を，モナコ公国の公営賭博場にちなんでモンテカルロ法と呼ぶことを提案した．したがって，モンテカルロ法とは本来，メトロポリス法を用いた統計物理学的現象のシミュレーションを指す言葉であるが，現在では乱数を用いた数値解析技法全般を指す．この章は，モンテカルロ法を利用した確率現象のシミュレーションを考えるが，前後の文脈で明らかなときには単にシミュレーションと呼ぶことにする．

例としてコインを 1 回投げる実験を考えてみよう．実際に実験を行うのは極めて簡単であるが，これをシミュレーションによって再現する．コイン投げでは，コインの表か裏かのどちらが出るかということに関心がある．曲がったコインでもなければ，表と裏の出る確率は等確率でそれぞれ 1/2 であると考えてよい．第 2 章ですでに述べたように，コイン投げは成功の確率 p を持つベルヌイ試行と考えられ，ベルヌイ分布に従うデータを作り出すことが，この場合のシミュレーションの課題となる．

8.1 シミュレーションとは

●━━ **R なら (45)：コイン 1 回投げ** ━●

```
> rbinom(1, size=1, prob=0.5)
[1] 1
```

ここで注意しておきたいのは，このシミュレーションはランダムな結果を与えるので，結果が 1 (表) になる人と 0 (裏) になる人がいるということである．また，関数 rbinom の引数は，第 1 引数はベルヌイ試行の長さ，第 2 引数は 1 回の実験結果が 2 通り (1 と 0) であることを表し，第 3 引数は成功 (1 が出る) の確率である．したがって，コインを 2 回投げる場合にはこの操作を 2 回実行するか，第 1 引数を 2 とすればよい．シミュレーションの便利な点は，実験回数を非常に多くすることが可能であることである．コイン投げを 10 回あるいは 1 万回行うという操作は，R では次のように記述する．

●━━ **R なら (46)：コイン複数回投げ** ━●

```
> rbinom(10, size=1, prob=0.5)  # コイン投げ 10 回のベルヌイ試行
 [1] 1 1 0 0 1 1 1 0 0 0        # その結果
> x <- rbinom(10000, size=1, prob=0.5) # コイン投げ 1 万回なら
> sum(x)
[1] 5038                         # そのうちの表の総数
# 2 項分布 B(10000, 0.5) による乱数一つを発生
> rbinom(1, size=10000, prob=0.5)
[1] 5120
```

1 万回のコイン投げでは表と裏の起こり方がどのようになるかを直接表示したくないときは，上のように適当な変数に結果を代入すればよい．このとき，1 万回のうち何回表が出たかは，sum 関数で総和を取ればよい．表の出る回数のみに関心がある場合には，パラメータ n, p を持つ 2 項分布は n 回のベルヌイ試行の結果として現れる成功の回数の分布であることに注意すれば，実験回数である第 1 引数を 1 に，試行回数である第 2 引数を 10000 とすればよい．

確率論は最初賭博の数学として始まった．**ド・メールのパラドックス**と呼ばれるサイコロ賭博の問題[1]は，3 個のサイコロを同時に振ったとき，出る目の和

---

[1] 賭博好きの貴族ド・メールが，遊び仲間の数学者パスカルに「二つのサイコロを同時に投げて二つとも 6 の目がでたら勝ちという賭博を，24 回行ったら少なくとも 1 回は勝つ確率は 50%を越えるか」とたずねたのが，確率論誕生のきっかけといわれる．パスカルはこれが面白い数学の問題と考え，フェルマーなど の数学者に紹介した．その後長期に渡り，確率論は賭博の数学として数学の世界では異端視されることになる．

が 11 となるときと 12 になるときでは，どちらが出やすいかという問題である．目の和が 11 となる場合は，(6,4,1), (6,3,2), (5,5,1), (5,4,2), (5,3,3), (4,4,3) の 6 通り，目の和が 12 となる場合は，(6,5,1), (6,4,2), (6,3,3), (5,5,2), (5,4,3), (4,4,4) の同じく 6 通りで，どちらも同程度に出やすいはずであるのに，実際には目の和が 11 の場合が多いのはなぜか？ 頭のよい読者であれば，すぐに気づくかもしれないが，例えば，(6,4,1) と (4,4,4) を比較すれば，(6,4,1) は他に (6,1,4), (4,6,1), (4,1,6), (1,6,4), (1,4,6) のように 6 通りあるが，(4,4,4) は三つともサイコロが 4 をとるので 1 通りしか存在しない．したがって，こうした組合せを評価すれば，11 となる場合の数は 27 通り，12 となる場合の数は 25 通りとなり，これを起こりうる場合の数 $6 \times 6 \times 6 = 216$ で割って，それぞれ確率 0.125, 0.1157 を得る．この確率の大小をシミュレーションで評価するためには，十分な数の繰り返し数と R のプログラミングが必要になる．最低でも 2 桁の精度が必要であるので，1 万回以上の繰り返しが望ましい．サイコロをシミュレーションするには sample 関数を用いる．サイコロを n 回振った結果を並べたベクトルを得るには sample(6, n, replace=TRUE) とすればよい．

● R なら (47)：サイコロ投げ ●

```
> rep <- 10000        # シミュレーション繰り返し回数
> x <- numeric(rep)   # 結果を納めるベクトルをゼロで初期化
> for(i in 1:rep){
    u <- sample(6, size=3, replace=TRUE) # 3 回のサイコロ投げ
    wa <- sum(u)      # サイコロの目の総和
    x[i] <- wa}       # rep 回のシミュレーション結果を x に順次記録
> r11 <- length(x[x == 11])    # 結果が 11 になる場合の数
> r12 <- length(x[x == 12])    # 結果が 12 になる場合の数
> p11est <- r11/rep   # 11 になる比率の計算と，値の代入
> p11est
[1] 0.1254
> p12est <- r12/rep   # 12 になる比率の計算と，値の代入
> p12est
[1] 0.1188
```

8.2 誕生日のパラドックス

　人間この世に生を受けたからには，必ず誕生日があり，誕生日は個々に特有なものであるから，人類の数だけ誕生日があるような気がしてしまうが，実際には1年は365日とすると365種類しかない．小学校あるいは中学校時代に同じクラスに「誕生日が同じ」人が思いの外多かったという経験を持つ人も多いであろう．ここではn人からなるクラスで同じ誕生日の人が少なくとも1組は存在する確率を求めてみたい．この問題は初等的な確率計算の問題として解くことができる．求める確率はn人とも誕生日が異なるという事象Aの余事象の確率として，以下のように求めることができる．

$$P\{\bar{A}\} = 1 - \left(\frac{365}{365}\right)\left(\frac{365-1}{365}\right)\left(\frac{365-2}{365}\right)\cdots\left(\frac{365-n+1}{365}\right)$$

　この確率の値は，図8.1を見れば明らかなように，クラスの人数が大きくなれば，急速に1に近づく．クラスの人数が23人を超えれば，同一誕生日の人がいる確率が0.5を超えることがわかる (同様な問題である「同姓問題」については66ページを参照)．図8.1には理論確率と，繰り返し数1000回のシミュレーションによる推定値が描かれている．

●**R なら (48)：誕生日のパラドックス**●

```
# n 人の場合のシミュレーションによる確率を計算する関数
 > birthday <- function(n) {
                rep <- 1000 # 繰返し回数
                x <- numeric(rep)
                for(i in 1:rep){
                  u <- sample(365, n, replace=TRUE)
                  u2 <- outer(u, u, "==")
                  x[i] <- length(which(u2==TRUE))}
                r <- length(x[x>n])
                return(r/rep)}
# n=2,...,50 のシミュレーション結果をベクトル ans に順次記録
 > ans <- sapply(2:50, birthday)
# 推定値をプロット
 > plot(2:50, ans, xlab="Class size", ylab="Probability")
```

```
> birth2 <- function (n) { # 理論確率を計算する関数
            x <- prod((365-2+1):(365-n+1)/365)
            return(1-x)}
# n=2,...,50 の理論確率をベクトル ans2 に順次記録
> ans2 <- sapply(2:50, birth2)
> lines(2:50, ans2)
```

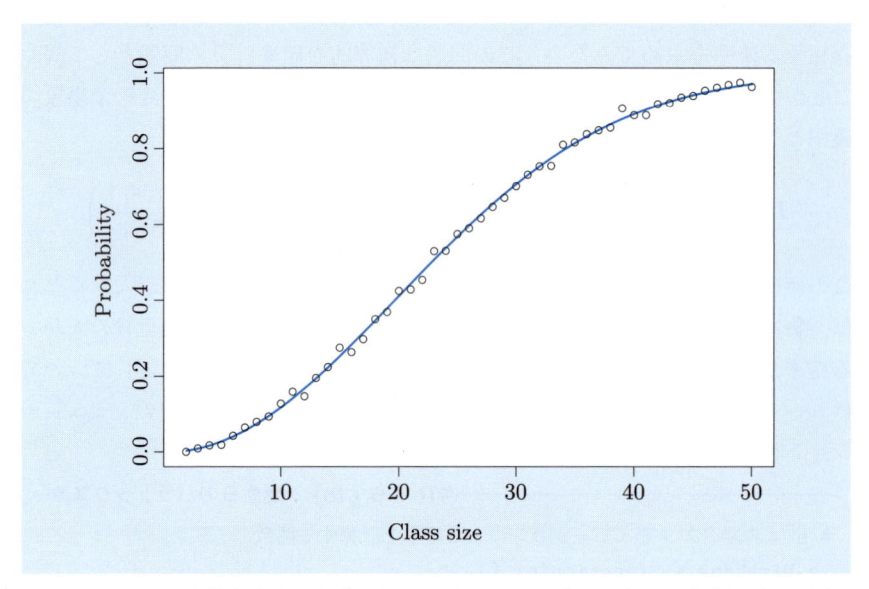

図 8.1 クラスの人数を変えたときの同一誕生日の人が少なくとも 1 組以上ある確率：実線が真値，丸印がシミュレーション結果．

8.3 フィーリングカップル

だいぶ前の話であるが，フィーリングカップル5対5という人気テレビ番組があった．この番組では男性5人，女性5人でお互いに質問をして，最後に5人の中から好きな人を選ぶというゲームである．ただし，質問の中で自分が相手を好きであることを暗に示唆してはならない．また，最後に一人を選択するときには，出演者がいっせいに相手を選ぶため，誰が誰を選んだかの情報を利用して選択し直すことはできないようになっている．条件としては，選ぶ相手は一人だけで，仮に好きな人がいなくても一人選ばなければならない．一組の男女がお互いに相手を選び合ったとき，カップル誕生ということになる．ここで，少なくとも一組のカップルが誕生する確率を計算する問題を考えてみよう．また，問題を一般化するために男性 n 人，女性 n 人として議論する．誰が誰を選ぶかについての確率モデルを理論的に構成することは困難であるので，とりあえず，ランダムに相手を選ぶ場合について考えてみることにする．ここでいうランダムとは，男性も女性も相手をどの人を選ぶかは等確率 $1/n$ であることをいう．

● **R なら (49)：フィーリングカップル** ●

```
> pairs<-function(n){ # カップル誕生確率を推定する関数
        rep <- 10000        # シミュレーション回数
        x <- numeric(10000) # 記録用の長さ 10000 のベクトル
        for (i in 1:rep){   # シミュレーションを繰り返す
          a <- sample(1:n,n,replace=TRUE) # 男の選択相手
          b <- sample(1:n,n,replace=TRUE) # 女の選択相手
          # b[a] は i 番目の男が選んだ女が選んだ男の番号
          # (これが i ならカップル誕生) のベクトル
          u <- (1:n)==b[a]
          # i 番目の試行での誕生カップル数
          x[i] <- sum(u)}
        # 一組でもカップルが誕生したシミュレーションの数
        r <- length(which(x!=0))
        return(r/rep)}      # カップル誕生確率を返す
> ans <- sapply(2:20, pairs) # n=2,...,20 で実験
> plot(2:20, ans, xlab="n", ylab="Probability")
```

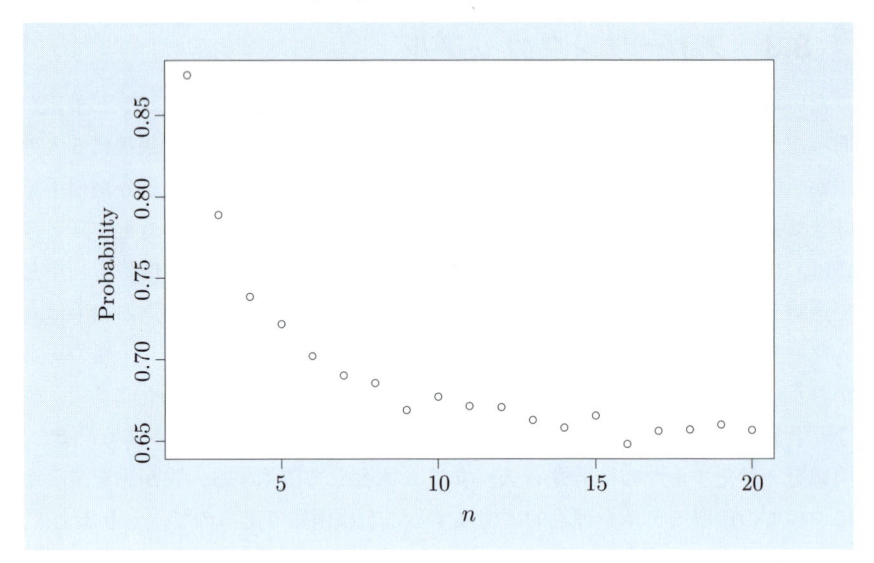

図 8.2 男女数 n を変化させたときに,少なくとも一組以上のカップルが成立する確率 (シミュレーション結果).

この問題を理論的に解くと次のようになる.まず,一組もカップルが誕生しない組合せを求める.i 番目の男の人が結ばれる組合せの集合を A_i とおく.集合 A の要素の数を $|A|$ と表す.求めたい組合せの総数を $N(n)$ とすれば

$$N(n) = \left| \bar{A}_1 \cap \bar{A}_2 \cap \cdots \cap \bar{A}_n \right|$$
$$= m(\emptyset) - \sum_{|K|=1} m(K) + \sum_{|K|=2} m(K) - \cdots$$

上式は Sylvester の公式による (詳細は組合せ論の本を見よ).ただし $|K| = k$ のとき $m(K)$ は

$$m(K) = \left| \bigcap_{i \in K} A_i \right| = n(n-1) \cdots (n-k+1) n^{2(n-k)}$$

で定義される数である.よって

$$N(n) = \sum_{k=0}^{n} (-1)^k \binom{n}{k} n(n-1) \cdots (n-k+1) n^{2(n-k)}$$

したがって,一組もカップルが誕生しない確率は

$$\frac{N(n)}{m(\emptyset)} = \frac{\sum_{k=0}^{n}(-1)^k \binom{n}{k} n(n-1)\cdots(n-k+1)n^{2(n-k)}}{n^{2n}}$$

となるので，少なくとも一組のカップルが誕生する確率は

$$\boldsymbol{P}(n) = 1 - \sum_{k=0}^{n}(-1)^k \binom{n}{k} n(n-1)\cdots(n-k+1)n^{2(n-k)}n^{-2n}$$

さらに $n \to \infty$ の場合を考えると以下のようになる．

$$1 - \boldsymbol{P}(n) = 1 - \binom{n}{1}n \cdot n^{-2} + \binom{n}{2}n(n-1) \cdot n^{-4} - \cdots$$
$$= 1 - 1 + \frac{\{n(n-1)\}^2}{2!n^4} - \frac{\{n(n-1)(n-2)\}^2}{3!n^6} + \cdots$$
$$\to 1 - \frac{1}{1!} + \frac{1}{2!} - \frac{1}{3!} + \cdots = e^{-1}$$

$n = 1, 2, 3, 4, 5$ の場合について $\boldsymbol{P}(n)$ を計算すれば次のような結果が得られる．

$$P(1) = 1$$
$$P(2) = 1 - \frac{2}{16} = \frac{7}{8} = 0.875$$
$$P(3) = 1 - \frac{156}{729} = \frac{573}{729} = 0.7860\cdots$$
$$P(4) = 1 - \frac{16920}{65536} = \frac{48616}{65536} = 0.7418\cdots$$
$$P(5) = 1 - \frac{2764880}{9765625} = \frac{7000745}{9765625} = 0.7168\cdots$$

また，$n \to \infty$ では次のようになることが証明できる．

$$\boldsymbol{P}\left(\bigcup_{i=1}^{\infty} A_i\right) = 1 - \frac{1}{e} = 0.632\cdots$$

シミュレーション結果図 8.2 では，男女の数が増えるに従って，この確率が漸近線 $y = 1 - 1/e$ に収束していくようすがうかがえる．

8.4　Rに用意されている乱数

　これまで扱った確率モデルは，有限個の整数列を等確率でとる問題であった．連続値を取る現象などもっと複雑な問題をシミュレーションするには，第2章で紹介したような種々の確率分布を必要とする．Rで組み込みで用意されているそうした確率分布を次ページの表にまとめておく．`sample` 関数は例外であるが，基本的には確率分布の名前の前に，ランダムであることを表す `r` をつけることによって乱数が発生される．また，例えば正規分布の密度・確率関数を求めるには `dnorm`，分布関数を計算するには `pnorm`，クォンタイル関数は `qnorm` を使えばよい．詳しい説明は `help(rnorm)` などとすれば得られる．

　この表で，最初のパラメータ `n` は指定した確率分布に従う乱数の数 (標本サイズ) を表す．超幾何分布のように n が特別に別のパラメータを示す必要があるときには `nn` としてある．またパラメータの後に = で示された値は，そのパラメータが省略されたときに使われるパラメータの省略時既定値である．例えば，標準正規分布に従う乱数を 100 個生成したいときには，平均と標準偏差の省略時既定値がそれぞれ 0 と 1 となっているので `rnorm(100)` とすればよい．

● **Rなら(50)：乱数生成関数** ●

分布名	Rでの関数名	パラメータ引数名
ベータ	beta	n, shape1, shape2
コーシー	cauchy	n, location, scale=1
カイ自乗	chisq	n, df, ncp
指数	exp	n, rate
F	f	n, df1, df2
ガンマ	gamma	n, shape, scale
対数正規	lnorm	n, meanlog=0, sdlog=1
ロジスティック	logis	n, location=0, scale=1
正規	norm	n, mean=0, sd=1
t	t	n, df
一様	unif	n, min=0, max=1
(離散)一様	sample	integer vector, size, replacement
ワイブル	weibull	n, shape, scale=1
2項	binom	r, size, prob
幾何	geom	n, prob
超幾何	hyper	nn, m, n, k
多項	multinom	n, size, prob
負の2項	nbinom	n, size, prob, mu
ポアソン	pois	n, lambda
ウィルコクソン	wilcox	nn, m, n

Rは確率分布に関する豊富な関数群を持ち，従来統計学の利用で不可欠であった各種確率分布に関する数表はよほど特殊なものを除き，もはや必要がない．

```
> dnorm(1, mean=2, sd=3)     # N(2,9)の密度関数 f(1)の値
[1] 0.1257944
> pnorm(1, mean=2, sd=3)     # 分布関数 F(1)
[1] 0.3694413
> qnorm(0.05, mean=2, sd=3)  # クォンタイル関数 F(-2.934561)=0.05
[1] -2.934561
> rnorm(3, mean=2, sd=3)     # 正規疑似乱数を三つ生成
[1]  5.287193 -0.211181  4.648124
```

8.5 ビュフォンの針問題

ビュフォンの針問題 (Buffon's needle problem) とは，長さ l の針を等間隔 d で引かれた平行線群の中に落としたとき，針と平行線の交わる確率はどのようになるかという問題である．ただし，針が複数の平行線と交わることのないように $l < d$ とする．このとき，仮定

- 針の中心は平行線の存在する空間に一様に分布する
- 針と平行線のなす角度の分布は区間 $(0, \pi)$ 上の一様分布である

が満足されれば，針と平行線の交わる確率は $2l/(\pi d)$ になることが知られている．

図 8.3 100 回の針投げのシミュレーション．

簡単のため $d = 2l$ とおけば，針と平行線の交わる確率は $1/\pi$ となることがわかる．したがって，実際に針投げの実験を行うことによって π の近似値を統計的に求めることができる．これをシミュレーションによって確認する．x 軸，y 軸の範囲がそれぞれ $(0, 1)$ の 2 次元空間に，間隔 0.2 で 6 本の平行線を引き `runif` によってこの空間にランダムに 100 個の点 (針の中心) を配置していき，各点を中心とするようなランダムな角度で長さ 0.1 の針を置く．ランダムな角度は，中心の位置の配置と同一の関数 `runif` を用いる．関数はグラフ表示と同時に，針と平行線が交わったかどうかの判定結果を論理値として返すようにしている．この例では，100 回のシミュレーション結果で 32 回が針と平行線が交わり，その結果 π の推定値としては，$100/32 = 3.125$ が得られる．繰り返しとなるが，100 回程度の繰り返しでは，せいぜい 1 桁の精度しか保証できないので，3 近くの値が推定されればよしとしなければならない．ここで，針と交

わったら 1 を，そうでなければ 0 をとる確率変数 X を導入すれば

$$\frac{1}{n}\sum_{i=1}^{n} X_i \to \frac{1}{\pi} \ (n \to \infty)$$

となることが証明できるが，これは 36 ページで述べた**大数の法則**の一例である．

●── **R なら (51)：ビュフォンの針** ──●

```
> buffon <- function(n) {
    plot(c(0,1),c(0,1),type="n",xlab="",ylab="",axes=FALSE)
    for (i in 0:5){lines(0:1,c(i,i)/5)}
    x <- xd <- y <- yd <- kakudo <- numeric(0)
    hantei <- logical(n)
    for(i in 1:n){
      x <- c(x,runif(1)); y <- c(y,runif(1))
      kakudo <- c(kakudo,runif(1, 0, pi))
      xd <- c(xd,0.05*cos(kakudo[i]))
      yd <- c(yd,0.05*sin(kakudo[i]))
      yloc <- round(5*y[i])/5
      mindisty <- abs(y[i]-yloc)
      hantei[i] <- mindisty <= 0.05*sin(kakudo[i])
      if (hantei[i])
        lines(c(x[i]+xd[i],x[i]-xd[i]),
              c(y[i]+yd[i],y[i]-yd[i]), col="red")
      else
        lines(c(x[i]+xd[i],x[i]-xd[i]),
              c(y[i]+yd[i],y[i]-yd[i]), col="blue")}
    return(hantei)}
> ans <- buffon(100)
> sum(as.numeric(ans))
[1] 32
> 100/32
[1] 3.125
```

大数の法則はモンテカルロ法の基礎であり，一般に確率変数 X の関数 $g(X)$ の期待値に関心があるとき

$$\frac{1}{n}\sum_{i=1}^{n} g(X_i) \to \boldsymbol{E}\{g(X)\} \quad (n \to \infty)$$

が成立するので，互いに独立な乱数列 $X_1, X_2, \cdots, X_n$ を高速かつ大量に生成して，g に代入したあと算術平均をとることによって，期待値の近似値を求めることができるのである．

8.6 中心極限定理

中心極限定理 (57 ページ) というと何やらむずかしそうな気がするが，シミュレーションの世界でこの様子を眺めてみるとわかりやすい．適当な分布に従う確率変数列 $X_1, X_2, \cdots$ の第 n 項までの部分和，$S_n = \sum_{i=1}^{n} X_i$ の分布をシミュレーションによって求めようというものである．ここでは，例としてパラメータ $p = q = 1/2$ を持つベータ分布について n を変えたときに，正規分布に収束していく様子を見ていくことにする．

●━━━━━ **R なら (52)：中心極限定理** ━━━━━●

```
> nn <- 10000        # 1 回のシミュレーションで発生するベータ乱数の数
> x <- numeric(nn)   # 全て 0 の長さ 10000 のベクトル
> par(mfrow=c(3, 2)) # グラフィックス領域を 3 × 2 分割
> for (i in 1:3){
  for (j in 1:2){
    x <- x + rbeta(nn,0.5,0.5) # ループごとに乱数が加算される
    hist(x) }}     # 各領域にヒストグラムを描く
```

$n = 6$ までの部分和の確率分布を 10000 個の乱数によってヒストグラムを作成したものが図 8.4 である．一つだけでは正規分布とは似ても似つかぬ分布が，2 個，3 個と加えていくことにより，だんだん正規分布に近づいていくことがわかる．5 個，6 個でもかなり正規分布に近いことが見て取れる．参考のために図 8.5 に $p = q = 2$ の場合を示してある．これは予測されることであるが，ベースとなる分布が正規分布に近い形状をしているほど収束が速い．図 8.5 を見ると，二つ加えただけですでに正規分布に近い形状をしていることがわかる．一般には，分布の形状にも影響するが，分布の裾の重さに収束のスピードが強く影響することが知られている．ベータ分布は $(0, 1)$ の間に収まる分布であるので裾が軽い分布ということになる．したがって，パラメータに大きくは影響されずに高速に正規分布に収束する．実際，一様分布を 12 個加えて正規乱数を生成することがある．12 個の乱数から一つの正規乱数を生成するのは非効率的に見えるが，全ての乱数は一様分布から何らかの変換によって生成されること，加算という演算はコンピュータで最も高速に計算でき，ベクトル化できる演算であることを考えると納得できる．

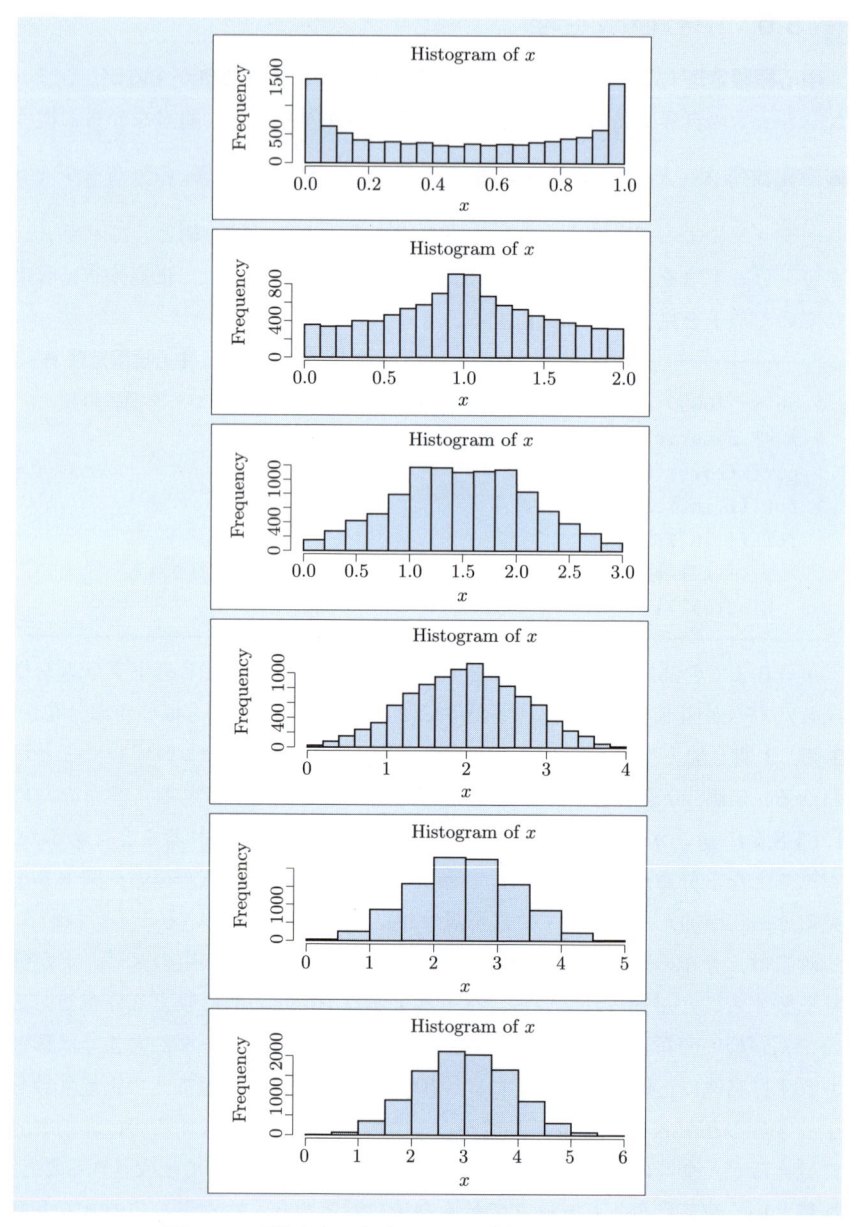

図 8.4 正規分布に収束していく様子 ($p = q = 1/2$).

8.6 中心極限定理

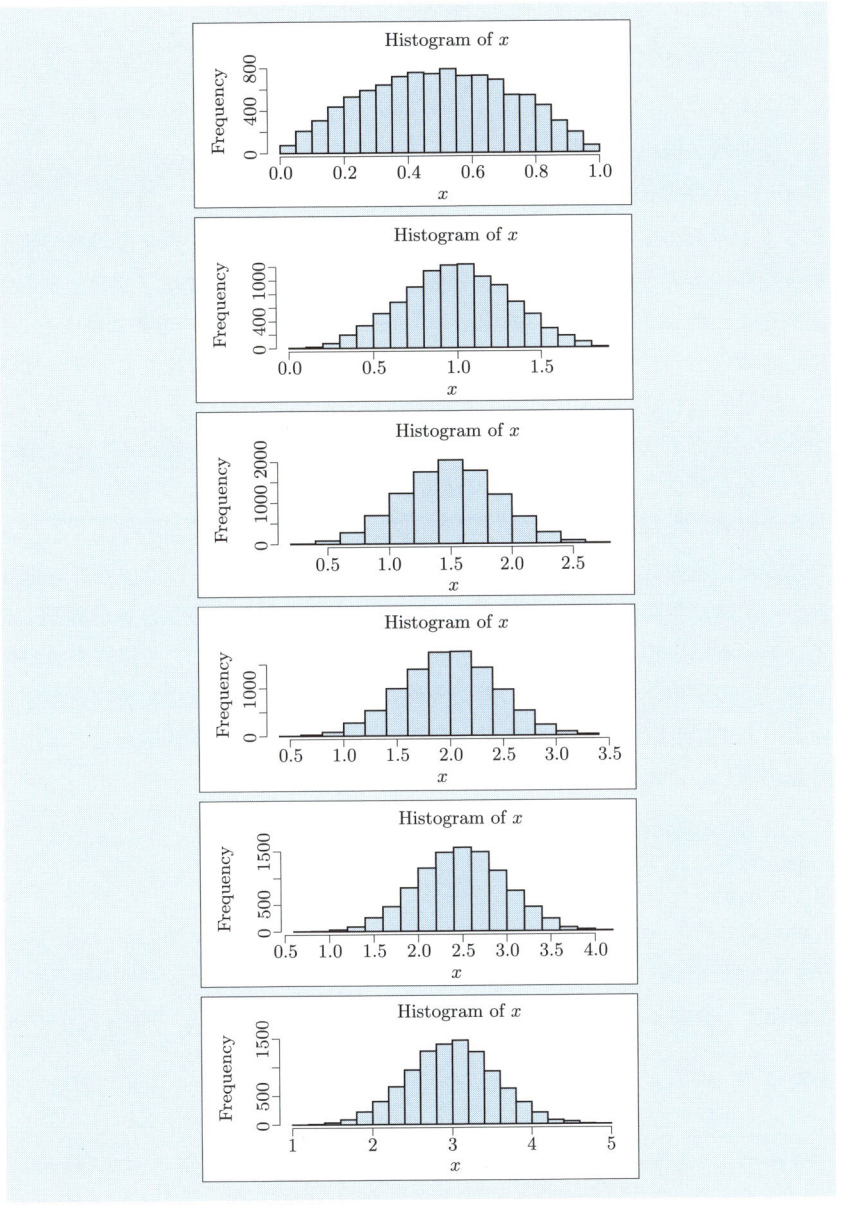

図 8.5 正規分布に収束していく様子 ($p = q = 2$).

8.7　ポアソン分布と事故の問題

　ある事故について，1年に平均4件起こり，1件の事故あたり平均3人の死亡者があるという．この事故で1年あたり平均何人が死亡するかを考えてみよう．確率的な構造をあまり知らなくても，

$$1 年間の平均死亡者数 = (4 件/年) \times (3 人/件) = 12 人/年$$

として1年間の平均死亡者数を求めることが考えられる．これまでの章の説明からもわかるように，このように偶然的に生起する事象にはポアソン分布を仮定することがしばしば妥当である．したがって，事故の件数の分布には $\lambda_1 = 4$，死亡者数の分布には $\lambda_2 = 3$ のポアソン分布を仮定することになる．そうすると，年間あたりのこの事故による死亡者数の分布としては $\lambda_3 = 12$ のポアソン分布となるだろうか．平均だけで議論する場合は，上の掛け算のみでかまわないが，もし死亡者1人に1億円の補償金を用意するとすれば，平均12億円のお金を用意しなければならない．しかしながら，実際には事故件数も，1件あたりの死亡者の数も平均を上回ることがあるかもしれない．バラツキを評価するためには，年間の死亡者数の平均だけでなく，分布を求める必要がある．ポアソン分布は平均と分散が等しい分布として有名であり，ここで扱う事故の例でも，この平均と分散が等しいという性質を利用して年間死亡者数の分布を求める．まず，平均2を持つポアソン分布に従う乱数を10000個用意して平均と分散が等しいことを確認[2]する．

```
> x <- rpois(10000,2)
> mean(x)
[1] 2.0093
> var(x)
[1] 2.000214
```

　問題を定式化するために i 回目の事故で死亡する人数を X_i，事故件数を N で表せば，求める年間死亡者数は $Y = \sum_{i=1}^{N} X_i$ となる．この年間死亡者数の平

---

[2] シミュレーションで確かめているので，両者が正確に等しいというのではなく確率的に等しい，つまりシミュレーションの回数を n とすれば $\sqrt{n}$ のオーダーの誤差を除いて等しいことを意味する．

8.7 ポアソン分布と事故の問題

均と分散を求めてみよう．この期待値の計算では，死亡者数を事故件数の数だけ加算して期待値をとることになるが，事故件数 N もランダムであることに難しさがある．このようなときには，条件付き期待値をとることによって計算が可能となる．

$$E(Y) = E\left[\sum_{i=1}^{N} X_i\right] = E\left[E\left[\sum_{i=1}^{N} X_i \mid N\right]\right]$$
$$= E\left[N E(X_1)\right] = E(N)E(X_1)$$

同様にして，分散に対しては次の条件付き分散の公式

$$\mathrm{Var}(Y) = E\left[\mathrm{Var}(Y \mid N)\right] + \mathrm{Var}\left[E(Y \mid N)\right]$$

を利用すれば

$$\mathrm{Var}(Y) = E\left[N\mathrm{Var}(X_1)\right] + \mathrm{Var}\left[N E(X_1)\right]$$
$$= E\left[N\lambda_2\right] + \mathrm{Var}\left[N\lambda_2\right] = \lambda_2 E(N) + \lambda_2^2 \mathrm{Var}(N)$$
$$= \lambda_1\lambda_2 + \lambda_1\lambda_2^2$$

実際にこの例でみると $4 \times 3 + 4 \times 3^2 = 12 + 36 = 48$ と計算される．1万回の繰り返し計算でシミュレーションを行うと，平均は 11.8734, 分散は 47.66154 と理論値に近い値が求まる．単なる掛け算で死亡者の数を 12 と推定し，したがって平均 12 のポアソン分布を仮定してしまえば，分散はかなり小さ目に見積もってしまうことがわかる．正規近似によって上側 5%点を求めれば $12+1.64\times\sqrt{48} \simeq 23.36$, シミュレーション結果からは quantile 関数を用いて 24 と計算される．この場合も，もし間違って平均 12 のポアソン分布と考えてしまえば qpois 関数により，18 とかなり下側に見積もられてしまう．以上により，死亡者の保証金を危険率 5%で足りないことのないようにするには，24 億円を用意する必要があることがわかる．

R なら (53)：死亡者数

```
  jiko <- function(lm1, lm2){  # 死亡者数シミュレーション用関数
     rep <- 10000              # 結果記録用の空のベクトル
     rel <- numeric(rep)
     for (i in 1:rep){
             # 事故件数を平均 lm1 のポアソン乱数で発生
             n <- rpois(1,lm1)
             # そのときの各死亡者数を平均 lm2 のポアソン乱数で
             # 発生し総和を取り，順次 rel に付け加える
        rel[i] <- sum(rpois(n, lm2))}
     return(rel)}
> ans <- jiko(4, 3)        # シミュレーション実行
> mean(ans)                # 平均
[1] 11.8734
> var(ans)                 # 分散
[1] 47.66154
> quantile(ans, 0.95)      # 95%点
95%  24
> qpois(0.95, 12)          # 平均 12 のポアソン分布の理論 95%点
[1] 18
> mean(ans)+1.64*sqrt(48)  # 95% 信頼限界の計算
[1] 23.23565
```

8.8 ソーティングと計算の複雑性

ビジネスの世界で最も使われている計算機の用途の一つはソーティングである．売上高の高い順に並べる，金融商品をリスクの低い順に並べる，利子率の高い順に並べる等，データの並べ換えが日常的に行われる．したがって，ソーティングのアルゴリズムの善し悪しは事務処理の効率化に大きく影響する．アルゴリズムの世界では，計算回数のオーダとして，バブルソートは $O(n^2)$，クイックソート，マージソート，ヒープソートは $O(n \log n)$ が知られている．バブルソートは計算アルゴリズムの紹介に出てくる程度で，使われることは全くないのでここでは扱わない．ここでは，クイックソートのアルゴリズムのオーダをシミュレーションによって確かめると同時に，計算性能が実際にはオーダだけでなく，比例定数にも依存することから，これらがどうなっているかを調べる．以下にアルゴリズムを簡単に述べる．データが $\{x_1, x_2, \cdots, x_n\}$ のように与えられ，それぞれ異なるとする．我々のほしいのは小さい順，あるいは大きい順に並べられた $\{x_{(1)}, x_{(2)}, \cdots, x_{(n)}\}$ のリストである．以下昇順に並べることを考える．$n = 2$ のときは，二つの値を比較して，小さいほうを $x_{(1)}$，大きいほうを $x_{(2)}$ とすればよい．$n > 2$ のときは，ランダムに一つ選び，それを x_i とする．x_i より小さい値の集合 $S_i = \{x_j < x_i : j \neq i\}$ と大きい値の集合 $\bar{S}_i = \{x_j > x_i : j \neq i\}$ に x_i を除いた残りを分割して，各集合内で再帰的にこのアルゴリズムを用いる．これを再帰的に R のプログラムで表したものを次に紹介する．

●R なら (54)：クイックソート●

```
quick <- function(data){
        n <- length(data)
        if (n ==1 ) return(data)
        if (n ==2 ) {if (data[1] < data[2]) return(data)
                else return(data[2:1])}
        i0 <- sample(1:n, 1)
        s1 <- s2 <- numeric(0)
        x <- data[-i0]
        for (i in 1:(n-1)){
           if (x[i] < data[i0]) s1 <- c(s1,x[i])
```

```
              else    s2 <- c(s2,x[i])}
       if (length(s1) == 0) return(c(data[i0], quick(s2)))
       if (length(s2) == 0) return(c(quick(s1), data[i0]))
       return(c(quick(s1), data[i0], quick(s2)))
}
```

このようなプログラムは R で記述しても実際には非常に遅く，また，再帰呼び出しを利用しているのでアルゴリズムの説明にはわかりやすいが，実用性はない．ここでは，C 言語で作成したプログラムを呼び出して，データサイズ n に関して比較回数がどのように変化するかを見ることにする．

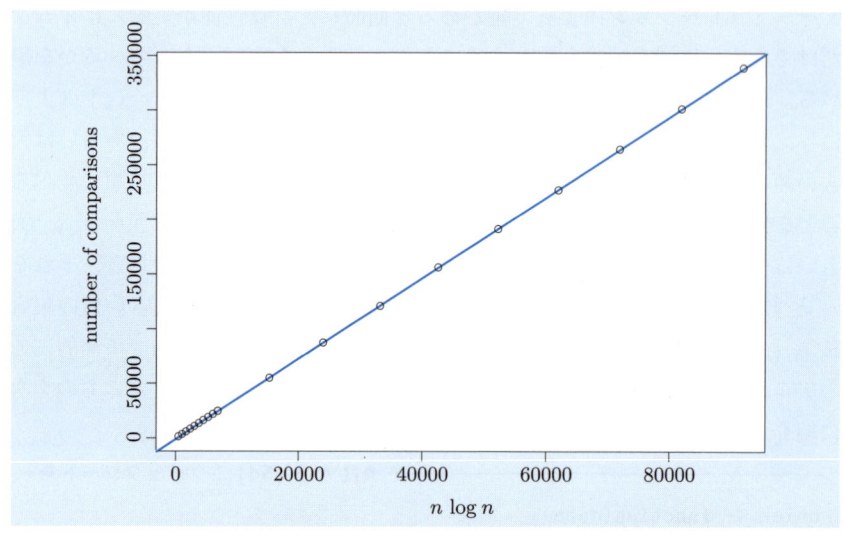

図 8.6 比較回数の平均の $n \log n$ に対するプロット．

図 8.6 から 1000 回の繰り返し計算による比較回数の平均値は $n \log n$ の理論曲線によくあてはまっていることがわかる．$n = 100, 200, \cdots, 900, 1000, 2000, \cdots, 10000$ としてある．このとき，最小自乗法で計算される定数項と回帰係数はそれぞれ，-568.637, 3.687 と推定される．このシミュレーションでは比較のための乱数は区間 $(0, 1)$ 上の一様乱数を用いている．繰り返しごとの比較回数のバラツキを示すために，図 8.7 には，1000 回の繰り返しから得られるヒストグラム ($n = 1000$ の結果) を示している．比較回数のバラツキがある

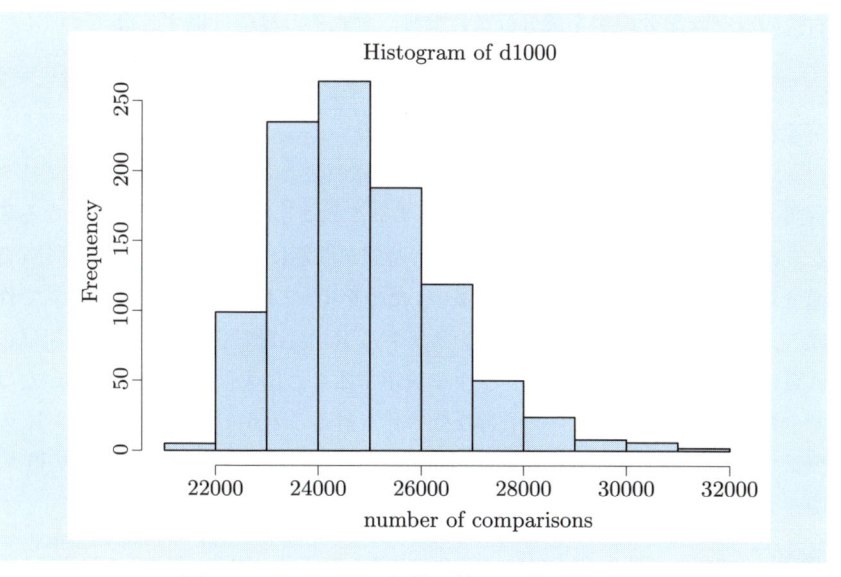

8.8 ソーティングと計算の複雑性

図 8.7 $n = 1000$ の比較回数のヒストグラム．

にも関わらず，その平均が $n \log n$ の直線上に寸分違わず乗っていることに驚かされる．平均の比較回数の計算のために，データの大きさが n であるときの比較回数を確率変数 Y で表し，その期待値である平均比較回数を μ_n とすれば

$$\mu_n = \boldsymbol{E}(Y) = \sum_{i=1}^{n} \boldsymbol{E}[Y|\text{select } x_{(i)}] \times \frac{1}{n}$$

ここでアルゴリズムの再帰性を利用すると

$$\mu_n = \sum_{i=1}^{n}(n-1+\mu_{j-1}+\mu_{n-j}) \times \frac{1}{n} = n-1 + \frac{2}{n}\sum_{i=1}^{n-1}\mu_i$$

上式は漸化式になっているが，解きやすく整理すると

$$\frac{\mu_{n+1}}{n+2} = \frac{2n}{(n+1)(n+2)} + \frac{\mu_n}{n+1}$$

となり，これを解いて

$$\mu_{n+1} = 2(n+2)\sum_{i=1}^{n} \frac{i}{(i+1)(i+2)}$$

右辺のシグマ記号の中を部分分数に分け，それぞれ積分近似すれば

$$\mu_{n+1} \approx 2(n+2)\log(n+2) = O(n \log n)$$

が導かれる．詳しくは文献[22]を参照されたい．

　シミュレーションでは高速な繰り返し計算が必要となるため，インタプリタ言語であるRのプログラムだけで実行することはしばしば実際的でなくなることもある．一つの有効な方法は真に実行時間が問題になる繰り返し計算部分(普通全処理のごく一部であることが多い)だけをCやFortranのプログラムで作成し，それをコンパイルしてダイナミックにRから呼び出せばよい．Rではこれらの結果を2次加工したり，グラフ表示することにより，CやFortranだけで全処理を行う場合にくらべ大幅な効率化を計ることができる．詳しくはRの公式マニュアル「Writing R Extensions」(日本語訳[5]あり)や，RjpWikiの関連記事を参照してほしい．

参考 215ページのクイックソートアルゴリズムのJ.Chambersによるプログラム例(少し修正)を参考のため紹介する(「データによるプログラミング」垂水他訳，森北出版，2002，68ページ)．これはR初心者には理解しにくいプログラムだが，R言語の特徴をうまく利用した優れたプログラムである．なお，Rの組込みソート関数sort()は内部的にC言語で記述したクイックソートプログラムを使った高速な関数である．

```
quicksort <- function (x) {
   if (length(x) <= 1) return(x)
   if (length(x) == 2 && x[1] <= x[2] ) return(x)
   if (length(x) == 2 && x[1] >  x[2] ) return(x[2:1])
   fence = sample(x,1)
   return( c(quicksort(x[x < fence]), x[x == fence],
         quicksort(x[x > fence])) )}
```

時間をはかってみると次のようになった(結果は当然全て同一)．

```
> system.time(quick(10000:1))          # 修正済みの quick 関数
[1] 4.49 0.04 4.53 0.00 0.00           # 実行時間 4.49 秒
> system.time(quicksort(10000:1) )     # Chambers の quicksort 関数
[1] 0.5 0.0 0.5 0.0 0.0                # 実行時間 0.5 秒
> system.time(sort(10000:1))           # R の組込みソート関数 sort()
[1] 0.01 0.00 0.00 0.00 0.00           # 実行時間 0.01 秒
```

8.9 コラム

8.9.1 JIS式四捨五入

桁数の多いデータはしばしば**丸め処理** (rounding) される．よく知られたものに，切り下げ，切り上げ，そして四捨五入がある．四捨五入は切り上げ，切り下げが相半ばし，長い目で見ると公平であるといわれるが，実際は，少しだけ大きめに丸める傾向があることは，次の表からわかる．

元の数	3.0	3.1	3.2	3.3	3.4	3.5	3.6	3.7	3.8	3.9
四捨五入	3	3	3	3	3	4	4	4	4	4
差	0.0	−0.1	−0.2	−0.3	−0.4	0.5	0.4	0.3	0.2	0.1

JIS (日本工業規格) や，ISO (国際標準化機構) では，次の丸め処理法を定めている (JIS Z 8401 方式および ISO 3110 方式)．これはまた計算機における数値計算処理の基本を定めた IEEE (米国電気電子学会) 規格の一部でもある．この方式は 10 進法だけでなく，2 進法などにも適用される．

(1) 一番近い丸め結果候補が一つだけなら，その数に丸める，

(2) 一番近い丸め結果候補が二つある場合は，末尾が偶数のものに丸める，

(3) 丸め方は，1 段階で行わなければならない．

規則 (3) は，例えば 12.451 はただちに 12 と丸めるべきであって，まず 12.5 とし，それから 13 としてはならないことを主張している．この規則は，丸めによる誤差が最小になる利点がある．計算機ソフトでは，伝統的に通常の四捨五入方式を採用してきた．市販の電卓やパソコンソフト (例えば Excel) の丸め処理法は，必ずしも JIS, ISO, IEEE 方式になっていないことも多く，チェックが必要である．R の丸め関数 round は当然 IEEE 方式に従っている．

例えば整数に丸めるなら次のようになる．規則 (2) が適用される場合は通常の四捨五入とは異なる結果 (五捨) になる場合がある．R における丸め処理関数は `round()` であるが，通常の四捨五入を与える関数は当然ながらない：

```
> round(122.5)    # 規則 (2) を適用，五捨！
[1] 122
> round(122.51)   # 規則 (1) を適用，五入
[1] 123
> round(123.5)    # 規則 (2) を適用，五入
[1] 124
```

```
> round(123.461)   # 規則 (1),(3) を適用，四捨
[1] 123
```

なお，R における (整数への) 切捨て，切り上げを行う関数はそれぞれ `floor()`, `ceil()` である．

日本の消費税計算は通常の四捨五入で行うことになっている．最大 10 万円の買いものを一様分布に従い 100 万回したときの消費税込の値段を，普通の四捨五入と JIS 方式でした場合をシミュレーションしてみる．

```
> x0 <- floor(100000*runif(1000000))  # 最大 10 万円の買物 100 万回分
> x1 <- 1.05*x0                        # その消費税込みの値段
> x2 <- round(x1)                      # JIS 式四捨五入
> sum(x2 - x1)
[1] -472.9                             # 消費者が総計 473 円得！
> oround <- function(x) {              # 通常の四捨五入を行う関数
+   y1 <- floor(x)
+   y2 <- floor(10*(x - y1))           # 小数点以下第 1 桁の数字
+   ifelse(y2 <= 4, y1, y1+1)          # 通常の四捨五入を実行
+ }
> x3 <- oround(x1)
> sum(x3-x1)              # 現行方式では消費者が総計 24595 円損！
[1] 24595.1
```

8.9.2 疑似乱数発生法

乱数 (random number) とは，ある共通の確率分布に従う独立な確率変数列 $X_1, X_2, \cdots$ の実現値 $x_1, x_2, \cdots$ のことである．計算機で乱数を発生する技術には多くの方法があるが，いずれも「できるだけ本物の乱数と見分けがつかない」数列をある一定の規則で，次々に発生させるもので，**疑似乱数** (pseudo-random number) と呼ばれる．

疑似乱数はあくまで「疑似 (インチキ)」であり，真の乱数とはほど遠いことを忘れないようにしよう．計算機による疑似乱数の発生法は，アメリカの原爆開発プロジェクトであったマンハッタン計画の主要メンバーであった数学者フォン・ノイマンらが，当時誕生したばかりの電子計算機 ENIAC を用いたモンテカルロ法のために開発したものを皮切りに，現在まで様々なものが提案されてきた．最も有名なものは**乗算合同法** (linear congruence method) と呼ばれ，適当な初期値 N_0 から出発し，漸化式

$$N_{n+1} \equiv aN_n + b \pmod{M} \tag{8.1}$$

で,範囲 $[0, M-1]$ 内の整数 $\{N_n\}$ を次々に発生する.これを M で割った値 $R_n = N_n/M$ を区間 $[0,1)$ 内の一様疑似乱数とする,というものである.明らかに,初期値を与えれば,全ての系列 $\{R_n\}$ は完全に定まり,必ず周期を持つから,ランダムとはほど遠いが,慎重に定めた定数 a, b, M, N_0 に対しては,一見ランダムとしか思えない,十分長い周期の数列が作られるというのがみそである.多くの目的に取り,乗算合同法による疑似乱数は十分であるとされているものの,ある特有の癖を持つことも知られている.

図 8.8 の左図は,バージョン 1.7.0 以前の R の疑似乱数発生法の既定手法であった乗算合同法の一つである **Marsaglia-Multicarry 法**により発生した「引き続く」三つの一様疑似乱数を座標とする 3 次元単位立方体の yz 側面 (実際は少し厚みを取った薄片の射影) をプロットしたもので,ランダムではあり得ないパターンが見て取れる.実際,乗算合同法によるこうした点は,ある平行な何枚かの 2 次元超平面上に,全て載ってしまうことが知られている.

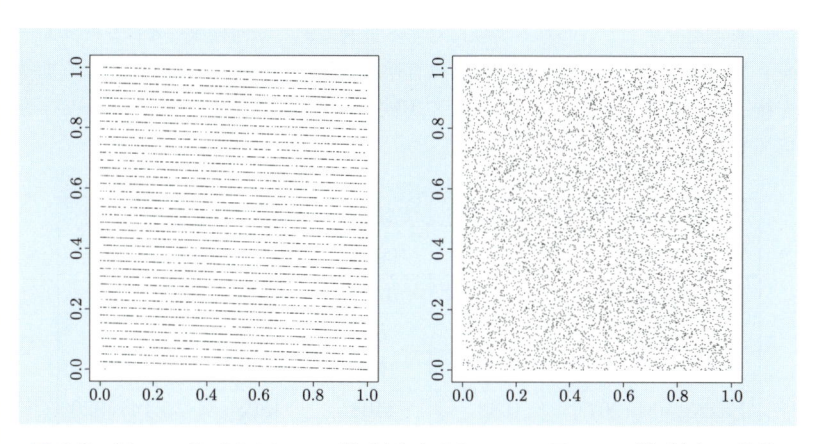

図 8.8 Marsaglia-Multicarry 法 (左) と Mersenne-Twister 法 (右) の比較.

一方,図 8.8 の右図は同じものを,バージョン 1.7.0 以降の R の疑似乱数発生法の既定手法である **Mersenne-Twister 法**を用いて実行したものである.一目でわかるような特徴はない.Mersenne-Twister 法は松本眞・西村拓士両氏による **twisted GFSR 法**と呼ばれるタイプの疑似乱数発生法で,まれに見る長周期 $2^{19937}-1 \simeq 4.31 \times 10^{6001}$ を持ち (百億人が毎秒百億個の乱数を百年使い続けても,必要な乱数の数は 3.12×10^{29} を超えない!),623 次元超立方体中に均等に分

布 (したがって，図 8.8 の右図にパターンが現れないのは当然)，各種計算機言語の組込み疑似乱数に匹敵 (凌駕) する速さで生成可能，必要メモリもわずか，などの優れた性質を持ち，現時点でこれ以外の方法を使う理由はないと断言できる．一方で各種計算機言語の組込み疑似乱数は「全て屑同然」という調査結果があるので，注意が必要である．

8.9.3 ビュフォンの針問題

データを取る，またシミュレーションを行う際，観測者の主観を排除することがいかに困難かを物語る教訓的な例をあげよう．**ビュフォンの針問題**は，古くから多くの人の関心を集めた．以下に，様々な人物が行った実験結果[3]を紹介する．

実はこの程度の実験回数で，ここにあげたような精度で円周率が推定されることは考えにくい．つまり多くの場合もっとずれて当然であることを証明できる．実験者たちは，意識していたかどうか別として，結果が好都合になった時点で実験をやめた，もしくは好都合になるまで実験を続けたのだと思われる．最後の Gridgeman による例は，特別な長さの針を用いた上での冗談であり，この種の結果を知った上で行われる実験に対する批判である．同様なことはシミュレーション実験でも起きやすい．実験者は普通，結果がこうなってほしいという期待を持っていることが多い．メンデルの実験データにまつわる疑惑 (96 ページ) を参照せよ．

実験者	針の長さ	実験回数	ヒット回数	推定値
Wolf (1850)	0.8	5000	2532	3.1596
Smith (1855)	0.6	3204	1218.5	3.1553
De Morgan (1860)	1.0	600	382.5	3.137
Fox (1884)	0.75	1030	489	3.1595
Lazzerini (1901)	0.83	3408	1808	3.1415929
Reina (1925)	0.5419	2520	859	3.1795
Gridgeman (1960)	0.7857	2	1	3.143

8.9.4 標本調査法

標本調査法 (survey sampling) とは，大集団の平均的情報を，その (極く少数の) 一部分の調査結果だけから推定する手法で，世論調査等の基礎となる技術で

---

[3] N.T. Gridgeman, "Geometric Probability and the Number π", *Scripta Mathematica*, vol.25(1960), pp.183-195.

ある.標本調査法の基本は**ランダム抽出** (randam sampling) であり,実際に調査する一部分をランダムに選ぶ.ビュッフォンの針問題と同様,一種のモンテカルロシミュレーションと考えることができる.最も基本になるランダム抽出は**単純無作為抽出**であり,大集団 X の要素数を N,実際に調査する一部 x の数を n とすると,完全に公平 (つまり等確率 $1/\binom{N}{n}$) に調査集団を選ぶ.R で単純無作為抽出を実行するには単に `x <- sample(X,n)` とすればよい.

単純無作為標本 x の平均 $\bar{x}$ で全体 X の平均 (これが本当に知りたい値) $\mu = \bar{X}$ を推定するときの推定誤差を平均自乗誤差

$$S^2 = \frac{1}{\binom{N}{n}} \sum_x |\bar{x} - \mu|^2 \quad (\text{全ての } n \text{ 個の部分集合に関する和})$$

で測ると,多少の組合せ論的議論から次の驚くべき関係式が得られる:

$$S = \frac{\sigma}{\sqrt{n}} \sqrt{1 - \frac{n}{N}}$$

ここで σ^2 は全集団における情報のバラツキの尺度である

$$\sigma^2 = \frac{1}{N-1} \sum_i |x_i - \mu|^2$$

である.抽出率 n/N は,普通かなり小であるから $S \approx \sigma/\sqrt{n}$ となる.これはいったん $\sigma/\sqrt{n}$ が十分小さくなれば,推定誤差は全体集団の大きさ N とほとんど無関係であることを意味する.つまり,1 万人の集団の意見を 100 人の単純無作為抽出意見で推定することが可能なら,たとえ 100 万人の集団であろうと,同じく 100 人の意見でほとんど同じ精度で推定することが可能なことを意味する!

単純無作為抽出は実際には必ずしも適用しやすくなく,実施しやすい様々な抽出法が使われている.大新聞の全国的世論調査 (朝日新聞 1983 年 5 月政党支持率調査を例にとる) で使われている**層化二段階無作為抽出法**は次のように行われた:

(1) 調査対象は全国約 8300 万人の有権者,
(2) 全国の投票区を都道府県,都市規模,産業率によって 339 層に分ける (第一の層),
(3) 各層から一投票区を無作為に抽出して調査地点とする (第二の層),
(4) その投票区の選挙人名簿から平均 9 人の回答者を単純無作為抽出で選ぶ (総計 3000 人が実際の調査対象),

(6) 5月11,12日の両日，学生調査員が個別に面接調査．総計2530人の意見を聴取した．

つまり，新聞に公表された調査結果は文字通りにはこの2530人の意見にほかならない！ これが全有権者の意見を反映していると主張できる理論的根拠が標本調査法である．有効回答数は2530人 (84%)．回答者の内訳は，男性47%，女性53%であった．女性の数のほうが元々多い，女性のほうが家庭にいる時間が長い，また調査に応じやすいなどの理由から普通女性の回答率が高くなる．ただしあまりに比率が異なる場合は調査の正確さが疑わしくなる．大新聞，政府などの権威ある機関が実施する調査でも普通有効回答率は70%台に留まる．あまりに低い有効回答率は当然標本調査法の意義を失わせかねない．特に，不在者は別にしても，調査に応じる・応じないこと自身が対象者の意見の反映であることがあり得るので注意がいる．この際，不在者・非協力者がいてもその場で代わりの人に意見を聞くことは許されない．

標本調査法が影で使われているもう一つの身近な例がTV視聴率調査である．代表的なオンライン調査法では，ランダム抽出された調査世帯のTVに，直接監視機械を取り付ける．ビデオリサーチ社[4]の場合，機械式調査を行っている地域は全国27地区．調査対象世帯数は，関東地区・関西地区で600世帯，名古屋地区で250世帯 (総世帯数はそれぞれ1631万，654万，337万)，それ以外の地区は200世帯となっている．また関東・関西地区では，世帯内各個人の視聴行動を記録するピープルメーターと呼ばれる調査も実施されている．

ラジオ番組にも，定期的に聴取率を調べるレーティング週間 (関東地区では2カ月に1回，関西地区では半年に1回) と呼ばれる時期がある．この時期には各局とも，ヒット曲づくし，プレゼント攻勢，大物ゲスト招待，新企画など，大騒ぎになるそうである．

視聴率が標本調査法で統計的に推定された値である以上，数パーセント程度の統計的誤差は避けがたい．しかしながら，他に知る方法がないという単純な理由から絶対視されているのが実情である．

---

[4] ビデオリサーチ社の調査では，新聞のTV番組欄のタイトルに「美人OL」という文句を入れると視聴率は平均4%上昇，「女医・グルメ・女弁護士」という文句を入れるとそれぞれ平均3%上昇するそうである．例えば「グルメ旅行中の美人OL殺人事件の謎に挑む女医と女弁護士の美人姉妹」という見出しを付ければ計13%視聴率が上がる …？

8章の問題

☐ **1** この章で取り上げられたシミュレーションを R で実行してみよ．

☐ **2** 単位円 Δ 内に「一様に」分布するランダムな点を発生する二つのもっともらしい方法，(1) 区間 $(0,1)$ 上の二つの一様乱数 x, y を用いて点 $(2x-1, 2y-1)$ を発生し，単位円内に入ったものだけを使う，(2) 区間 $(0,1)$ 上の二つの一様乱数 r, θ を用い $x = r\cos(2\pi\theta), y = r\sin(2\pi\theta)$ とする，を考える．シミュレーション結果の散布図を描き，どちらがより Δ 上に「一様に」分布するように見えるか判断せよ．

☐ **3** 10×10 の正方形の各ます目に確率 p で値 $1, 0$ を独立に与える．正方形のある辺から，向かいの辺まで値 1 が (上下左右もしくは斜めに) つながる確率 (パーコレーション確率) をシミュレーションで推定せよ．

☐ **4** 複雑な関数，例えば
$$f(x) = \log\left[1 + \cos^2\left\{\exp\left(\frac{1+x+x^2}{1+\sin^2 x}\right)\right\}\right]$$
の区間 $[0,1]$ 上の定積分の近似値をモンテカルロ法で求めてみよ．

☐ **5** 乗算合同法 (8.1) による疑似乱数列 $\{R_n\}$ はいかなる初期値 N_0 に対しても M 以下の周期を持つことを示せ．

☐ **6** R を用い標本調査法のパラドックスを検討せよ．正規乱数 1 万個と 100 万個から，それぞれ 100 個を無作為抽出し母集団平均 (0 である) を推定することを 1000 回繰り返し，バラツキである標本標準偏差の値を比較してみよ．
[ヒント]

```
> X <- rnorm(10000)     # 1 万個の標準正規乱数を発生
> x <- numeric(1000)    # 成分が全て 0 の長さ 1000 のベクトルを用意
  # X から 100 個を無作為抽出し．その平均を x に順に記録
> for (i in 1:1000) x[i] <- mean(sample(X,100))
```

☐ **7** 600 世帯中ある番組を見た世帯が 10%だったとする．見たか見ないかをベルヌイ試行と考え視聴率の信頼区間を求めよ．

☐ **8** 条件付き分散 $h(x) = \text{Var}(Y \mid X = x)$ とは $X = x$ という条件を与えたときの Y の条件付き分布の分散である．条件付き分散に関する公式
$$\text{Var}(Y) = \boldsymbol{E}[\text{Var}(Y \mid N)] + \text{Var}[\boldsymbol{E}(Y \mid N)]$$
を証明せよ．

$$g(x) = \boldsymbol{E}(Y \mid N = x), \ h(x) = \text{Var}(Y \mid N = x)$$

とおけば

$$\text{Var}(Y) = \boldsymbol{E}\{h(N)\} + \text{Var}\{g(N)\}$$

を証明することになる．

第9章

補　遺

　この章では，本文で触れられなかった話題を，参考としていくつか簡単に紹介する．最初に，今でいう社会学として始まった統計学という学問が，確率論という数学で武装することにより，現在の汎用的なデータ解析技術へと変わっていった歴史を説明する．次にこのテキストの背景である R というフリーソフトについて，紹介と関連情報を与える．また，R を用いて解析できる様々な統計手法について簡単にまとめておく．最後に，読者が R を用いて実際に解析する際にすぐ必要になる，データフレームというデータの形式を紹介する．

9.1　統計学の歴史
9.2　R の簡単な紹介
9.3　この本で取り上げられなかった話題
9.4　データフレームについて

9.1 統計学の歴史

「統計学」という言葉はドイツ語 **Statistik** の邦訳であり，英語の statistics に当たる．他の多くの学問と同じく統計学も明治時代に西洋から移入された．それまでになかった新しい学問を取り入れる際に我々の先祖がまず直面した問題は，日本にまったく対応するものがない外来の概念・用語をいかに日本語化するかという難問であった．ドイツ由来の Statistik の訳語として当時提案されたものの例をあげれば「経国学，政表学，形勢学，国勢学，国務学，知国学」などである．これらの今から見れば奇妙な訳語は，当時の Statistik という学問が何であったかを雄弁に物語っている．ドイツ語の Statistik という言葉自身がラテン語の **status** から人為的に作られた言葉であり，status が英語化した言葉 state が国家・状態という意味を持つことからもわかるように，本来「国家を記述する学」という意味であった．現在使われている統計学という言葉がはじめて現れる文献は，**箕作麟祥 (1846–1897)**[1] によるフランスの社会学書の訳本「統計学 一名国勢略論」(1874 年刊) においてであり，以後漸次普及していった．

統計学という学問は，大きく分けてヨーロッパの 3 主要国に独立に誕生した三つの学問の潮流が合流して誕生したといわれる：

[ドイツ国状学] コーニング (1606–1681) の 1660 年の講義に始まるといわれるこの学派は，歴史と区別された国家，つまり社会，の現状を学問の対象とし，領土・人口・政治体制・行政組織・財政・軍備・国家目的などの叙述的記述を試みた．代表的人物であるドイツのゲッチンゲン大学の**アッヘンワール (1719–1772)** はこの新しい学問を表す用語として Statistik を作った．

[政治算術学] イギリスに生まれた政治算術学派の一人である**グラント (1620–1674)** は著書「死亡表に関する自然的および政治的諸観察」において人口の推定を試み，また出生・死亡数には集団的規則性があることを述べている．またハレー彗星で有名な**ハレー (1656–1743)** は生命表 (つまり平均寿

---

[1] みつくり りんしょう．幕末の蘭学者箕作阮甫の孫．中浜 (ジョン) 万次郎に英語を学ぶ．1867 年フランスに留学．後にフランス法典などの翻訳に尽力．「民権」，「憲法」の訳語も彼に負う．官僚法律学者として日本の近代法律制度の確立に貢献した．一族および姻族には明治の錚々たる大学者の集団が含まれる．

命) を計算し人口統計学の草分けになるとともに，生命保険が賭博以上のものとなる基礎を与えた．代表人物であるペティ(1623–1687) は著書「政治算術」(1690) の中で学派の方法論を次のように述べている．"思弁的議論の代わりに，自分の言わんとするところを数，重量，または尺度を用いて表現し…".

[確率論] フランスに誕生した新興数学の確率論は，パスカルが 1654 年にサイコロ賭博について友人から質問されたのがきっかけで誕生したといわれる．確率論がヤコブ・ベルヌイ，ド・モアブル，ラプラスらによって発展していく中で，政治算術学派の発見した集団的規則性が，確率的規則性にほかならないことが認識されていった．

ひとことでいえば，統計学は後世社会学と総称される多くの学問分野の母体であり，社会学以前の社会学そのものであった．以上の三源泉が合流する一方で，経済学・人口統計学などの諸分野が発展的に分離独立し，19 世紀前半に近代統計学が誕生した．定量的把握とそれにより現れる集団的 (確率的) 規則性の発見は，次いで社会的存在としての人間を理解する道具として使われるようになる．ベルギー人ケトレー(1796–1874) は著書「人間について」(1835) で人間の精神的，道徳的，肉体的諸能力が持つ統計的規則性を考察し**平均人**の概念を与えた．

次いで統計学はダーウィンの進化論を一つの契機として，生物の定量的分析を対象にし始める．ダーウィンの従兄弟である**ゴルトン**(1822–1911) は遺伝・進化現象の統計分析に先鞭をつけ，**カール・ピアソン**(1857–1936) に至り，統計学の数量的把握の道具としての一面が自立独立し統計科学に大成された．統計学は特定の対象とは離れ，あらゆる分野に関係する汎用的な方法と理解されるようになり，統計学の社会学離れがここに完成した．

最後に**フィッシャー**(R.A. Fisher, 1890-1962) は統計学に母集団分布の概念を持ち込み，それにより単なるデータの要約に留まらず，データに関する推測の技術としての統計学を創始し，現代統計学の真の創始者と見なされている．現代の統計学 (数理統計学) は，基本的にフィッシャーの作った枠組の中で発展してきたといって過言でない．

日本における統計学の受容の歴史は明治時代に遡るが，長く社会学・経済学と不可分の形で**社会統計学・経済統計学**と理解されてきた．数理統計学が日本

に本格的に導入されるのは敗戦後であり，占領政策の一環として来日したアメリカ人統計学者の指導による所が大きい．この"新興"統計学はその後，旧来の統計学と本家争いの紆余曲折を経て，広く普及して現在に至っている．また一時期数理統計学を他の統計学と区別するため，**推計学**という言葉が使われたことがある．

箕作麟祥による訳本の明治7年という発行年度に注意しよう．日本の近代化は決して明治維新に始まるのではなく，すでに幕末に着々と用意されていた．参考までに「統計学 一名国勢略論」の最初の部分を引用してみよう：

「統計学とは天然，人工，政事等の実件を算数を以て解明する学科を云う 而して其趣旨は人民の性種，情態，進歩を明かに知得するにあり 統計学に於て算数の必要なるは猶幾何学に於て図形を要し代数学に於て記号を要するが如し 統計学は算数を以て説く者なれば其詳明精密なることあたかも正合学科 数学，幾何学，測量学等を云ふ に彷彿す…」

「統計」という訳語は，物を数えそれを数値に要約するという，近代統計学の方法論をうまく表している．訳語が元々の意味にぴったり合うことはなかなかない．ましてや元来の意味が多義にわたるときはそうである．また邦訳すると何となく安っぽく感じる日本人の性癖は，今に始まることではなかったようである．実際，統計といわずドイツ語のままスタチスチックと呼ぶほうがよいとする一派が当初いた．本業が陸軍の衛生学者であった森鷗外は，日本における公衆衛生学の草分け・泰斗であり，しぜん統計学にも関心が深かったが，明治22年の東京医事新誌掲載の論説「統計について」(岩波書店・鷗外選集第11巻)でスタチスチック派を反駁し，統計という訳語を擁護している．

9.2 R の簡単な紹介

R は，ニュージーランドのオークランド大学の R. Ihaka とハーバード大学の R. Gentleman により，彼らの担当する統計学の講義用の小さなインタープリタ言語として誕生した．誕生の最初から，R はかつてのベル研究所で J. Chambers と同僚により開発されたすぐれた統計言語 S[2])にできるだけ外見を似せることを目指していた．1995 年に最も厳格なオープンソースソフトウェアの基準である GNU 一般公開許諾契約書の条項のもとでソースコードが公開されて以来，全世界の熱狂的支持者による急速な改良・拡張[3])が加えられ，現在では本家 S に肩を並べるほどの水準に達している．S 用に書かれたコードの多くは変更なしで R でも実行できる．この本を執筆中の 2003 年 10 月現在の R のバージョンは 1.8 であり，現在も一流の統計学者を含むコアチームと呼ばれるグループにより，急速な進化を遂げつつある．R はほとんどの主要な計算機・OS で稼働しており，特に多くの Unix ワークステーション，Linux や FreeBSD などの PC Unix，Mac OS，そして Microsoft Windows で使うことができる．

R は多様な統計手法を提供し，広汎な拡張が可能である．R は例示用の数多くの組込みデータを最初から備えており，実習が容易である．詳細な関数のオンラインヘルプを持ち，全関数の使用法を `example` 関数で，その場でただちに参照できる．6 種類の公式マニュアルを持ち，さらに全世界のボランティアによる多くのフリーの参考文献がある．R (そして当然 S) はしばしばソフトではなく環境[4])であるといわれる．これは R が次のような機能の周到に計画され，

---

[2]) S は統計家がデータ解析に最も適したソフトウェア環境を実現するために開発された．その先進的で優れた仕様のために，最も優れたソフトウェアに与えられる米国計算機学会ソフトウェア部門賞を 1998 年に受賞 (他の受賞ソフトには Unix, TeX, Smalltalk, TCP/IP, WWW, Postscript, Tcl/Tk, Apache などがある) している．現在 S-plus などの名前の商用版がある．R というネーミングは「S の一歩手前」という意味というのが定説であるが，二人の創始者の共通のイニシャルに由来するという説もある．

[3]) やはりベル研で誕生した Unix が Linux などのオープンソース版として世界的に普及しているのと比較してみると面白い．

[4]) これは従来の統計ソフトウェア (SAS や SPSS という商用ソフトが有名であるが，いずれも個人が購入できる値段ではない) が計算機言語としては限られた機能しか持たず，あらかじめ定められた解析しか実行しにくいことと大きく異なる．

統合されたまとまりであるという特徴を指している：
- データを効率的に操作し，保管する機能，
- 配列，とくに行列の計算のための豊富な演算子のセット，
- データ解析を効率的に行う一貫した多様なツールの集り，
- データ解析のためのグラフィカルな機能と，画面または印刷物への出力，
- 条件分岐，ループ，ユーザー定義の再帰的関数や入出力機能を含む，簡潔で効率的なプログラミン言語．

R の魅力の一つは，適切にデザインされた出版物品位のグラフィックスを容易に作成[5]できる点である．データ解析ではしばしば試行錯誤が欠かせないが，そのつど結果を即座にグラフィックス表示して吟味することができることは，強力な助けとなる．

R は標準で基本パッケージと呼ばれる本体と，時系列解析・多変量解析などのいくつかの主要パッケージとともに配布されている．このほかにも，アドオンパッケージと呼ばれる，全世界のボランティアによるフリーな数百の追加機能が存在する．こうしたパッケージは必要に応じて簡単に R 本体に組込むことができ，様々な先進的な統計技法の使用が可能になる．R に関連する様々なソフトウェアやドキュメントは CRAN[1] と呼ばれる公式サイトから自由に入手可能である．また，RjpWiki[2] と呼ばれる日本の R ユーザーが運営するサイトからは，様々な情報やドキュメントの日本語訳が入手可能である．なお，当然ながら S の開発者達による S の解説書[15],[11] は R の参考書としても役に立つ．また Venables & Ripley[16]，Dalgaard[9]，そして中澤[17] も有用である．

日本における R の普及を妨げていた最大の要因である R で日本語が使えないという問題は，最近フリーのプログラマである中間栄治氏の献身的努力でほぼ解消されている．中間栄治氏の個人ウェブサイトからは，日本語が使えるマイクロソフト・ウィンドウズ版，そして Linux 版の R が手に入る．以下に，現在手に入る R システムのバイナリーとソースの入手先をまとめておく．

- CRAN[1]．R のソースファイルと．Linux の各種ディストリビューション (debian, mandrake, redhat, suse, vinelinux) 用バイナリー．マイクロソフト・ウィンドウズ用のバイナリー．MacOS 用バイナリー (全て英語版)．

---

[5] このテキストのグラフィックスは原稿段階で全て R で作成し，多少修正を加えた．

- 中間栄治氏のウェブページ[4]．日本語化された R の Linux (vinelinux 用) バイナリーとマイクロソフト・ウィンドウズ用バイナリー (英語版の R への追加)．
- 長崎大学の谷村晋氏のウェブページ[6]．英語版と日本語版 R を収納した KNOPPIX-jp の ISO イメージ．KNOPPIX は Debian GNU/Linux ベースの Linux ディストリビューションで，CDROM 1 枚でインストールなしでほぼ完全な Linux システムが自動起動し使えるようになる．終了後はパソコンに一切何も残らないので，面倒なしで R を試すのに最適である．KNOPPIX-jp は (独) 産業技術総合研究所の須崎有康氏[7]がオリジナルの KNOPPIX を日本語化したもので，オリジナルと同様にフリーである．谷村氏の R-KNOPPIX はまた岡田昌史氏のウェブページ[8]からも入手可能である．KNOPPIX を CDROM から起動する際，パソコン (特にノートパソコン) 起動時に若干のパラメータを入力する必要がある機種がある．詳しくは須崎有康氏のウェブページにまとめてある．RjpWiki[2] にも関連した記事がある．

---

[6] URL http://shakan2.tm.nagasaki-u.ac.jp/R-KNOPPIX/
[7] URL http://unit.aist.go.jp/it/knoppix/
[8] URL http://epidemiology.md.tsukuba.ac.jp/~mokada/R/

9.3 この本で取り上げられなかった話題

このテキストは第一に理工系の専門基礎教育用を想定していること，またページ数の制限から取り上げられなかった多くの話題がある．以下ではそれらをまとめておく．R およびそのアドオンパッケージにはこれらの手法を扱う多くの関数がある．読者の関心と必要に応じて勉強してほしい．必要な情報は CRAN[1], RjpWiki[2], 各パッケージ付属のドキュメント等から得られる．とはいえ，必要な統計学の知識そのものは，各種の統計学の文献 (統計学辞典[13] が良い案内になる) から学ぶほかないことを注意しておく．

(1) R のインストール，管理と操作方法．この本では一切触れることができなかった．6 種類の R の公式マニュアルが参考になる．いずれも間瀬[5], RjpWiki[2] に日本語訳がある．また RjpWiki[2] にある各種情報，中澤[17], 岡田昌史編「The R Book」[24], および舟尾暢男著「The R tips」[6] が参考になるであろう．

(2) **ノンパラメトリック統計学** (nonparametric statistics). 生物の反応や，人間の判断などのデータには，簡単な母集団分布を仮定することが困難なものがしばしばある．ノンパラメトリック手法は特定の母集団分布を仮定せずに，推定・検定を行う．R には代表的なノンパラメトリック手法用の関数がある．

(3) **多変量解析** (multivariate analysis). 一つの対象から，同時に複数の互いに関連する変数が観測されているタイプのデータを**多変量データ** (multivariate data) と呼ぶ．多変量データは一目で全体を把握することが不可能であり，統計処理を経てはじめて把握できるようになる．多変量データを少数の本質的情報に要約する手法には，**主成分分析** (principal component analysis), **因子分析** (factor analysis), そして**判別分析** (discriminant analysis) などの古典的手法をはじめ，数多く存在する．R の主要パッケージ mva, アドオンパッケージ multiv は多変量解析用の基本関数を集めたものである．

(4) **時系列解析** (time series analysis). 経済データや信号処理を典型とする，データが時間の経過とともに観測されているタイプのデータを，**時系列データ** (time series) と呼ぶ．時系列データは普通複雑な従属関係を持

9.3 この本で取り上げられなかった話題

ち，その解析も高度な手法を必要とする．Rの主要パッケージ ts は時系列解析用の基本関数を集めたものである．

(5) **一般化線形モデル** (generalized linear model, GLM)．線形重回帰モデルの誤差分布が必ずしも正規分布に従わない場合にも使える，一般化線形モデルと呼ばれる手法があり，線形モデルの適用範囲が広がる．Rには2項分布等の誤差分布のタイプを指定して一般化線形モデルを当てはめる関数 glm が存在する．一般化線形モデルについてはドブソン[14]が参考になる．

(6) **地球統計学** (geostatisitcs)．データが観測された位置の情報を持つデータを**空間データ** (spatial data) と呼び，環境・生態学，地球科学，地質・土木，地理・経済学等に広く登場する．地球統計学的手法は，一部の箇所で観測された情報から，領域全体に渡る情報の分布を予測する．Rには地球統計学手法を集めたアドオンパッケージが複数存在する．文献[18],[12]を参照．

(7) **点パターン解析** (point pattern analysis)．生態学などでは空間内に散在するランダムな点の集まりである**点パターン** (point pattern) として表現されるデータが登場する．点パターン解析は点パターンの生成の背後にあるメカニズムに関する推測を行う．Rには点パターン解析用のアドオンパッケージが複数存在する．文献[18]を参照．

(8) **グラフィカルモデリング** (graphical modeling)．多数の対象とそれらの間の関係をグラフ状の構造で把握するモデルと，その統計的解析をグラフィカルモデリングと呼ぶ．様々な現象を簡潔に表現できる．最初，品質管理分野で応用され，現在では**ベイジアンネットワーク** (Bayesian Network) と呼ばれる人工知能の最新手法に応用され注目を浴びている．Rにグラフィカルモデリング用の機能を追加するプロジェクト gRaphical models が存在する．

(9) **バイオインフォマティックス** (bioinformatics)．ゲノム情報を解析・応用するバイオインフォマティックスにも，統計的手法が次々に応用されている．Rにもゲノム情報を解析するアドオンパッケージが複数存在し，これからも新しいものが次々加わるであろう．Rを基本とするゲノム解析ソフトの開発プロジェクトである BioConductor が存在する．

(10) **地理情報システム** (GIS, geographical information system). 地理情報のデータベースを基礎とする解析システム・技法を GIS と呼ぶ．R には GIS およびフリーの GIS ソフトとのインタフェイス用のアドオンパッケージがある．

(11) **マルコフ連鎖モンテカルロ法** (MCMC, Markov Chain Monte Carlo). マルコフ連鎖を用い，複雑なシステムのシミュレーションを行う汎用的方法をマルコフ連鎖モンテカルロ法と呼び，理論的解析が困難な複雑システムを解析する便利な現代的手法として，あらゆる分野で不可欠になっている．R にはマルコフ連鎖モンテカルロ法を実行し解析するアドオンパッケージが複数存在する．

(12) **データベースソフトとのインタフェイス**．R は単独でも相当大規模なデータを一度に処理できるが，さらに大規模なデータの継続的処理にはデータベースソフトの利用が便利である．R には代表的なフリーおよび商用データベースソフトとのインタフェイスを提供する各種アドオンパッケージがある．

最後に警告を一つ．Excel などの表計算ソフトはデータの入力や集計には便利なソフトで，データが Excel ファイルの形式で公開されることも多い．しかしながら，Excel に付随する数値・統計関数のひどさは有名である (青木氏のサイト[3] を参照)．Excel でまとめたデータはいわゆる CSV (テキストファイル) 形式で保存すれば，R に簡単に読み込むことができる．

9.4 データフレームについて

R の統計解析用の関数の多くは**データフレーム** (data frame) と呼ばれる便利なデータ構造を前提にしている．読者が自分のデータを R で解析する際の参考に，データフレームの作り方を解説[9]する．データフレームはいくつかの変数 $v_1, v_2, \cdots, v_k$ に対応する行と，一つのデータを表す列を持つ行列状の形をしている．各変数は数値であっても，文字列であってもよい．変数には普通，操作・識別を容易にするため名前を表す文字列をラベルとして付ける．各データにも名前を表す文字列ラベルを付けることがある．次のような内容のテキストファイル foo.data が，R を起動したディレクトリにあるとする．文字列・数値間には一つ以上の半角空白を置く．

```
        year    abc def
Japan   1993 1225.0   21
Korea   1999  304.2   35
China   2001 5304.4   11
```

これをデータフレームとして R に読み込むには read.table 関数を使う：

```
# ファイル (名前を二重引用符で囲む) を読み込み変数 x に代入
> x <- read.table("foo.data")
> x                         # データフレーム x の内容表示
        year    abc def     # year,abc,def は変数名
Japan   1993 1225.0   21    # Japan,Korea,China はデータ名
Korea   1999  304.2   35
China   2001 5304.4   11
> x$year                    # year 変数を見る (x[,1] でもよい)
[1] 1993 1999 2001
> x$abc                     # abc 変数を見る (x[,2] でもよい)
[1] 1225.0  304.2 5304.4
> x$def                     # def 変数を見る (x[,3] でもよい)
[1] 21 35 11
> x["Japan", "abc"]         # Japan データの abc の値 (x[1,2] でもよい)
```

---

[9] 詳しくは，ここで使う関数のオンラインヘルプ (例えば R から命令 help(data.frame) を入力) を参照する．また R の公式マニュアル[1] やインターネットサイト RjpWiki[2] を参照すると詳しい情報が得られる．

```
[1] 1225
> x["Japan", ]          # Japan データの各項目を見る (x[1,] でもよい)
       year abc def
Japan 1993 1225  21
> attach(x)             # 変数名 year,abc,def だけで参照できるようにする
> year
[1] 1993 1999 2001
> abc
[1] 1225.0  304.2 5304.4
> def
[1] 21 35 11
```

行 (データ名) ラベルを持たないファイル foo2.data

```
year    abc def
1993 1225.0  21
1999  304.2  35
2001 5304.4  11
```

を読み込むには次のようにする (行番号が自動的に付く)：

```
> x <- read.table("foo2.data",header=TRUE) # header=TRUE を忘れない
> x                     # x の内容を表示 (行ラベル 1,2,3 が自動的に付く)
  year    abc def
1 1993 1225.0  21
2 1999  304.2  35
3 2001 5304.4  11
> x["1", "abc"]         # 行ラベル 1 は実際は文字列なので二重引用符で囲む
[1] 1225                # x[1,2] でもよい
> x["1", ]              # 第 1 データを表示 (x[1,] でもよい)
  year abc def
1 1993 1225  21
> x[,"def"]             # 変数 def の各値を表示
[1] 21 35 11            # x[,3] でもよい
```

さらに変数ラベルも与えないと次のように変数名 V1,V2,... が自動的に付けられる：

```
> x
```

9.4 データフレームについて

```
    V1     V2 V3
1 1993 1225.0 21
2 1999  304.2 35
3 2001 5304.4 11
```

もし起動中の R から直接データフレームを作りたければ data.frame 関数を用い次のようにすればよい．

```
> x1 <- c(1993, 1999, 2001)
> x2 <- c(1225.0, 304.2, 5304.4)
> x3 <- c(21, 35, 11)
> x <- data.frame(year=x1, abc=x2, def=x3,
        row.names=c("Japan","Korea","China"))
> x
      year    abc def
Japan 1993 1225.0  21
Korea 1999  304.2  35
China 2001 5304.4  11
> xx <- data.frame(year=x1,abc=x2,def=x3) # 行ラベルを指定しないとき
> xx
  year    abc def
1 1993 1225.0  21    # 行ラベル 1,2,3 が自動的に加えられる
2 1999  304.2  35
3 2001 5304.4  11
```

こうして作ったデータフレームをファイルとして保存するには save 関数を用い，次のようにする．ただし，保存ファイルは特殊な形式で保存されるため，エディタで見ても内容は不明になる．保存ファイルは次回に load 関数で再び読み込むことができる．

```
> save(xx, file="foo3.data")  # xx を foo3.data というファイルに保存
> rm(xx)                      # 説明のために変数 xx をいったん消去
> load("foo3.data")           # ファイル foo3.data を読み込む
> xx                          # 保存したときの名前 xx で復元されている
  year    abc def
1 1993 1225.0  21
2 1999  304.2  35
3  201 5304.4  11
```

問題略解

第1章

4 和に関するシュワルツの不等式より
$$|S_{xy}|^2 = \left|\sum_{i=1}^{n}(x_i-\bar{x})(y_i-\bar{y})\right|^2 \le \sum_{i=1}^{n}(x_i-\bar{x})^2\sum_{i=1}^{n}(y_i-\bar{y})^2 = S_x^2 S_y^2$$
ゆえに $|C_{xy}| \le 1$. 等号成立条件は $(x_i - \bar{x}, y_i - \bar{y})$ が同じ直線上にあること，つまり (x_i, y_i) が同じ直線上にあること．

第2章

1 $\mathrm{Cov}\{X,Y\} = \boldsymbol{E}\{(X-\boldsymbol{E}\{X\})(Y-\boldsymbol{E}\{Y\})\}$ は期待値の線形性から次のように変形できる．
$$\boldsymbol{E}\{XY - \boldsymbol{E}\{X\}Y - \boldsymbol{E}\{Y\}X + \boldsymbol{E}\{X\}\boldsymbol{E}\{Y\}\}$$
$$= \boldsymbol{E}\{XY\} - \boldsymbol{E}\{\boldsymbol{E}\{Y\}X\} - \boldsymbol{E}\{\boldsymbol{E}\{X\}Y\} + \boldsymbol{E}\{\boldsymbol{E}\{X\}\boldsymbol{E}\{Y\}\}$$
$$= \boldsymbol{E}\{XY\} - \boldsymbol{E}\{Y\}\boldsymbol{E}\{X\} - \boldsymbol{E}\{X\}\boldsymbol{E}\{Y\} + \boldsymbol{E}\{X\}\boldsymbol{E}\{Y\}$$
$$= \boldsymbol{E}\{XY\} - \boldsymbol{E}\{X\}\boldsymbol{E}\{Y\}$$
さらに $\mathrm{Var}\{X\} = \mathrm{Cov}\{X,X\} = \boldsymbol{E}\{X^2\} - \boldsymbol{E}\{X\}^2$

2 2項分布 $\mathrm{B}(n,p)$ の平均は
$$\sum_{i=0}^{n} i \times \binom{n}{i} p^i (1-p)^{n-i} = \sum_{i=1}^{n} \frac{in!}{(n-i)!i!} p^i (1-p)^{n-i}$$
$$= np \times \sum_{i=1}^{n} \frac{(n-1)!}{((n-1)-(i-1))!(i-1)!} p^{i-1}(1-p)^{(n-1)-(i-1)}$$
$$= np \times \sum_{j=0}^{n-1} \binom{n-1}{j} p^j (1-p)^{(n-1)-j} = np$$
Y を2項分布 $\mathrm{B}(n-1,p)$ に従う確率変数とすると，2次モーメント $\boldsymbol{E}\{X^2\}$ は

$$\sum_{i=0}^{n} i^2 \times \binom{n}{i} p^i (1-p)^{n-i} = \sum_{i=1}^{n} \frac{i^2 n!}{(n-i)! i!} p^i (1-p)^{n-i}$$
$$= np \times \sum_{j=0}^{n-1} (j+1) \binom{n-1}{j} p^j (1-p)^{(n-1)-j}$$
$$= np \boldsymbol{E}\{Y+1\} = np((n-1)p+1)$$

したがって，2 章の問題 1 より分散は $n(n-1)p^2 + np - (np)^2 = np(1-p)$．

3 ポアソン分布 $\mathrm{Poi}(\mu)$ の平均は
$$\sum_{i=0}^{\infty} i \times e^{-\mu} \frac{\mu^i}{i!} = \mu \sum_{i=1}^{\infty} e^{-\mu} \frac{\mu^{i-1}}{(i-1)!} = \mu \sum_{j=0}^{\infty} e^{-\mu} \frac{\mu^j}{j!} = \mu$$
同様にして，その 2 次モーメントは
$$\sum_{i=0}^{\infty} i^2 \times e^{-\mu} \frac{\mu^i}{i!} = \mu \sum_{i=1}^{\infty} i \times e^{-\mu} \frac{\mu^{i-1}}{(i-1)!} = \mu \sum_{j=0}^{\infty} (j+1) e^{-\mu} \frac{\mu^j}{j!}$$
$$= \mu \left(\sum_{j=0}^{\infty} j e^{-\mu} \frac{\mu^j}{j!} + \sum_{j=0}^{\infty} e^{-\mu} \frac{\mu^j}{j!} \right) = \mu(\mu+1)$$
したがって，2 章の問題 1 より分散は $\mu(\mu+1) - \mu^2 = \mu$．

4 指数分布 $\mathrm{Exp}(\lambda)$ の平均は変数変換 $y = \lambda x$ とガンマ関数の性質 $\Gamma(2) = (2-1)! = 1$ により
$$\int_0^\infty x \lambda e^{-\lambda x} dx = \int_0^\infty \frac{y}{\lambda} e^{-y} dy = \frac{\Gamma(2)}{\lambda} = \frac{1}{\lambda}$$
同様にして，その 2 次モーメントは
$$\int_0^\infty x^2 \lambda e^{-\lambda x} dx = \int_0^\infty \frac{y^2}{\lambda^2} e^{-y} dy = \frac{\Gamma(3)}{\lambda^2} = \frac{2}{\lambda^2}$$
したがって，2 章の問題 1 より分散は $2/\lambda^2 - 1/\lambda^2 = 1/\lambda^2$．

5 (1) 確率の加法性と $\boldsymbol{P}\{\Omega\} = 1$ から
$$1 = \boldsymbol{P}\{\Omega\} = \boldsymbol{P}\{\Omega \cup \emptyset\} = \boldsymbol{P}\{\Omega\} + \boldsymbol{P}\{\emptyset\} = 1 + \boldsymbol{P}\{\emptyset\}$$
(2) 確率の加法性と $\boldsymbol{P}\{\Omega\} = 1$ から
$$1 = \boldsymbol{P}\{\Omega\} = \boldsymbol{P}\{A \cup A^c\} = \boldsymbol{P}\{A\} + \boldsymbol{P}\{A^c\}$$
(3) 確率の加法性と非負性から
$$\boldsymbol{P}\{B\} = \boldsymbol{P}\{A \cup (B \backslash A)\} = \boldsymbol{P}\{A\} + \boldsymbol{P}\{B \backslash A\} \geq \boldsymbol{P}\{A\}$$
(4) 確率の単調性と $\emptyset \subset A \subset \Omega$ から
$$0 = \boldsymbol{P}\{\emptyset\} \leq \boldsymbol{P}\{A\} \leq \boldsymbol{P}\{\Omega\} = 1$$

(5) 確率の加法性から導かれる次の 3 つの等式から証明できる．
$$P\{A\} = P\{A \backslash (A \cap B)\} + P\{A \cap B\},$$
$$P\{B\} = P\{B \backslash (A \cap B)\} + P\{A \cap B\},$$
$$P\{A \cup B\} = P\{B \backslash (A \cap B)\} + P\{A \backslash (A \cap B)\} + P\{A \cap B\}$$

6 連続分布の場合を証明する．$f(x,y)$ を X, Y の同時分布の密度関数とすると，積分に関するシュワルツの不等式より

$$|\boldsymbol{E}\{XY\}|^2 = \left|\int x\sqrt{f(x,y)} \times y\sqrt{f(x,y)}dxdy\right|^2$$
$$\leq \int x^2 f(x,y)dxdy \times \int y^2 f(x,y)dxdy = \boldsymbol{E}\{X^2\}\boldsymbol{E}\{Y^2\}$$

この不等式を $Y=1$ として適用すると

$$|\boldsymbol{E}\{X\}|^2 \leq \boldsymbol{E}\{X^2\}\boldsymbol{E}\{1^2\} = \boldsymbol{E}\{X^2\}$$

また確率変数 $X - \boldsymbol{E}\{X\}, Y - \boldsymbol{E}\{Y\}$ に適用すると

$$|\mathrm{Cov}\{X,Y\}|^2 = |\boldsymbol{E}\{(X-\boldsymbol{E}\{X\})(Y-\boldsymbol{E}\{Y\})\}|^2$$
$$\leq \boldsymbol{E}\{(X-\boldsymbol{E}\{X\})^2\}\boldsymbol{E}\{(Y-\boldsymbol{E}\{Y\})^2\} = \mathrm{Var}\{X\}\mathrm{Var}\{Y\}$$

この不等式と定義 $\mathrm{Corr}\{X,Y\} = \mathrm{Cov}\{X,Y\}/\sqrt{\mathrm{Var}\{X\}\mathrm{Var}\{Y\}}$ より

$$|\mathrm{Corr}\{X,Y\}| \leq 1$$

7 X, Y が独立ならば $\mathrm{Cov}\{X,Y\} = \boldsymbol{E}\{(X-\boldsymbol{E}\{X\})(Y-\boldsymbol{E}\{Y\})\}$ は
$$\boldsymbol{E}\{X - \boldsymbol{E}\{X\}\}\boldsymbol{E}\{Y - \boldsymbol{E}\{Y\}\} = 0 \times 0$$
に等しくなる．

8 (1) $A = (A \cap B_1) \cup (A \cap B_2) \cup \cdots \cup (A \cap B_n)$ は A の排反な分割であるから
$$\boldsymbol{P}\{A\} = \sum_{i=1}^{n} \boldsymbol{P}\{A \cap B_i\} = \sum_{i=1}^{n} \boldsymbol{P}\{A \mid B_i\}\boldsymbol{P}\{B_i\}$$

(2) $\boldsymbol{P}\{B \mid A\} = \dfrac{\boldsymbol{P}\{B \cap A\}}{\boldsymbol{P}\{A\}} = \dfrac{\boldsymbol{P}\{B \cap A\}}{\boldsymbol{P}\{B\}}\dfrac{\boldsymbol{P}\{B\}}{\boldsymbol{P}\{A\}} = \dfrac{\boldsymbol{P}\{B\}}{\boldsymbol{P}\{A\}}\boldsymbol{P}\{A \mid B\}$

(3) $f(y \mid x) = \dfrac{f(x,y)}{f_X(x)} = \dfrac{f(x,y)}{f_Y(y)}\dfrac{f_Y(y)}{f_X(x)} = \dfrac{f_Y(y)}{f_X(x)} \times f(x \mid y)f_Y(y)$

第 3 章

1 $x_1, x_2, \cdots, x_n$ を $\mathrm{Poi}(\lambda)$ に従う独立同分布データとする．尤度関数は

$$L(\lambda) = \prod_{i=1}^{n} e^{-\lambda} \frac{\lambda^{x_i}}{x_i!} = \frac{1}{\prod_{i=1}^{n} x_i!} e^{-n\lambda} \lambda^{\sum_{i=1}^{n} x_i}$$

対数尤度 $\log L(\lambda)$ を微分して得られる尤度方程式は $-n + \frac{1}{\lambda}\sum_{i=1}^{n} x_i = 0$ となり，これを解けば $\widehat{\lambda} = \bar{x}$.

2 $x_1, x_2, \cdots, x_n$ を $\mathrm{Exp}(\lambda)$ に従う独立同分布データとする．尤度関数は

$$L(\lambda) = \prod_{i=1}^{n} \lambda \exp(-\lambda x_i) = \lambda^n \exp\left(-\lambda \sum_{i=1}^{n} x_i\right)$$

対数尤度 $\log L(\lambda)$ を微分して得られる尤度方程式は $\frac{n}{\lambda} - \sum_{i=1}^{n} x_i = 0$ となり，これを解けば $\widehat{\lambda} = 1/\bar{x}$.

第 4 章

2 誤差の自乗和は $S(\alpha) = \sum_{i=1}^{n}(y_i - \alpha x_i)^2$，正規方程式は

$$\frac{dS(\alpha)}{d\alpha} = \sum_{i=1}^{n}\{-2x_i(y_i - \alpha x_i)\} = -2\sum_{i=1}^{n} x_i y_i + 2\alpha \sum_{i=1}^{n} x_i^2 = 0$$

となる．これを α について解く．

3 まず関係式 $S_0 = S_1 + S_2 + 2\sum_{i=1}^{n} \widehat{\epsilon}_i(\widehat{y}_i - \bar{y})$ に注意する．次に $\widehat{\alpha}, \widehat{\beta}$ は正規方程式の解だから第 1 式から $\sum_{i=1}^{n} x_i \widehat{\epsilon}_i = 0$ となることに注意すると

$$\sum_{i=1}^{n} \widehat{\epsilon}_i(\widehat{y}_i - \bar{y}) = \alpha \sum_{i=1}^{n} x_i \widehat{\epsilon}_i + (\beta - \bar{y})\sum_{i=1}^{n} \widehat{\epsilon}_i = (\beta - \bar{y})\sum_{i=1}^{n} \widehat{\epsilon}_i$$

となる．最後に正規方程式の第 2 式から $\sum_{i=1}^{n} \widehat{\epsilon}_i = n(\bar{y} - \widehat{\alpha}\bar{x} - \widehat{\beta}) = 0$ となるから結論が出る．

4 $S(\widehat{\theta}) = \sum_{i=1}^{n}(y_i - \widehat{\alpha} x_i - \widehat{\beta})^2 = \sum_{i=1}^{n} \widehat{\epsilon}_i^{\,2}$

5 (1) $\bar{y} = \widehat{\alpha}\bar{x} + \widehat{\beta}$ だから

$$S_1 = \sum_{i=1}^{n}(\widehat{y}_i - \bar{y})^2 = \sum_{i=1}^{n}(\widehat{\alpha}_i x_i + \widehat{\beta} - \widehat{\alpha}_i \bar{x} - \widehat{\beta})^2$$
$$= \widehat{\alpha}^2 \sum_{i=1}^{n}(x_i - \bar{x})^2 = \widehat{\alpha}^2 S_x^2 = \left(\frac{S_{xy}}{S_x}\right)^2$$

(2) (1) と関係 $S_0 = S_y^2$ より
$$R^2 = \frac{S_1}{S_0} = \left(\frac{S_{xy}}{S_x}\right)^2 \frac{1}{S_y^2} = \left(\frac{S_{xy}}{S_x S_y}\right)^2$$

7 x, y がともに t の 1 次関数という極端な場合には，y は x の 1 次関数として表されるので自明である．誤差項を含む場合は，例えば R で次のように確認してみよ．

```
> t <- 1:20
> y <- 1 + 2*t + rnorm(20)     # y は t の 1 次関数プラス正規誤差
> x <- 2 - 1.5*t + rnorm(20)   # x は t の 1 次関数プラス正規誤差
> summary(lm(y ~ x))           # y を x に回帰
```

第 5 章

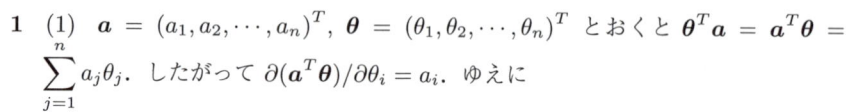

1 (1) $\boldsymbol{a} = (a_1, a_2, \cdots, a_n)^T$, $\boldsymbol{\theta} = (\theta_1, \theta_2, \cdots, \theta_n)^T$ とおくと $\boldsymbol{\theta}^T \boldsymbol{a} = \boldsymbol{a}^T \boldsymbol{\theta} = \sum_{j=1}^n a_j \theta_j$．したがって $\partial(\boldsymbol{a}^T \boldsymbol{\theta})/\partial \theta_i = a_i$．ゆえに

$$\frac{\partial(\boldsymbol{a}^T \boldsymbol{\theta})}{\partial \boldsymbol{\theta}} = \frac{\partial(\boldsymbol{\theta}^T \boldsymbol{a})}{\partial \boldsymbol{\theta}} = (a_1, a_2, \cdots, a_n)^T = \boldsymbol{a}$$

(2) $\boldsymbol{\theta}^T A \boldsymbol{\theta} = \sum_{j=1}^n \sum_{k=1}^n A_{jk} \theta_j \theta_k$ を次のように書き換える．

$$A_{ii} \theta_i^2 + \left(\sum_{j \neq i} A_{ji} \theta_j\right) \theta_i + \left(\sum_{k \neq i} A_{ik} \theta_k\right) \theta_i$$

したがって A の対称性から $\partial(\boldsymbol{\theta}^T A \boldsymbol{\theta})/\partial \theta_i$ は

$$2 A_{ii} \theta_i + \sum_{j \neq i} A_{ji} \theta_j + \sum_{k \neq i} A_{ik} \theta_k = 2 \sum_{j=1}^n A_{ji} \theta_j = 2 A \boldsymbol{\theta}$$

の第 i 成分となり，これより結論が出る．

2 (1) $AX = (Y_1, Y_2, \cdots, Y_n)^t$ とおくと $Y_i = \sum_{j=1}^n A_{ij} X_j$．したがって $E\{Y_i\} = \sum_{i=1}^n A_{ij} E\{X_j\}$．ゆえに

$$E\{AX\} = A(E\{X_1\}, E\{X_1\}, \cdots, E\{X_1\})^T = A E\{X\}$$

(2) $\mathrm{Var}(X)$ の (i, j) 成分は $\mathrm{Cov}\{(X_i - E\{X_i\})(X_j - E\{X_j\})\}$．
一方 $(X - E\{X\})(X - E\{X\})^T$ の (i, j) は $(X_i - E\{X_i\})(X_j - E\{X_j\})$．
ゆえに $\mathrm{Var}(X) = E\{(X - E\{X\})(X - E\{X\})^T\}$．

(3) (1) と同じ理由で $\boldsymbol{E}\{XA^T\} = \boldsymbol{E}\{X\}A^T$，また
$$AX - \boldsymbol{E}\{AX\} = AX - A\boldsymbol{E}\{X\} = A(X - \boldsymbol{E}\{X\})$$
ゆえに
$$\mathrm{Var}(AX) = \boldsymbol{E}\{(AX - \boldsymbol{E}\{AX\})(AX - \boldsymbol{E}\{AX\})^T\}$$
$$= \boldsymbol{E}\{A(X - \boldsymbol{E}\{X\})(X - \boldsymbol{E}\{X\})^T A^T\}$$
$$= A\boldsymbol{E}\{(X - \boldsymbol{E}\{X\})(X - \boldsymbol{E}\{X\})^T\}A^T$$
$$= A\mathrm{Var}\{X\}A^T$$

3 $s = \sigma^2$ とおくと尤度関数は
$$L(\mu, s) = \prod_{i=1}^{n} \frac{1}{\sqrt{2\pi s}} \exp\left(-\frac{(x_i - \mu)^2}{2s}\right)$$
$$= (2\pi)^{-n/2} s^{-n/2} \exp\left(-\frac{1}{2s}\sum_{i=1}^{n}(x_i - \mu)^2\right)$$
したがって対数尤度方程式は
$$\frac{\partial \log L(\mu, s)}{\partial \mu} = \frac{1}{s}\sum_{i=1}^{n}(x_i - \mu) = \frac{1}{s}\left(\sum_{i=1}^{n} x_i - n\mu\right) = 0,$$
$$\frac{\partial \log L(\mu, s)}{\partial s} = -\frac{n}{2s} + \frac{1}{2s^2}\sum_{i=1}^{n}(x_i - n\mu)^2 = 0$$
ゆえに $\widehat{\mu} = \bar{x}$, $\widehat{\sigma^2} = \widehat{s} = S_x^2$.

第7章

2 色々なやり方が考えられるが Nelson の論文にある一例を示す．
(1) 図 7.3 において，4 種類のデータごとに目測で適当に回帰直線 (実際は曲線) を 4 本引く．この 4 本の直線が $t = 0$ で交わる点が V_0 の初期値の推定値 (仮に 13.5 とする) と考える．すると $\widehat{\alpha} = \log_{10} 13.5 = 1.13$ となる．
(2) モデル式 $\log_{10} V_i = \widehat{\alpha} - t\beta \exp(-\gamma/(T_i + 273.16))$ $(i = 1, 2)$ から γ と β の初期値推定式を作ると次のようになる．
$$\widehat{\gamma} = \frac{(T_1 + 273.16)(T_2 + 273.16)}{T_1 - T_2} \log[\log_{10}(V_0/V_1)/\log_{10}(V_0/V_2)],$$
$$\widehat{\beta} = (1/t)\exp(\gamma/(T_1 + 273.16))\log_{10}(V_0/V_1)$$
例えば $t = 32, T_1 = 250, T_2 = 275$ での V_1, V_2 を目測で決定 (例えば $V_1 = 9.8, V_2 = 3.27$) する．これを上の式に代入して初期値推定値 $\widehat{\beta} = 6.375\mathrm{e}+11, \widehat{\gamma} = 17065$ を得る．

第8章

5 $0 \leq N_n < M$ であるから $N_1, N_2, \cdots, N_M$ 中には必ず $N_i = N_j$ となる $1 \leq i < j \leq M$ がある．したがって $N_{i+n} = N_{j+n}, n = 0, 1, 2, \cdots$ になるから $j - i \, (< M)$ が一つの周期になる．

7 R ならば，検定関数 `binom.test` の副産物として信頼区間が得られる．ここで帰無仮説確率 `p=0.5` の指定は便宜的なもので，何を与えても信頼区間 $[0.077, 0.127]$ は同一になる．両側帰無仮説 `alternative="two.sided"` を指定する必要がある．例えば `conf.level = 0.99` とすれば 99% 信頼区間が得られる．

```
> binom.test(60, 600, p=0.5, alternative="two.sided",
             conf.level = 0.95)
```

8 密度関数を持つ場合を証明する．$f(x, y), f_X(x), f_Y(y)$ をそれぞれ X, Y の同時密度関数，周辺密度関数とする．$X = x$ という条件のもとでの Y の条件付き密度関数を $f(y \mid x) = f(x, y)/f_X(x)$ とおくと

$$h(x) = \int y^2 f(y \mid x) dy, \quad g(x) = \int y f(y \mid x) dy$$

である．ここで

$$\int \left[\int y^2 f(y \mid x) dy \right] f_X(x) dx \text{ は } \int \int y^2 f(x, y) dx dy = \boldsymbol{E}\{Y^2\} \text{ に等しく}$$

また

$$\boldsymbol{E}\{g(X)\} = \int \left[\int y f(y \mid x) dy \right] f_X(x) dx = \int \int y f(x, y) dx dy = \boldsymbol{E}\{Y\}$$

に注意する．すると結論は次の二つの等式から導かれる：

$$\mathrm{Var}\{g(X)\} = \boldsymbol{E}\{g^2(X)\} - (\boldsymbol{E}\{g(X)\})^2$$

$$\boldsymbol{E}\{h(X)\} = \int \left[\int y^2 f(y \mid x) dy \right] f_X(x) dx - \boldsymbol{E}\{g^2(X)\}$$

参考文献

[1] R の公式マニュアルには次のようなものがあり，いずれも日本語訳がある：
- 「An Introduction to R」，R システムの基本，
- 「the R language definition」，R 言語の仕様，
- 「Writing R extensions」，R のパッケージの書き方，
- 「R Data Import/Export」，R と他システムとのデータのやりとり，
- 「R Installation adn Administration」，R のインストールと管理法，
- 「R FAQ」，R に関する FAQ 集，
- 「R for Windows FAQ」，ウィンドウズ版 R に関する FAQ 集，
- 「R for Macintosh FAQ/DOC」，マッキントッシュ版 R に関する FAQ 集．

これらの R の公式マニュアルは，R システムそのものと同様，**CRAN**(The Comprehensive R Archive Network) から入手できる．またこのサイトには 200 以上の各種目的用の**アドオンパッケージ**があり，自由にダウンロード可能である．URL は http://cran.r-project.org/．

[2] **RjpWiki**．日本の R ユーザーが情報の交換・蓄積のために運営しているウェブサイト．Wiki というソフトを使い，誰でも自由に書き込み，修正ができる．R に関する様々な情報 (各種チップス，参考情報リンク集，文献訳，各種パッケージの説明) が得られる．マニュアル「R FAQ」，[R for Windows R の FAQ]，「R for Macintosh FAQ/DOC」の訳はここにある．URL は http://www.okada.jp.org/RWiki/．

[3] 群馬大学の**青木繁伸氏のウェブページ**からは R や統計学に関する様々な情報が得られる．URL は http://aoki2.si.gunma-u.ac.jp/R/．

[4] R の日本語化という困難な問題に挑戦し，大きな成果をあげている**中間栄治氏のウェブページ**．日本語による変数名，データ，グラフィックスが可能になる．マイクロソフト・ウィンドウズ版と Linux 版の日本語化 R が入手できる．URL は http://r.nakama.ne.jp/．

[5] この本の著者の一人である**間瀬茂のウェブページ**には，R の四つの公式マニュアルの日本語訳が公開されており，自由にダウンロードできる．URL は http://www.is.titech.ac.jp/~mase/R.html．

[6] 舟尾暢男著「The R tips —— データ解析環境 R の基本技・グラフィックス活用集」，九天社 (2005)．なお，この本の前身は URL http://cse.naro.affrc.go.jp/takezawa/index2.html で公開されている．

[7] 稲垣宣生著「数理統計学 (改訂版)」，裳華房 (2003)．数学的厳密さを重視した学部レベルの名著．

[8] 柴田里程著「データリテラシー」(データサイエンス・シリーズ 1)，共立出版 (2001) データを収集・操作・解釈する基本を解説 (データサイエンス・シリーズはデータを解析する様々な現代的手法を解説)．

[9] P. Dalgaard 著 「Introductory Statistics with R」，Springer (2002)．R そのものをターゲットにしたはじめての本．著者は R の開発メンバーの一人．この本で取り上げられたデータとコードは ISwR というパッケージになって公開されている．翻訳計画があるらしいが詳細不明．

[10] N.R. Draper & H. Smith 著「Applied regression analysis」，3rd ed. , Wiley (1998)．初版訳，中村慶一訳「応用回帰分析」，森北出版 (1968)．回帰分析に関する理論と応用が詳しく記述されている．

[11] J.M. Chambers & J.T. Hastie (eds.)，柴田里程訳「S と統計モデル —— データ科学の新しい波 ——」，共立出版 (1994)．この本はしばしば「白本」と呼ばれる．

[12] H. Wckernagel 著，地球統計学研究委員会訳編 「地球統計学」，森北出版 (2003) 地球統計学の標準的文献の訳．

[13] 竹内啓編集「統計学辞典」，東洋経済新報社 (1989)．日本の統計学者を結集した統計学の理論と応用に関する総合的な辞典であり，最新の話題はともかく，今なお最も参照に値する．広範な統計的手法・用語を検索するのに便利．

[14] A.J. Dobson 著，田中豊他訳「統計モデル入門」，共立出版 (1993) 一般化線形モデル理論の標準的解説書．

[15] R. A. Becker, J. M. Chambers & A. R. Wilks 著，渋谷政昭・柴田里程訳「S 言語 データ解析とグラフィックスのためのプログラミング環境 I, II」，共立出版 (1991)．S の開発者達による公式マニュアル．この本はしばしば「青本」と呼ばれる．

[16] W.N. ヴェナブルズ，B.D. リプリー著，伊藤幹夫他訳「S-PLUS による統計解析」，シュプリンガー・フェアラーク東京 (2001)．この本で取り上げられたデータとコードは VR という R のパッケージになって公開されている．著者リプリーは R 開発メンバーの中心人物．

[17] 中澤港著「R による統計解析の基礎」，ピアソン エデュケーション (2003). R を使った統計解析を解説した日本最初の本．著者のウェブページからも R や統計学に関する様々な情報が得られる．URL は http://phi.ypu.jp/.

[18] 間瀬茂，武田純著「空間データモデリング」(データサイエンス・シリーズ 7), 共立出版 (2001) 点パターン解析，地球統計学に関する総合的解説.

[19] 蓑谷千凰彦著 「回帰分析のはなし」，東京図書 (1985). 重回帰，非線形回帰を含む話題の一般向け解説.

[20] 矢野宏著「誤差を科学する」，講談社．硬さの単位を確立するために奮闘した著者自身の体験を回顧した読み物.

[21] C.R. ラオ著「統計学とは何か 偶然を生かす」，丸善．半世紀以上に渡り統計学をリードしてきた泰斗による，統計学の理論と応用に関する様々な話題をまとめた読み物.

[22] S.M. Ross「Probability models」，Academic Press, London (1997).

[23] 渡部洋他著「探索的データ解析」，朝倉書店 (1985). 箱型図などの新傾向要約法である探索的データ解析について詳しく解説.

[24] 岡田昌史編「The R Book」，九天社 (2004).

索引

あ行

青木繁伸氏のウェッブページ　247
当てはめ　105
アドオンパッケージ　247
一部実施要因実験　161
一様分布　40
一般化線形モデル　235
因子　147
因子分析　234
上側ヒンジ　4
上局外値　14
上外側値　14
上隣接値　14
運　28
疫学　100
重み付き最小自乗法　145

か行

回帰による平方和　108
回帰分析　104
回帰よりの平方和　108
カイ自乗分布　37
ガウス分布　39
ガウス・マルコフモデル　110
顔グラフ　11
核関数による推定密度関数　12
確率　28
確率関数　31
確率分布　27, 36

確率変数　28
仮説検定　78
片側検定　81
片対数モデル　176
間隔尺度データ　2
頑健　21
観測ベクトル　106, 126
ガンマ分布　38
幾何分布　40
棄却　78
記述統計　1
疑似乱数　220
期待値　33
帰無仮説　78
偽薬　97
棄却域　78
逆(確率)分布関数　31
偽薬効果　97
級間変動　151
級内変動　151
強一致性　72
共分散行列　34
空間データ　235
クォンタイル　4
クォンタイル関数　31
区間推定　77
グラフィカルモデリング　235
クロネッカー積　152
計画行列　106, 126
経験分布関数　15

索　引　　**251**

ケチの原理　　130
欠損値　　22
決定係数　　108
検定　　78
検定統計量　　78
コーシー分布　　37
誤差　　104
誤差自乗和　　105
誤差ベクトル　　106, 126
ゴンペルツ曲線　　177

さ 行

最小自乗法　　105
最小自乗推定量　　105
最小値　　4
最大値　　4
採択　　78
最頻値　　4
最尤原理　　74, 130
最尤推定量　　74
残差　　107
残差平方和　　151, 157
散布図　　8
散布図行列　　8
サンプル・標本・試料　　2
周辺密度・確率関数　　32
シェパード補正値　　56
時系列解析　　234
時系列データ　　234
事象　　28
指数分布　　37
下側ヒンジ　　4
下局外値　　15
下外側値　　15
下隣接値　　15
実現値　　28
四分位偏差　　6

シミュレーション　　196
尺度水準　　2
重回帰モデル　　105, 126
従属性　　29
従属変数　　104
自由度調整済み決定係数　　129
主効果　　149
主成分分析　　234
順序尺度データ　　2
順序統計量　　4
条件付き確率　　34
条件付き密度関数　　35
乗算合同法　　220
信頼区間　　77
信頼水準　　77
推計学　　230
水準　　147
推定　　72
推定値　　72
推定量　　72
数値要約　　4
裾確率　　30
スチューデント化残差　　140
図表要約　　4
正規 Q-Q プロット　　17
正規分布　　39
正規方程式　　106, 178
説明変数　　104
漸近正規性　　72
漸近分散　　72
線形回帰モデル　　105
線形重回帰モデル　　126
全平方和　　151
層化二段階無作為抽出法　　223

た 行

第 1 四分位数　　4

第1種の誤り　78
対応のある2標本　86
第3四分位数　5
対照群　97
対数正規分布　38
大数の法則　36, 207
対数尤度　74
対数尤度方程式　74
第2種の誤り　78
対比　153
第一桁の法則　61
対立仮説　78
タグチメソッド　172
多項式回帰式　176
多項分布　41
多重共線性　129
多重比較　81
多変量解析　234
多変量正規分布　39
多変量データ　234
単回帰モデル　105
単純仮説　78
単純無作為抽出　223
地球統計学　235
中央値　4
中心極限定理　57, 209
超幾何分布　41
地理情報システム　236
データの科学　1
データフレーム　115, 237
データベースソフトとのインタフェイス　236
梃子比　139
点推定　77
点パターン　235
点パターン解析　235
同一性検定　91

統計学　1
統計的品質管理　171
同時確率関数　32
同時分布　32
同時密度関数　32
独立性　29
独立性検定　91
独立変数　104
ド・メールのパラドックス　197

な 行

中間栄治氏のウェッブページ　247
二重盲検法　97
ニュートン・ラフソン法　191
ノンパラメトリック検定　15
ノンパラメトリック統計学　234

は 行

パーセント点　5
バイオインフォマティックス　235
箱型図　14
箱ヒゲ図　14
外れ値　21
ハット行列　127
パラメータベクトル　126
パレート分布　61
反復のある2元配置　160
判別分析　234
ヒゲ　14
非数　22
ヒストグラム　12
非線形回帰　175
非線形回帰モデル　105, 177
ビュフォンの針問題　206, 222
標本回帰直線　107
標本共分散　7
標本相関係数　7

索　　引

標本調査法　222
標本特性値　36
標本範囲　6
標本標準偏差　6
標本分散　6
標本分布　11
標本平均　4
標準正規分布　54
比率尺度データ　2
ヒンジ　4
ヒンジ散布度　6
品質工学　172
フィッシャー　229
複合仮説　78
負の2項分布　42
不偏性　72
不偏標本分散　55
ブロック因子　155
分割表　91
分散分析　147
分散分析表　151
(確率)分布関数　30
平均からの平方和　108
平均自乗誤差の最小性　73
平均ベクトル　34
平行箱型図　15
ベイジアンネットワーク　235
ベイズの定理　35
ベイズ法　36
ベータ分布　37
巾乗分布　61
ベルヌイ試行　43
偏差値　62
ベンフォード分布　61
ポアソン分布　42
母回帰式　104
捕獲・再捕獲法　52

母集団共分散　34
母集団相関係数　34
母集団値　36
母集団中央値　31
母集団特性値　36
母集団標準偏差　33
母集団分散　33
母集団分布　27
母集団平均　33
ボックスプロット　14

ま　行

間瀬茂のウェッブページ　247
マルコフ連鎖モンテカルロ法　236
丸め処理　219
幹葉表示　13
密度関数　30
無限大　22
無相関　34
モーメント推定法　50
模擬実験　196
目的変数　104
モデル公式　131
モンテカルロ法　196

や　行

有意　79
有意水準　78
尤度　74
要因　147
予測　113
予測誤差　113
予測量　113

ら　行

乱数　53, 220

ランダム抽出　223
ランダムデータ　1
離散値データ　3
両側検定　81
両対数モデル　176
累積分布関数　30
類別尺度データ　2
連続値データ　3
ロジスティック曲線　177
ロジスティック分布　38

わ 行

ワイブル分布　40

英数字

1元配置の分散分析モデル　149
1元配置の分散分析　148
2因子交互作用　159
2元配置の分散分析　155
2元配置の分散分析モデル　156
2項分布　40
2次の交互作用項　133
3シグマ法　172
5元配置の分散分析モデル　162
5数要約　5

5段階評価　62
AIC法　129
Behrens-Fisher問題　86
BSA式　189
Cookの距離　143
CRAN　247
F分布　38
Glivenko-Cantelliの定理　16
Hastingsの近似式　64
Marsaglia-Multicarry法　221
Mersenne-Twister法　221
n次モーメント　33
p値　80
Q-Qプロット　8
RjpWiki　247
R^2値　108
S-Lプロット　141
Stirlingの公式　69
TQC　172
twisted GFSR法　221
(スチューデントの) t分布　39
Welchの検定　86
Yule分布　59
ZD運動　172
Zipf分布　59

著者略歴

間瀬　茂（ませ　しげる）
1972 年　東京工業大学理学部
　　　　数学科卒業
現　在　東京工業大学
　　　　大学院情報数理工学研究科
　　　　数理・計算科学専攻教授
　　　　理学博士

神保　雅一（じんぼう　まさかず）
1974 年　東京工業大学理学部
　　　　情報科学科卒業
現　在　名古屋大学大学院
　　　　情報科学研究科
　　　　計算機数理科学専攻教授
　　　　理学博士

鎌倉　稔成（かまくら　としなり）
1976 年　東京工業大学工学部
　　　　経営工学科卒業
現　在　中央大学理工学部
　　　　経営システム工学科教授
　　　　工学博士

金藤　浩司（かねふじ　こうじ）
1985 年　広島大学総合科学部
　　　　総合科学科卒業
現　在　統計数理研究所助教授
　　　　学術博士

工学のための数学＝EKM-3
工学のための データサイエンス入門
——フリーな統計環境 R を用いたデータ解析——

2004 年 3 月 25 日 ⓒ　　　　　初 版 発 行
2010 年 9 月 10 日　　　　　　初版第 6 刷発行

著者　間瀬　　茂　　　　発行者　矢沢和俊
　　　神保雅一　　　　　印刷者　杉井康之
　　　鎌倉稔成　　　　　製本者　石毛良治
　　　金藤浩司

【発行】　　株式会社　数理工学社
〒151-0051　東京都渋谷区千駄ヶ谷 1 丁目 3 番 25 号
☎(03)5474-8661(代)　　　サイエンスビル

【発売】　　株式会社　サイエンス社
〒151-0051　東京都渋谷区千駄ヶ谷 1 丁目 3 番 25 号
☎(03)5474-8500(代)　　　振替 00170-7-2387

組版　ビーカム
印刷　ディグ　　　　　　製本　ブックアート
《検印省略》

本書の内容を無断で複写複製することは，著作者および出版者
の権利を侵害することがありますので，その場合にはあらかじ
め小社あて許諾をお求め下さい．

サイエンス社・数理工学社の
ホームページのご案内
http://www.saiensu.co.jp
ご意見・ご要望は
suuri@saiensu.co.jp　まで

ISBN4-901683-12-8
PRINTED IN JAPAN

工科のための **確率・統計**
　　　大鑄史男著　　2色刷・A5・上製・本体2000円

工学のための **数値計算**
　　　　　　　長谷川・吉田・細田共著
　　　　　2色刷・A5・上製・本体2500円

工学基礎 **数値解析とその応用**
　　　久保田光一著　　2色刷・A5・上製・本体2250円

理工学のための **数値計算法** ［第2版］
　　　水島・柳瀬共著　　2色刷・A5・上製・本体2050円

　＊表示価格は全て税抜きです．
発行・数理工学社／発売・サイエンス社